薩摩 順吉・藤原 毅夫・三村 昌泰・四ツ谷 昌二　編集

理工系の数理

ベクトル解析

山本 有作・石原　卓
共　著

東京　裳　華　房　発行

VECTOR CALCULUS

by

YUSAKU YAMAMOTO
TAKASHI ISHIHARA

SHOKABO
TOKYO

編　集　趣　旨

数学は科学を語るための重要な言葉である．自然現象や工学的対象をモデル化し解析する際には，数学的な定式化が必須である．そればかりでない．社会現象や生命現象を語る際にも，数学的な言葉がよく使われるようになってきている．そのために，大学においては理系のみならず一部の文系においても数学がカリキュラムの中で大きな位置を占めている．

近年，初等中等教育で数学の占める割合が低下するという由々しき事態が生じている．数学は積み重ねの学問であり，基礎課程で一部分を省略することはできない．着実な学習を行って，将来数学が使いこなせるようになる．

21 世紀は情報の世紀であるともいわれる．コンピュータの実用化は学問の内容だけでなく，社会生活のあり方までも変えている．コンピュータがあるから数学を軽視してもよいという識者もいる．しかし，情報はその基礎となる何かがあって初めて意味をもつ．情報化時代にブラックボックスの中身を知ることは特に重要であり，数学の役割はこれまで以上に大きいと考える．

こうした時代に，将来数学を使う可能性のある読者を対象に，必要な数学をできるだけわかりやすく学習していただけることを目標として刊行したのが本シリーズである．豊富な問題を用意し，手を動かしながら理解を進めていくというスタイルを採った．

本シリーズは，数学を専らとする者と数学を応用する者が協同して著すという点に特色がある．数学的な内容はおろそかにせず，かつ応用を意識した内容を盛り込む．そのことによって，将来のための確固とした知識と道具を身に付ける助けとなれば編者の喜びとするところである．読者の御批判を仰ぎたい．

2004 年 10 月

編　　者

ま　え　が　き

ベクトル解析とは，3次元空間で定義されたスカラー場とベクトル場に関する微積分学である．スカラー場の例としては，温度場，圧力場，静電ポテンシャルなどがあり，ベクトル場の例としては，流体の速度分布，電場，磁場などがある．ベクトル解析は，このような場を扱う電磁気学，流体力学，弾性体の力学をはじめとして，様々な科学・工学の分野で必須の数学的素養となっている．本書では，大学初年級の微積分と線形代数のみを予備知識として，ベクトル解析の基礎を解説する．

本書では，まず第1章でベクトルの概念を復習し，ベクトルのスカラー倍，和，内積，外積などの基本的演算を定義する．第2章では，3次元空間におけるスカラー場とベクトル場を導入し，それらに対する微分演算として，勾配，回転，発散を定義する．一方，第3章では，スカラー場，ベクトル場に対する積分演算として，線積分と面積分を定義する．第4章は本書の核心であり，これらの微分演算と積分演算との間の関係として，ストークスの定理とガウスの定理を導く．これらの定理は，ベクトル場の微分の2次元または3次元領域上での積分を，領域境界上での積分を用いて表す定理であり，微積分学の基本定理の2次元，3次元への拡張となっている．最後に第5章では，円対称，球対称などの対称性を持つ系を扱うために便利な直交曲線座標を導入し，そこでの勾配，回転，発散などの式を導出する．

本書の特長は次の通りである．

第一は，ベクトル解析で現れる様々な数学的概念を，流体における例を用いて説明していることである．ベクトル場の発散や回転は，流体の湧き出しや渦度という明確な物理的意味を持つ．また，流体における循環や流量はベクトル場の線積分や面積分の直感的にも分かりやすい重要な具体例を与える．このような対応付けを行うことで，数学的概念について具体的なイメージを持ってもらうとともに，流体にも親しみを持ってもらうことを目的とした．

第二は，ストークスの定理，ガウスの定理をそれぞれまず三角形，四面体という基本的な領域に対して証明し，その組合せとして，一般の領域に対する定理を導出したことである．この方法は，計算はやや複雑になるが，方針は明快であり，また，両定理の類似性を明らかにすることができるのではないかと考えた．

第三に，章末問題にオリジナルな問題をなるべく多く取り入れるように心がけた．やや程度の高い問題も含まれているが，各章の内容をひと通り理解したら，ぜひ挑戦してみられたい．

本書の執筆をお勧め下さり，原稿に対して多くの有益なコメントを下さった東京大学の藤原毅夫名誉教授に感謝する．神戸大学の谷口隆晴准教授は本書の原稿を研究室輪講を通じて精読して下さり，数々のコメントを下さった．また，早稲田大学大学院博士後期課程の井上順平氏には，章末問題の多くを確認していただいた．ここに記して感謝したい．(株) 裳華房編集部の亀井祐樹氏，元編集部の細木周治氏には，原稿の整理や校正などで大変お世話になった．本書が出版に至ったのは，ひとえに両氏のお骨折りによるものである．

2020 年 9 月

著　　者

目　　次

第4章 積分定理

第5章 直交曲線座標

第1章

ベクトル代数

本章では，ベクトルの概念を定義し，ベクトルの和，スカラー倍，内積，外積などの基本的な演算を導入する．

ベクトルの内積を使うと，2つのベクトルのなす角度や，一方のベクトルに含まれる他方のベクトルの成分を計算できる．一方，ベクトルの外積を使うと，2つのベクトルからそれらに直交する第3のベクトルを作りだすことができる．これらの演算を駆使することで，3次元空間中の幾何学の問題や物理学の問題を代数的に見通しよく解くことができる．

なお，本章で説明する項目は，大学1年生のときに学ぶ「線形代数」で扱われている内容であるので，要点を述べるにとどめる．

1.1 ベクトルの定義

ベクトルとは 物理学で現れる量には，質量，温度，エネルギーのように大きさだけを持つ量がある．このような量を**スカラー**と呼ぶ．一方，変位，速度，力のように，大きさに加えて向きも持つ量がある．このような量を**ベクトル**と呼ぶ．本書では，スカラーを a のように細いイタリック体の文字で，ベクトルを $\boldsymbol{a}$ のように太文字で表す．また，ベクトル $\boldsymbol{a}$ の大きさを $|\boldsymbol{a}|$ という記号で表す．本書では，特に断らない限り，3 次元空間中のベクトルを扱う．したがって，ベクトルの成分は実数に限定される．

有向線分による表現 ベクトルは，幾何学的には有向線分を用いて表すことができる．たとえば，ベクトル $\boldsymbol{a}$ を表すには，空間中に適当に始点 P を取り，P から $\boldsymbol{a}$ と同じ向きに距離 $|\boldsymbol{a}|$ だけ動いた点を Q として，有向線分 $\overrightarrow{\mathrm{PQ}}$ を用いればよい．ただし，ベクトルは向きと大きさだけが問題であるから，向きと長さが同じで始点のみが異なる別の有向線分 $\overrightarrow{\mathrm{P'Q'}}$ を用いてもよい（図 1.1）．そこで，空間中の有向線分の全体を，向きと大きさが等しいものは同じものとして分類すれば，ベクトルはこの有向線分と同一視できる．

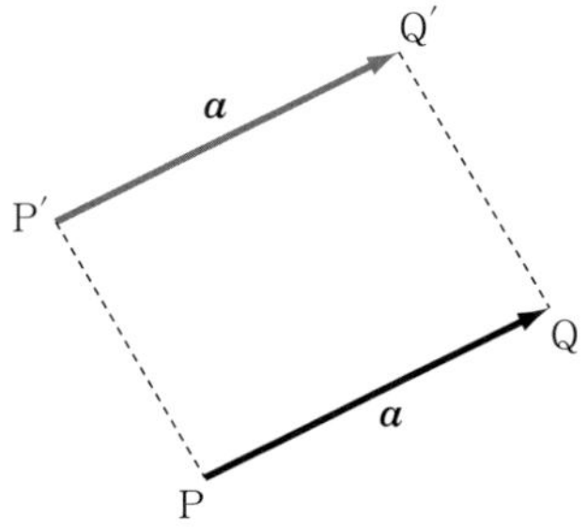

図 1.1 ベクトル

長さが 0 のベクトルを**零ベクトル**と呼び，記号 $\mathbf{0}$ で表す．零ベクトルの向きは定義しない．便宜上，零ベクトルは任意のベクトルに対して平行かつ垂直であると定義する．また，長さが 1 のベクトルを**単位ベクトル**と呼ぶ．

1.2 ベクトルの和とスカラー倍

ベクトルのスカラー倍 $\boldsymbol{a}$ をベクトル，λ を任意の実数とするとき，$\boldsymbol{a}$ と

同じ向きを持ち，大きさが $\lambda|\boldsymbol{a}|$ であるベクトルを $\boldsymbol{a}$ の**スカラー倍**と呼び，$\lambda\boldsymbol{a}$ と書く[1]．任意のベクトル $\boldsymbol{a}$ に対し，$0\boldsymbol{a}=\boldsymbol{0}$ である．また，$(-1)\boldsymbol{a}$ を $-\boldsymbol{a}$ と書く．これは，$\boldsymbol{a}$ と大きさが同じで向きが反対のベクトルである．また，$\alpha \neq 0$ のとき，$\boldsymbol{a}$ の $\dfrac{1}{\alpha}$ 倍を $\dfrac{\boldsymbol{a}}{\alpha}$ と書く．任意の $\boldsymbol{a} \neq \boldsymbol{0}$ に対し，$\dfrac{\boldsymbol{a}}{|\boldsymbol{a}|}$ は $\boldsymbol{a}$ と同じ向きを持つ単位ベクトルである．このようにして大きさ1のベクトルを作る操作を，$\boldsymbol{a}$ の**正規化**と呼ぶ．

ベクトルの和　$\boldsymbol{a}, \boldsymbol{b}$ をベクトルとし，それぞれが有向線分 $\overrightarrow{\mathrm{OA}}, \overrightarrow{\mathrm{OB}}$ で表されるとする．$\overrightarrow{\mathrm{OB}}$ を始点が A になるように平行移動させたときの終点を C とするとき，有向線分 $\overrightarrow{\mathrm{OC}}$ が表すベクトルを $\boldsymbol{a}$ と $\boldsymbol{b}$ の**和**と定義し，$\boldsymbol{a}+\boldsymbol{b}$ と書く（図1.2）．また，$\boldsymbol{a}+(-\boldsymbol{b})$ を $\boldsymbol{a}$ と $\boldsymbol{b}$ の**差**と呼び，$\boldsymbol{a}-\boldsymbol{b}$ と書く．これは，有向線分 $\overrightarrow{\mathrm{BA}}$ で表されるベクトルである．

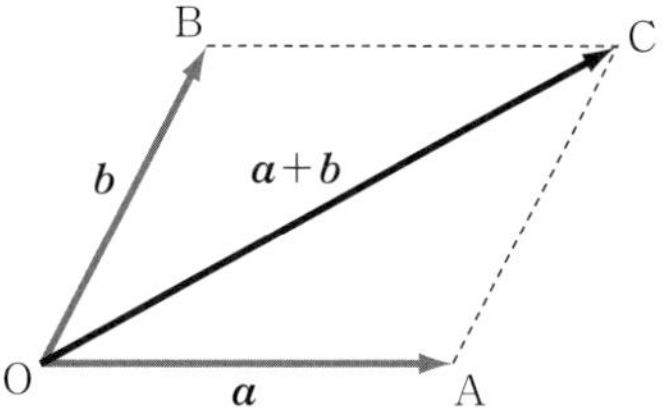

図1.2　ベクトルの和

問題1　上記の定義において，ベクトルの和 $\boldsymbol{a}+\boldsymbol{b}$ は，点Oの取り方によらずに一意に決まることを示せ．

ヒント　点Oを取った場合に得られる有向線分 $\overrightarrow{\mathrm{OC}}$ と，点O′を取った場合に得られる有向線分 $\overrightarrow{\mathrm{O'C'}}$ とが同じベクトルを表すことを幾何学的に示せればよい．

交換法則・結合法則・分配法則　ベクトルの和とスカラー倍について，次の法則が成り立つ．ただし，λ, μ は実数，$\boldsymbol{a}, \boldsymbol{b}, \boldsymbol{c}$ はベクトルとする．

① 交換法則　$\boldsymbol{a}+\boldsymbol{b}=\boldsymbol{b}+\boldsymbol{a}$

② 結合法則　$(\boldsymbol{a}+\boldsymbol{b})+\boldsymbol{c}=\boldsymbol{a}+(\boldsymbol{b}+\boldsymbol{c})$

③ 分配法則 I　$(\lambda+\mu)\boldsymbol{a}=\lambda\boldsymbol{a}+\mu\boldsymbol{a}$

1）λ が負のとき，「$\boldsymbol{a}$ と同じ方向を持ち，大きさが $\lambda|\boldsymbol{a}|=-|\lambda||\boldsymbol{a}|\ (<0)$ であるベクトル」とは，$\boldsymbol{a}$ と向きが反対で，大きさが $-\lambda|\boldsymbol{a}|$ のベクトルのことであると約束する．

④ 分配法則Ⅱ　$\lambda(\boldsymbol{a}+\boldsymbol{b})=\lambda\boldsymbol{a}+\lambda\boldsymbol{b}$

【証明】 ①，② のみについて証明する．以下，ベクトル $\boldsymbol{a}$, $\boldsymbol{b}$, $\boldsymbol{c}$ がそれぞれ有向線分 $\overrightarrow{\mathrm{OA}}$, $\overrightarrow{\mathrm{OB}}$, $\overrightarrow{\mathrm{OC}}$ により表されるとする．

まず，$\boldsymbol{a}+\boldsymbol{b}$ を表す有向線分を $\overrightarrow{\mathrm{OD}}$ とする．点 A, O, B, D が同一平面上にあることは明らかであるから，これらをこの順に4つの頂点とする四角形を考えると，容易に分かるように，これは平行四辺形となる．したがって，点 D は，有向線分 $\overrightarrow{\mathrm{OA}}$ を始点が B になるように平行移動させたときの終点にもなっている．したがって，ベクトルの和の定義より，$\overrightarrow{\mathrm{OD}}$ は $\boldsymbol{b}+\boldsymbol{a}$ を表す有向線分でもある．これより

$$\boldsymbol{a}+\boldsymbol{b}=\boldsymbol{b}+\boldsymbol{a} \tag{1.1}$$

が成り立つ．次に，線分 OA, OB, OC を3つの辺とする図1.3のような平行六面体 AOBD-ECFG を考える．すると，有向線分 $\overrightarrow{\mathrm{OC}}$ と $\overrightarrow{\mathrm{DG}}$ は同じ向きと長さを持つから，ベクトル $(\boldsymbol{a}+\boldsymbol{b})+\boldsymbol{c}$ は有向線分 $\overrightarrow{\mathrm{OG}}$ により表される．同様に，平行六面体の性質より，ベクトル $\boldsymbol{a}+(\boldsymbol{b}+\boldsymbol{c})$ も有向線分 $\overrightarrow{\mathrm{OG}}$ により表される．よって，

$$(\boldsymbol{a}+\boldsymbol{b})+\boldsymbol{c}=\boldsymbol{a}+(\boldsymbol{b}+\boldsymbol{c}) \tag{1.2}$$

が成り立つ．

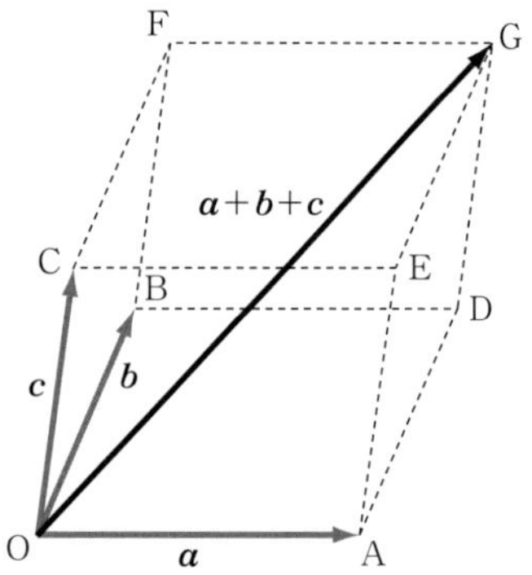

図1.3　結合法則

③，④ も，同様に図形的に考えれば，容易に示せる．□

結合法則が成り立つことから，以後，3つ以上のベクトルの和は，カッコなしで $\boldsymbol{a}+\boldsymbol{b}+\boldsymbol{c}$ のように書くことにする．

線形独立と線形従属　$\lambda_1, \lambda_2, \cdots, \lambda_m$ を実数，$\boldsymbol{a}_1, \boldsymbol{a}_2, \cdots, \boldsymbol{a}_m$ をベクトル

とするとき，ベクトル

$$\lambda_1\boldsymbol{a}_1 + \lambda_2\boldsymbol{a}_2 + \cdots + \lambda_m\boldsymbol{a}_m \tag{1.3}$$

を $\boldsymbol{a}_1, \boldsymbol{a}_2, \cdots, \boldsymbol{a}_m$ の**線形結合**（または**1次結合**）という．

式(1.3)で定義されるベクトルが零ベクトルとなるのが $\lambda_1 = \lambda_2 = \cdots = \lambda_m = 0$ のときに限るならば，$\boldsymbol{a}_1, \boldsymbol{a}_2, \cdots, \boldsymbol{a}_m$ は**線形独立**（**1次独立**）であるという．線形独立でない場合，すなわち，式(1.3)を零ベクトルとするような，少なくとも1つは0でない実数 $\lambda_1, \lambda_2, \cdots, \lambda_m$ が存在する場合，$\boldsymbol{a}_1, \boldsymbol{a}_2, \cdots, \boldsymbol{a}_m$ は**線形従属**（**1次従属**）であるという．線形独立であるとは，$\boldsymbol{a}_1, \boldsymbol{a}_2, \cdots, \boldsymbol{a}_m$ のうちどのベクトルも他のベクトルの線形結合としては表されないということであり，線形従属であるとは，$\boldsymbol{a}_1, \boldsymbol{a}_2, \cdots, \boldsymbol{a}_m$ のうち少なくとも1つが，他のベクトルの線形結合として表されるということである．

問題2　線形従属の定義に基づき，次のことを示せ．

(1)　1つのベクトル $\boldsymbol{a}$ が線形従属であるならば，$\boldsymbol{a}$ は零ベクトルである．

(2)　$\boldsymbol{a}_1, \boldsymbol{a}_2, \cdots, \boldsymbol{a}_m$ のうち少なくとも1つが零ベクトルならば，これらのベクトルは線形従属である．

ベクトル $\boldsymbol{a}, \boldsymbol{b}, \boldsymbol{c}$ がそれぞれ有向線分 $\overrightarrow{\mathrm{OA}}, \overrightarrow{\mathrm{OB}}, \overrightarrow{\mathrm{OC}}$ により表されるとする．このとき，2つのベクトル $\boldsymbol{a}, \boldsymbol{b}$ は，3点O，A，Bが同一直線上にないとき線形独立，同一直線上にあるとき線形従属である．また，3つのベクトル $\boldsymbol{a}, \boldsymbol{b}, \boldsymbol{c}$ は，4点O，A，B，Cが同一平面上にないとき線形独立，同一平面上にあるとき線形従属である．3次元空間では，4つ以上のベクトルは必ず線形従属となる．

問題3　上のことを証明せよ．

線形独立なベクトルについて，次の定理が成り立つ．

定理1.1　$\boldsymbol{a}, \boldsymbol{b}, \boldsymbol{c}$ が線形独立ならば，任意のベクトル $\boldsymbol{r}$ は $\boldsymbol{a}, \boldsymbol{b}, \boldsymbol{c}$ の線形結合として一意的に表される．

【証明】 4つのベクトルは線形従属であるから，$\lambda_1 \boldsymbol{a} + \lambda_2 \boldsymbol{b} + \lambda_3 \boldsymbol{c} + \lambda_4 \boldsymbol{r} = \boldsymbol{0}$ を満たすすべてが0ではない実数 $\lambda_1, \lambda_2, \lambda_3, \lambda_4$ が存在する．ここで，λ_4 は0でない．なぜなら，$\lambda_4 = 0$ とすると，$\lambda_1 \boldsymbol{a} + \lambda_2 \boldsymbol{b} + \lambda_3 \boldsymbol{c} = \boldsymbol{0}$ を満たすすべてが0ではない実数 $\lambda_1, \lambda_2, \lambda_3$ が存在することになり，$\boldsymbol{a}, \boldsymbol{b}, \boldsymbol{c}$ の線形独立性に反するからである．そこで，$\lambda_i' = -\dfrac{\lambda_i}{\lambda_4}$ $(i = 1, 2, 3)$ とおくと，$\boldsymbol{r}$ は $\boldsymbol{a}, \boldsymbol{b}, \boldsymbol{c}$ の線形結合として

$$\boldsymbol{r} = \lambda_1' \boldsymbol{a} + \lambda_2' \boldsymbol{b} + \lambda_3' \boldsymbol{c} \tag{1.4}$$

と書ける．次に一意性を示すため，$\boldsymbol{r}$ が3個の実数 μ_1, μ_2, μ_3 を用いて

$$\boldsymbol{r} = \mu_1 \boldsymbol{a} + \mu_2 \boldsymbol{b} + \mu_3 \boldsymbol{c} \tag{1.5}$$

と書けると仮定する．すると，式 (1.4)，(1.5) より，

$$(\mu_1 - \lambda_1')\boldsymbol{a} + (\mu_2 - \lambda_2')\boldsymbol{b} + (\mu_3 - \lambda_3')\boldsymbol{c} = \boldsymbol{0} \tag{1.6}$$

$\boldsymbol{a}, \boldsymbol{b}, \boldsymbol{c}$ は線形独立であるから，$\mu_i = \lambda_i'$ $(i = 1, 2, 3)$ となる．よって一意性もいえた．□

ベクトルの成分表示　3次元空間中に直交座標系[2] O-xyz を導入し，x, y, z 軸正方向の単位ベクトルをそれぞれ $\boldsymbol{i}, \boldsymbol{j}, \boldsymbol{k}$ とする．$\boldsymbol{i}, \boldsymbol{j}, \boldsymbol{k}$ を**基本ベクトル**と呼ぶ．$\boldsymbol{i}$ から $\boldsymbol{j}$ の向きに右ねじを回すとき，ねじの進む向きが $\boldsymbol{k}$ の向きと一致するならば，この座標系は**右手系**であるという．また，ねじの進む向きが $\boldsymbol{k}$ と逆向きであるならば，この座標系は**左手系**であるという．本書では，座標系は右手系であると仮定する．ベクトル $\boldsymbol{i}, \boldsymbol{j}, \boldsymbol{k}$ は明らかに線形独立であるから，任意のベクトル $\boldsymbol{a}$ は，これらの線形結合として一意に

$$\boldsymbol{a} = a_1 \boldsymbol{i} + a_2 \boldsymbol{j} + a_3 \boldsymbol{k} \tag{1.7}$$

と書ける．このとき，

2） 直交曲線座標系（第5章）と対比させて，**直交直線座標系**ということもある．また，**デカルト座標**ともいう．本書では，単に直交座標系といえば，直交直線座標系を指すものとする．

$$\begin{pmatrix} a_1 \\ a_2 \\ a_3 \end{pmatrix} \tag{1.8}$$

を $\boldsymbol{a}$ の**成分表示**という (図 1.4)．これを $(a_1, a_2, a_3)^t$ (上付きの t はベクトルまたは行列の転置を表す) と書くこともある[3]．

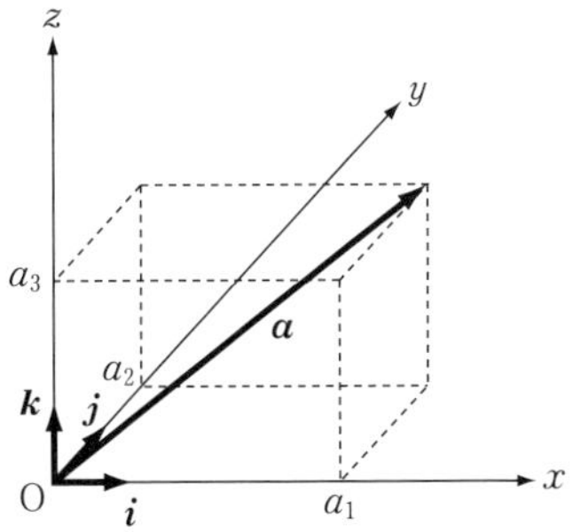

図 1.4　成分表示

λ を実数とし，ベクトル $\boldsymbol{a}, \boldsymbol{b}$ の成分表示をそれぞれ $(a_1, a_2, a_3)^t$，$(b_1, b_2, b_3)^t$ とする．このとき，ベクトル $\lambda\boldsymbol{a}$ の成分表示は $(\lambda a_1, \lambda a_2, \lambda a_3)^t$ である．また，ベクトル $\boldsymbol{a}+\boldsymbol{b}$ の成分表示は，結合法則と分配法則 I を用いて

$$\begin{aligned} \boldsymbol{a}+\boldsymbol{b} &= (a_1\boldsymbol{i}+a_2\boldsymbol{j}+a_3\boldsymbol{k})+(b_1\boldsymbol{i}+b_2\boldsymbol{j}+b_3\boldsymbol{k}) \\ &= (a_1+b_1)\boldsymbol{i}+(a_2+b_2)\boldsymbol{j}+(a_3+b_3)\boldsymbol{k} \end{aligned} \tag{1.9}$$

となることより，$(a_1+b_1, a_2+b_2, a_3+b_3)^t$ であることが分かる．したがって，ベクトルの和とスカラー倍は，成分表示においても和とスカラー倍となる．

また，3 次元空間における距離の公式より，

$$|\boldsymbol{a}| = \sqrt{a_1^{\ 2}+a_2^{\ 2}+a_3^{\ 2}} \tag{1.10}$$

となる[4]．

---

3)　初歩的な物理学の教科書では，ベクトルの成分表示に行ベクトル表示を使っていることが多い．しかし，ベクトルに対する線形変換を考える場合には，線形変換を行列とベクトルの積で表すため，列ベクトル表示を用いる必要がある．このため，本書では最初から列ベクトル表示を用いることにする．こうすると，空間の点の座標とベクトルの成分表示とが区別される．

4)　この式はベクトルの成分が実数の場合に限定される．量子力学などで扱われるベクトル空間は複素数を成分に持つ複素ベクトル空間であり，このときは $|\boldsymbol{a}| = \sqrt{|a_1|^2+|a_2|^2+|a_3|^2}$ と定義される．

問題4　$\boldsymbol{a} = \boldsymbol{i} - \boldsymbol{j} + 2\boldsymbol{k}$, $\boldsymbol{b} = \boldsymbol{i} + 3\boldsymbol{j} - \boldsymbol{k}$ とするとき，$|\boldsymbol{a} + \boldsymbol{b}|$ を求めよ．

位置ベクトル　3次元空間中に原点Oが与えられているとする．このとき，空間中に任意の点Aを1つ決めると，有向線分 $\overrightarrow{\mathrm{OA}}$ が定まるから，$\overrightarrow{\mathrm{OA}}$ が表すベクトルが1つ定まる．逆に，あるベクトルを決めると，Oを始点とし，そのベクトルを表す有向線分 $\overrightarrow{\mathrm{OA}}$ が1つ定まるから，その終点として空間中の点Aが1つ定まる．このようにして，原点Oが与えられると，空間中の点とベクトルとは1対1に対応する．点Aに対応するベクトルをAの**位置ベクトル**と呼ぶ．

たとえば，座標が (a_1, a_2, a_3) の点の位置ベクトルは $a_1\boldsymbol{i} + a_2\boldsymbol{j} + a_3\boldsymbol{k}$ となる．

1.3　ベクトルの内積

定義　零ベクトルでない2つのベクトル $\boldsymbol{a}, \boldsymbol{b}$ がそれぞれ有向線分 $\overrightarrow{\mathrm{OA}}, \overrightarrow{\mathrm{OB}}$ で表されるとき，$\theta = \angle\mathrm{AOB}$ $(0 \leq \theta \leq \pi)$ を **$\boldsymbol{a}$ と $\boldsymbol{b}$ のなす角度**と定義する．このとき，実数 $|\boldsymbol{a}||\boldsymbol{b}|\cos\theta$ を $\boldsymbol{a}$ と $\boldsymbol{b}$ の**内積**と呼び，$\boldsymbol{a}\cdot\boldsymbol{b}$ と書く．$\boldsymbol{a}$ または $\boldsymbol{b}$ が零ベクトルのときは，$\boldsymbol{a}\cdot\boldsymbol{b} = 0$ と定義する．

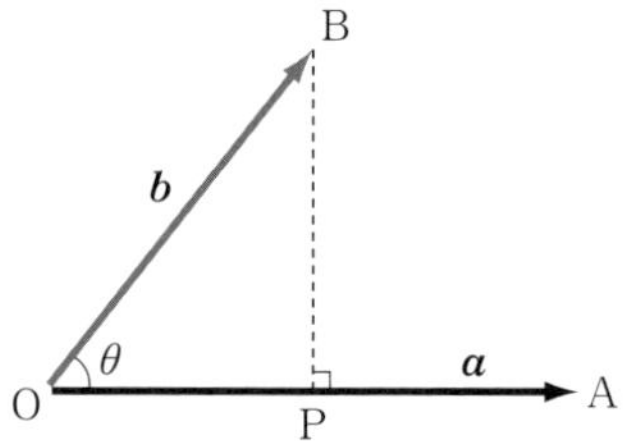

図1.5　内積

幾何学的には，図1.5のようにOBからOAに下ろした垂線の足をPとするとき，$\boldsymbol{a}\cdot\boldsymbol{b}$ は $\overline{\mathrm{OA}}\cdot\overline{\mathrm{OP}}$ に等しい．ただし，$\overline{\mathrm{OA}}$, $\overline{\mathrm{OP}}$ はそれぞれ線分OA, OPの長さであり，Pが点Oに関してAと反対側にあるときには，$\overline{\mathrm{OP}}$ を負と定義する．

内積の成分表示　$\boldsymbol{a}, \boldsymbol{b}$ の成分表示をそれぞれ $(a_1, a_2, a_3)^t$, $(b_1, b_2, b_3)^t$ とするとき，内積を成分で表示することを考えよう．まず，△AOBについて

の余弦定理より，

$$\overline{\mathrm{AB}}^2 = |\boldsymbol{a}|^2 + |\boldsymbol{b}|^2 - 2\,|\boldsymbol{a}||\boldsymbol{b}|\cos\theta \tag{1.11}$$

ここで，$\overline{\mathrm{AB}} = |\boldsymbol{b} - \boldsymbol{a}|$であり，また右辺第 3 項が $2\boldsymbol{a}\cdot\boldsymbol{b}$ であることに注意すると，

$$|\boldsymbol{b} - \boldsymbol{a}|^2 = |\boldsymbol{a}|^2 + |\boldsymbol{b}|^2 - 2\boldsymbol{a}\cdot\boldsymbol{b} \tag{1.12}$$

さらに，ベクトルの大きさに関する成分表示を用いると，

$$\begin{aligned}\boldsymbol{a}\cdot\boldsymbol{b} &= \frac{1}{2}[(a_1{}^2 + a_2{}^2 + a_3{}^2) + (b_1{}^2 + b_2{}^2 + b_3{}^2)\\ &\qquad - \{(b_1 - a_1)^2 + (b_2 - a_2)^2 + (b_3 - a_3)^2\}]\\ &= a_1b_1 + a_2b_2 + a_3b_3\end{aligned} \tag{1.13}$$

すなわち，内積とは，2 つのベクトルにおける成分ごとの積の和であることがわかる．また，内積は行ベクトルと列ベクトルの積としても表すことができる．たとえば，式 (1.13) において $\boldsymbol{a}\cdot\boldsymbol{b} = \boldsymbol{a}^t\boldsymbol{b}$ である．

交換法則・分配法則　λ を実数，$\boldsymbol{a}$, $\boldsymbol{b}$, $\boldsymbol{c}$ を 3 つのベクトルとする．公式 (1.13) より，内積について次の性質が成り立つことがわかる．

① 交換法則　$\boldsymbol{a}\cdot\boldsymbol{b} = \boldsymbol{b}\cdot\boldsymbol{a}$

② 分配法則　$\boldsymbol{a}\cdot(\boldsymbol{b} + \boldsymbol{c}) = \boldsymbol{a}\cdot\boldsymbol{b} + \boldsymbol{a}\cdot\boldsymbol{c}$

③ スカラー倍との関係　$(\lambda\boldsymbol{a})\cdot\boldsymbol{b} = \boldsymbol{a}\cdot(\lambda\boldsymbol{b}) = \lambda(\boldsymbol{a}\cdot\boldsymbol{b})$

④ 基本ベクトル間の内積　$\boldsymbol{i}\cdot\boldsymbol{i} = \boldsymbol{j}\cdot\boldsymbol{j} = \boldsymbol{k}\cdot\boldsymbol{k} = 1,$
$\boldsymbol{i}\cdot\boldsymbol{j} = \boldsymbol{j}\cdot\boldsymbol{k} = \boldsymbol{k}\cdot\boldsymbol{i} = 0$

ベクトルの大きさ・角度と内積　$\boldsymbol{a}$, $\boldsymbol{b}$ を $\boldsymbol{0}$ でないベクトルとするとき，それらのなす角度 $\theta\ (0 \leq \theta \leq \pi)$ は，内積の定義より，

$$\cos\theta = \frac{\boldsymbol{a}\cdot\boldsymbol{b}}{|\boldsymbol{a}||\boldsymbol{b}|} \tag{1.14}$$

と計算できる．特に，$\boldsymbol{a}\cdot\boldsymbol{b} = 0$ のとき，$\theta = \dfrac{\pi}{2}$ であるから，$\boldsymbol{a}$ と $\boldsymbol{b}$ は直交す

る．また，ベクトル $\boldsymbol{a}$ の大きさは

$$|\boldsymbol{a}| = \sqrt{\boldsymbol{a}\cdot\boldsymbol{a}} \tag{1.15}$$

と書ける．

$|\cos\theta| \leq 1$ より，次の不等式が成り立つ．

$$|\boldsymbol{a}\cdot\boldsymbol{b}| \leq |\boldsymbol{a}||\boldsymbol{b}| \tag{1.16}$$

これを**シュワルツの不等式**と呼ぶ．等号は $\theta = 0, \pi$ のとき，あるいは，$\boldsymbol{a}$ または $\boldsymbol{b}$ が零ベクトルのときに限って成り立つ．また，**三角不等式**

$$|\boldsymbol{a}+\boldsymbol{b}| \leq |\boldsymbol{a}| + |\boldsymbol{b}| \tag{1.17}$$

は，ベクトルの和および大きさの定義から図形的に明らかであるが，両辺が正であることに着目し，次のように内積を用いても証明できる．

$$\begin{aligned}(|\boldsymbol{a}| + |\boldsymbol{b}|)^2 &= |\boldsymbol{a}|^2 + 2|\boldsymbol{a}||\boldsymbol{b}| + |\boldsymbol{b}|^2 \\ &\geq |\boldsymbol{a}|^2 + 2|\boldsymbol{a}||\boldsymbol{b}|\cos\theta + |\boldsymbol{b}|^2 \\ &= (\boldsymbol{a}+\boldsymbol{b})\cdot(\boldsymbol{a}+\boldsymbol{b}) \\ &= |\boldsymbol{a}+\boldsymbol{b}|^2 \end{aligned} \tag{1.18}$$

等号は $\cos\theta = 1$，すなわち $\boldsymbol{a}$ と $\boldsymbol{b}$ が同じ向きのとき，あるいは，$\boldsymbol{a}$ または $\boldsymbol{b}$ が零ベクトルのときに限って成り立つ．

例題 1.1

$\boldsymbol{a} = 3\boldsymbol{i} + 4\boldsymbol{j} + 5\boldsymbol{k}$，$\boldsymbol{b} = 4\boldsymbol{i} - 3\boldsymbol{j} + 5\boldsymbol{k}$ とするとき，$\boldsymbol{a}$ と $\boldsymbol{b}$ のなす角度 θ を求めよ．

【解】

$$\cos\theta = \frac{\boldsymbol{a}\cdot\boldsymbol{b}}{|\boldsymbol{a}||\boldsymbol{b}|} = \frac{3\cdot 4 + 4\cdot(-3) + 5\cdot 5}{\sqrt{3^2+4^2+5^2}\sqrt{4^2+(-3)^2+5^2}} = \frac{1}{2} \tag{1.19}$$

であるから，$\theta = \dfrac{\pi}{3}$． □

問題 1　(1)　$\boldsymbol{a} = \boldsymbol{i} + 3\boldsymbol{j} + c\boldsymbol{k}$ と $\boldsymbol{b} = 4\boldsymbol{i} + c\boldsymbol{j} - 5\boldsymbol{k}$ が垂直になるように c を定めよ．

(2)　$\boldsymbol{a} = \boldsymbol{i} + 2\boldsymbol{j} - 3\boldsymbol{k}$ と $\boldsymbol{b} = 3\boldsymbol{i} + c\boldsymbol{j} - 2\boldsymbol{k}$ のなす角度が $\dfrac{\pi}{3}$ となるように c を定めよ．

問題 2 2つのベクトル $\boldsymbol{a}$, $\boldsymbol{b}$ について次の等式が成り立つことを示せ.

$$|\boldsymbol{a}+\boldsymbol{b}|^2+|\boldsymbol{a}-\boldsymbol{b}|^2=2(|\boldsymbol{a}|^2+|\boldsymbol{b}|^2) \tag{1.20}$$

正射影と直交化 $\boldsymbol{a}$ を $\boldsymbol{0}$ でないベクトルとする. このとき, ベクトル $\boldsymbol{b}$ を $\boldsymbol{a}$ に平行な成分と垂直な成分の和に分解することを考える. $\boldsymbol{a}$ と $\boldsymbol{b}$ のなす角度を θ とすると, 平行な成分は, 向きが $\boldsymbol{e}\equiv\dfrac{\boldsymbol{a}}{|\boldsymbol{a}|}$ ($\boldsymbol{a}$ の向きの単位ベクトル), 大きさが $|\boldsymbol{b}|\cos\theta$ であるから,

$$\boldsymbol{e}|\boldsymbol{b}|\cos\theta=(\boldsymbol{e}\cdot\boldsymbol{b})\boldsymbol{e} \tag{1.21}$$

と書ける. これを, $\boldsymbol{b}$ の $\boldsymbol{a}$ 方向への**正射影**と呼ぶ.

一方, 垂直な成分は, $\boldsymbol{b}$ から $\boldsymbol{a}$ に平行な方向の成分を差し引くことにより,

$$\boldsymbol{b}-(\boldsymbol{e}\cdot\boldsymbol{b})\boldsymbol{e} \tag{1.22}$$

と得られる. このようにして, $\boldsymbol{b}$ から $\boldsymbol{a}$ に垂直なベクトルを作ることを, $\boldsymbol{b}$ の $\boldsymbol{a}$ に対する**直交化**と呼ぶ. 容易に分かるように,

$$\begin{aligned}\text{直交化で得られたベクトルが}\ \boldsymbol{0} &\iff \boldsymbol{a}\ \text{と}\ \boldsymbol{b}\ \text{が平行}\\ &\iff \boldsymbol{a}\ \text{と}\ \boldsymbol{b}\ \text{が線形従属}\end{aligned} \tag{1.23}$$

がいえる. さらに, 直交化後に得られたベクトルが $\boldsymbol{0}$ でないとき, これを正規化してベクトル

$$\frac{\boldsymbol{b}-(\boldsymbol{e}\cdot\boldsymbol{b})\boldsymbol{e}}{|\boldsymbol{b}-(\boldsymbol{e}\cdot\boldsymbol{b})\boldsymbol{e}|} \tag{1.24}$$

を作ることができる. この操作を**正規直交化**と呼ぶ.

例題 1.2

$\boldsymbol{a}=\boldsymbol{i}+2\boldsymbol{j}+2\boldsymbol{k}$, $\boldsymbol{b}=\boldsymbol{i}+\boldsymbol{j}+\boldsymbol{k}$ とする. $\boldsymbol{b}$ を $\boldsymbol{a}$ に対して直交化し, さらに正規化して得られるベクトル $\boldsymbol{e}_2$ を求めよ.

【解】 まず, $\boldsymbol{a}$ を正規化したベクトル $\boldsymbol{e}_1$ を求める.

$$\boldsymbol{e}_1=\frac{\boldsymbol{a}}{|\boldsymbol{a}|}=\frac{\boldsymbol{a}}{\sqrt{1^2+2^2+2^2}}=\frac{1}{3}\boldsymbol{i}+\frac{2}{3}\boldsymbol{j}+\frac{2}{3}\boldsymbol{k} \tag{1.25}$$

次に，$\boldsymbol{b}$ から $\boldsymbol{a}$ に平行な成分を差し引いたベクトル $\boldsymbol{e}_2'$ を求める．

$$\boldsymbol{e}_2' = \boldsymbol{b} - (\boldsymbol{e}_1\cdot\boldsymbol{b})\boldsymbol{e}_1 = \boldsymbol{b} - \left(1\cdot\frac{1}{3} + 1\cdot\frac{2}{3} + 1\cdot\frac{2}{3}\right)\boldsymbol{e}_1 = \frac{4}{9}\boldsymbol{i} - \frac{1}{9}\boldsymbol{j} - \frac{1}{9}\boldsymbol{k} \tag{1.26}$$

最後に，$\boldsymbol{e}_2'$ を正規化して $\boldsymbol{e}_2$ を求める．

$$\boldsymbol{e}_2 = \frac{\boldsymbol{e}_2'}{|\boldsymbol{e}_2'|} = \frac{\boldsymbol{e}_2'}{\sqrt{(4/9)^2 + (-1/9)^2 + (-1/9)^2}} = \frac{1}{3\sqrt{2}}(4\boldsymbol{i} - \boldsymbol{j} - \boldsymbol{k}) \tag{1.27}$$ □

内積による成分表示　直交直線座標系 O-xyz の基本ベクトルを $\boldsymbol{i}$，$\boldsymbol{j}$，$\boldsymbol{k}$ とする．$\boldsymbol{a}$ をベクトルとするとき，その x，y，z 成分はそれぞれ $\boldsymbol{a}$ を $\boldsymbol{i}$，$\boldsymbol{j}$，$\boldsymbol{k}$ 方向へ正射影したベクトルの大きさであるから，$\boldsymbol{a}$ の成分表示は

$$(\boldsymbol{i}\cdot\boldsymbol{a},\ \boldsymbol{j}\cdot\boldsymbol{a},\ \boldsymbol{k}\cdot\boldsymbol{a})^t \tag{1.28}$$

となる．これより，$\boldsymbol{a}$ は

$$\boldsymbol{a} = (\boldsymbol{i}\cdot\boldsymbol{a})\boldsymbol{i} + (\boldsymbol{j}\cdot\boldsymbol{a})\boldsymbol{j} + (\boldsymbol{k}\cdot\boldsymbol{a})\boldsymbol{k} \tag{1.29}$$

と書ける．

1.4 ベクトルの外積

定義　$\boldsymbol{a}$，$\boldsymbol{b}$ を $\boldsymbol{0}$ でなく，互いに平行でもないベクトルとし，それらのなす角度を θ $(0 < \theta < \pi)$ とする．いま，次のような向きと大きさを持つベクトル $\boldsymbol{c}$ を考える．

- 向き：$\boldsymbol{a}$ と $\boldsymbol{b}$ の両方に垂直な方向のうち，$\boldsymbol{a}$ と $\boldsymbol{b}$ のなす角度内で $\boldsymbol{a}$ を $\boldsymbol{b}$ に重ねる向きに右ねじを回すとき，ねじの進む向き．
- 大きさ：$|\boldsymbol{a}||\boldsymbol{b}|\sin\theta$

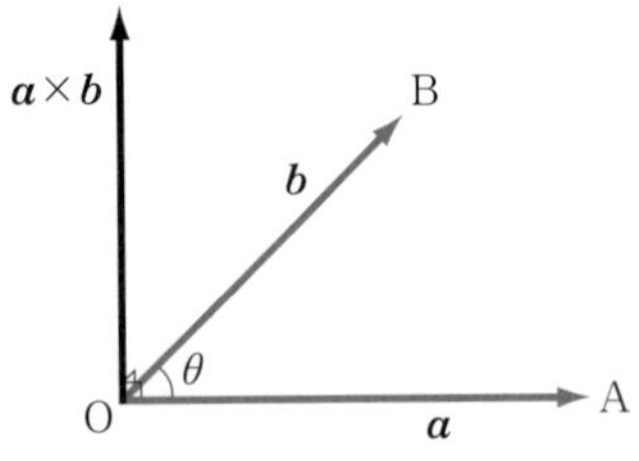

図1.6 外積

このとき，ベクトル $\boldsymbol{c}$ を $\boldsymbol{a}$ と $\boldsymbol{b}$ の**外積**（または**ベクトル積**）と呼び，$\boldsymbol{a}\times\boldsymbol{b}$ と表

す (図 1.6). 定義から, $\boldsymbol{c}$ は $\boldsymbol{a}$, $\boldsymbol{b}$ の作る平面に垂直である. $\boldsymbol{a}$ または $\boldsymbol{b}$ が零ベクトルのとき, あるいは $\boldsymbol{a}$ と $\boldsymbol{b}$ が平行なときは, $\boldsymbol{a}\times\boldsymbol{b}=\boldsymbol{0}$ と定義する. $\boldsymbol{a}$, $\boldsymbol{b}$ を表す有向線分をそれぞれ $\overrightarrow{\mathrm{OA}}$, $\overrightarrow{\mathrm{OB}}$ とすると, $\boldsymbol{a}\times\boldsymbol{b}$ は, OA, OB を隣接する 2 辺とする平行四辺形の面積と同じ大きさを持ち, 面 OAB に垂直なベクトルである. 外積の定義より,

$$\boldsymbol{a}\times\boldsymbol{b} = -\boldsymbol{b}\times\boldsymbol{a} \tag{1.30}$$

が成り立つ. また,

$$\boldsymbol{a}\times\boldsymbol{a} = \boldsymbol{0} \tag{1.31}$$

もいえる.

問題 1 ベクトル $\boldsymbol{a}$, $\boldsymbol{b}$ の内積と外積について次の公式が成り立つことを示せ.

$$|\boldsymbol{a}\times\boldsymbol{b}| = \sqrt{(\boldsymbol{a}\cdot\boldsymbol{a})(\boldsymbol{b}\cdot\boldsymbol{b}) - (\boldsymbol{a}\cdot\boldsymbol{b})^2} \tag{1.32}$$

外積の成分表示 $\boldsymbol{a}$, $\boldsymbol{b}$ が $\boldsymbol{0}$ でなく, 互いに平行でもないとする. このとき, 外積を成分で表示することを考えよう. $\boldsymbol{a}$, $\boldsymbol{b}$ を表す有向線分をそれぞれ $\overrightarrow{\mathrm{OA}}$, $\overrightarrow{\mathrm{OB}}$, 点 A, B の座標をそれぞれ (a_1, a_2, a_3), (b_1, b_2, b_3) とする. このとき, 3 点 O, A, B を通る平面の方程式は, 行列式を用いて次のように書けることが知られている[5].

$$\begin{vmatrix} a_1 & a_2 & a_3 \\ b_1 & b_2 & b_3 \\ x & y & z \end{vmatrix} = 0 \tag{1.33}$$

実際, この式の左辺は x, y, z の 1 次式であり, (x, y, z) に点 O, A, B の座標を代入すると 0 になる. また, O, A, B が一直線上にない場合, x, y, z のうちの少なくとも 1 つの係数が非零となることも容易に示せる. したがって, これが求める平面の方程式であることが分かる. この方程式を書き直す

---

5) 成分を使って表した行列式の場合, その成分配列が本によって異なる (行と列が入れ替わっている) 場合がある. これは, ベクトルを列ベクトルと考えるか行ベクトルと考えるかの違いに起因するものであるが, 行列式の値自体に変わりはない.

と，

$$(a_2b_3 - a_3b_2)x + (a_3b_1 - a_1b_3)y + (a_1b_2 - a_2b_1)z = 0 \quad (1.34)$$

$\boldsymbol{a}\times\boldsymbol{b}$ はこの平面の法線ベクトルと同じ向きを持つから，

$$(a_2b_3 - a_3b_2,\ a_3b_1 - a_1b_3,\ a_1b_2 - a_2b_1)^t \quad (1.35)$$

のスカラー倍となる[6]．この比例係数を決めるため，式 (1.35) のベクトルの大きさの 2 乗を計算すると，簡単な式変形により，

$$\begin{aligned}
&(a_2b_3 - a_3b_2)^2 + (a_3b_1 - a_1b_3)^2 + (a_1b_2 - a_2b_1)^2 \\
&= ({a_1}^2 + {a_2}^2 + {a_3}^2)({b_1}^2 + {b_2}^2 + {b_3}^2) - (a_1b_1 + a_2b_2 + a_3b_3)^2 \\
&= |\boldsymbol{a}|^2|\boldsymbol{b}|^2 - (\boldsymbol{a}\cdot\boldsymbol{b})^2 \\
&= |\boldsymbol{a}|^2|\boldsymbol{b}|^2(1 - \cos^2\theta) \\
&= |\boldsymbol{a}|^2|\boldsymbol{b}|^2\sin^2\theta = |\boldsymbol{a}\times\boldsymbol{b}|^2 \quad (1.36)
\end{aligned}$$

となる．よって，$\boldsymbol{a}\times\boldsymbol{b}$ と式 (1.35) の比例係数は ± 1 である．ここで，$\boldsymbol{i}$ と $\boldsymbol{j}$ の外積を考えると，定義より $\boldsymbol{i}\times\boldsymbol{j} = \boldsymbol{k}$ であるから，これを式 (1.35) と比べることにより，この場合，比例係数は 1 となる．一般の場合は，$\boldsymbol{i}$ を $\boldsymbol{a}$，$\boldsymbol{j}$ を $\boldsymbol{b}$ に連続的に変形させるような操作で，途中で 2 本のベクトルが零ベクトルにも，平行にもならないようなものを考える．すると，外積も連続的に変化し，かつ，途中で $\boldsymbol{0}$ にもならないことから，比例係数が途中で -1 になることはあり得ない．よって，この場合も比例係数は 1 となる．以上に加えて，$\boldsymbol{a}$ または $\boldsymbol{b}$ が零ベクトルの場合や両者が平行な場合も考えると，任意の $\boldsymbol{a}$，$\boldsymbol{b}$ に対し，$\boldsymbol{a}\times\boldsymbol{b}$ の成分表示は式 (1.35) で与えられることがわかる．さらに，基本ベクトル $\boldsymbol{i}$，$\boldsymbol{j}$，$\boldsymbol{k}$ を使って $\boldsymbol{a}\times\boldsymbol{b}$ を表すと，次のように外積を形式的に行列式を用いて表示する公式が得られる．

---

6) 一般に，方程式 $ax + by + cz + d = 0$ で与えられる平面の法線ベクトルは $(a,\ b,\ c)^t$ のスカラー倍で与えられる．実際，a, b, c の少なくとも 1 つは 0 でないから，$a \neq 0$ とすると，代入によって容易に分かるように，点 $\mathrm{A}\left(-\dfrac{d}{a},\ 0,\ 0\right)$，$\mathrm{B}\left(-\dfrac{b+d}{a},\ 1,\ 0\right)$，$\mathrm{C}\left(-\dfrac{c+d}{a},\ 0,\ 1\right)$ はこの平面上の点であり，$\overrightarrow{\mathrm{AB}} = \left(-\dfrac{b}{a},\ 1,\ 0\right)^t$，$\overrightarrow{\mathrm{AC}} = \left(-\dfrac{c}{a},\ 0,\ 1\right)^t$ はこの平面に平行な 2 本の線形独立なベクトルとなる．したがって，これらの両方のベクトルに直交する $(a,\ b,\ c)^t$ が法線ベクトルとなる．

$$\boldsymbol{a}\times\boldsymbol{b} = (a_2b_3 - a_3b_2)\boldsymbol{i} + (a_3b_1 - a_1b_3)\boldsymbol{j} + (a_1b_2 - a_2b_1)\boldsymbol{k}$$
$$= \begin{vmatrix} a_1 & a_2 & a_3 \\ b_1 & b_2 & b_3 \\ \boldsymbol{i} & \boldsymbol{j} & \boldsymbol{k} \end{vmatrix} \tag{1.37}$$

例題 1.3

点 A，点 B の座標をそれぞれ (1, 4, 5)，(3, 2, 4) とするとき，三角形 OAB の面積を求めよ．

【解】 $\boldsymbol{a} = \overrightarrow{\mathrm{OA}}$，$\boldsymbol{b} = \overrightarrow{\mathrm{OB}}$ とし，$\boldsymbol{a}$ と $\boldsymbol{b}$ のなす角度を θ とすると，三角形 OAB の面積は $\dfrac{1}{2}|\boldsymbol{a}||\boldsymbol{b}||\sin\theta| = \dfrac{1}{2}|\boldsymbol{a}\times\boldsymbol{b}|$ と書ける．したがって面積は，

$$\frac{1}{2}|\boldsymbol{a}\times\boldsymbol{b}| = \frac{1}{2}|(1,\ 4,\ 5)^t\times(3,\ 2,\ 4)^t|$$
$$= \frac{1}{2}|(6,\ 11,\ -10)^t|$$
$$= \frac{1}{2}\sqrt{6^2 + 11^2 + (-10)^2} = \frac{1}{2}\sqrt{257} \tag{1.38}$$
□

例題 1.4

原点 O，点 A (1, 3, 5)，点 B (2, 0, 1) の 3 点を通る平面について，単位法線ベクトルを求めよ．

【解】 $\boldsymbol{a} = \overrightarrow{\mathrm{OA}}$，$\boldsymbol{b} = \overrightarrow{\mathrm{OB}}$ とすると，平面の法線ベクトルは $\boldsymbol{a}$，$\boldsymbol{b}$ の両方に垂直なベクトルであるから，$\boldsymbol{a}\times\boldsymbol{b}$ と同じ方向を持つ．

$$\boldsymbol{a}\times\boldsymbol{b} = (1,\ 3,\ 5)^t\times(2,\ 0,\ 1)^t = (3,\ 9,\ -6)^t \tag{1.39}$$

であるから，単位法線ベクトル $\boldsymbol{e}$ は，これを正規化して，

$$\boldsymbol{e} = \frac{\boldsymbol{a}\times\boldsymbol{b}}{|\boldsymbol{a}\times\boldsymbol{b}|} = \left(\frac{1}{\sqrt{14}},\ \frac{3}{\sqrt{14}},\ -\frac{2}{\sqrt{14}}\right)^t \tag{1.40}$$

と求まる．□

問題 2　ベクトル $\boldsymbol{a} = (1,\ 2,\ -3)^t$，$\boldsymbol{b} = (3,\ 1,\ 2)^t$ について次の問に答えよ．

(1)　$\boldsymbol{c} = \boldsymbol{a}\times\boldsymbol{b}$ を求めよ．

(2) $\boldsymbol{c}$ が $\boldsymbol{a}$ と $\boldsymbol{b}$ の両方に垂直であることを確認せよ．

外積の性質 λ を実数，$\boldsymbol{a}$，$\boldsymbol{b}$，$\boldsymbol{c}$ を3つのベクトルとする．外積について次の性質が成り立つ．

① 自分自身との外積 $\boldsymbol{a}\times\boldsymbol{a}=\boldsymbol{0}$

② 反交換性 $\boldsymbol{a}\times\boldsymbol{b}=-\boldsymbol{b}\times\boldsymbol{a}$

③ 分配法則 $\boldsymbol{a}\times(\boldsymbol{b}+\boldsymbol{c})=\boldsymbol{a}\times\boldsymbol{b}+\boldsymbol{a}\times\boldsymbol{c}$

$(\boldsymbol{a}+\boldsymbol{b})\times\boldsymbol{c}=\boldsymbol{a}\times\boldsymbol{c}+\boldsymbol{b}\times\boldsymbol{c}$

④ スカラー倍との関係 $(\lambda\boldsymbol{a})\times\boldsymbol{b}=\boldsymbol{a}\times(\lambda\boldsymbol{b})=\lambda(\boldsymbol{a}\times\boldsymbol{b})$

⑤ 基本ベクトル間の外積 $\boldsymbol{i}\times\boldsymbol{i}=\boldsymbol{j}\times\boldsymbol{j}=\boldsymbol{k}\times\boldsymbol{k}=\boldsymbol{0}$，

$\boldsymbol{i}\times\boldsymbol{j}=\boldsymbol{k}$，$\boldsymbol{j}\times\boldsymbol{k}=\boldsymbol{i}$，$\boldsymbol{k}\times\boldsymbol{i}=\boldsymbol{j}$

このうち，①，②，④，⑤ は定義から直ちに導ける．③ は，成分表示 (1.35) あるいは行列式表示 (1.37) から導ける．

例題 1.5

3つのベクトル $\boldsymbol{a}$，$\boldsymbol{b}$，$\boldsymbol{c}$ に対し，次の恒等式が成り立つことを示せ．

$$\boldsymbol{a}\times\boldsymbol{b}+\boldsymbol{b}\times\boldsymbol{c}+\boldsymbol{c}\times\boldsymbol{a}+(\boldsymbol{c}-\boldsymbol{a})\times(\boldsymbol{b}-\boldsymbol{a})=\boldsymbol{0} \qquad (1.41)$$

【解】 左辺の第4項を外積の性質 ①，②，③ を使って変形すると，

$$\begin{aligned}(\boldsymbol{c}-\boldsymbol{a})\times(\boldsymbol{b}-\boldsymbol{a}) &= \boldsymbol{c}\times\boldsymbol{b}-\boldsymbol{c}\times\boldsymbol{a}-\boldsymbol{a}\times\boldsymbol{b}+\boldsymbol{a}\times\boldsymbol{a}\\ &= -\boldsymbol{b}\times\boldsymbol{c}-\boldsymbol{c}\times\boldsymbol{a}-\boldsymbol{a}\times\boldsymbol{b} \qquad (1.42)\end{aligned}$$

これと左辺の第1，2，3項とを足し合わせると $\boldsymbol{0}$ となる．よって証明された． □

例題 1.6

$\boldsymbol{a}$，$\boldsymbol{b}$ が零ベクトルでなく，互いに平行でもないとする．このとき，$\boldsymbol{a}\times(\boldsymbol{a}\times\boldsymbol{b})$ はどんなベクトルとなるか．

(1) 幾何学的に考察せよ．

(2) 外積を使わない表示を求めよ．

【解】 (1) $\boldsymbol{a}, \boldsymbol{b}$ を表す有向線分をそれぞれ $\overrightarrow{\mathrm{OA}}, \overrightarrow{\mathrm{OB}}$ とすると，$\boldsymbol{a}\times\boldsymbol{b}$ は平面 OAB に垂直であり，$\boldsymbol{a}\times(\boldsymbol{a}\times\boldsymbol{b})$ はさらにそれに垂直であるから，平面 OAB に平行である．さらに，$\boldsymbol{a}\times(\boldsymbol{a}\times\boldsymbol{b})$ は $\boldsymbol{a}$ にも垂直であるから，結局，$\boldsymbol{b}$ を $\boldsymbol{a}$ に対して直交化したベクトルのスカラー倍となっていると考えられる (図 1.7).

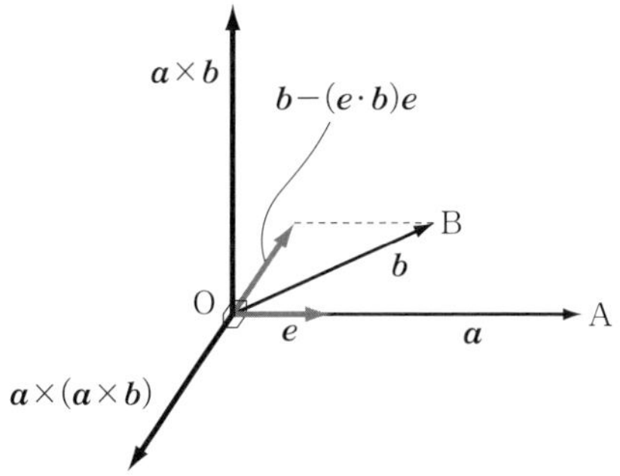

図 1.7

(2) (1) の性質を式で考える．$\boldsymbol{a}$ を正規化したベクトルを $\boldsymbol{e} = \dfrac{\boldsymbol{a}}{|\boldsymbol{a}|}$ とし，$\boldsymbol{b}$ を $\boldsymbol{e}$ に対して正規直交化したベクトルを

$$\boldsymbol{f} = \frac{\boldsymbol{b} - (\boldsymbol{e}\cdot\boldsymbol{b})\boldsymbol{e}}{|\boldsymbol{b} - (\boldsymbol{e}\cdot\boldsymbol{b})\boldsymbol{e}|} \tag{1.43}$$

とする．$\boldsymbol{b}$ は $\boldsymbol{a}$ と平行でないから，上式の分母は 0 でない．さらに，

$$\boldsymbol{g} = \boldsymbol{e}\times\boldsymbol{f} \tag{1.44}$$

とおくと，ベクトル $\boldsymbol{e}, \boldsymbol{f}, \boldsymbol{g}$ はある直交直線座標系に関する基本ベクトルとなる．これらを用いて元のベクトルが

$$\boldsymbol{a} = |\boldsymbol{a}|\boldsymbol{e} \tag{1.45}$$

$$\boldsymbol{b} = (\boldsymbol{e}\cdot\boldsymbol{b})\boldsymbol{e} + |\boldsymbol{b} - (\boldsymbol{e}\cdot\boldsymbol{b})\boldsymbol{e}|\boldsymbol{f} \tag{1.46}$$

と書けることを用い，これを $\boldsymbol{a}\times(\boldsymbol{a}\times\boldsymbol{b})$ に代入すると，

$$\begin{aligned}\boldsymbol{a}\times(\boldsymbol{a}\times\boldsymbol{b}) &= |\boldsymbol{a}|^2\boldsymbol{e}\times[\boldsymbol{e}\times\{(\boldsymbol{e}\cdot\boldsymbol{b})\boldsymbol{e} + |\boldsymbol{b} - (\boldsymbol{e}\cdot\boldsymbol{b})\boldsymbol{e}|\boldsymbol{f}\}] \\ &= |\boldsymbol{a}|^2|\boldsymbol{b} - (\boldsymbol{e}\cdot\boldsymbol{b})\boldsymbol{e}|(\boldsymbol{e}\times\boldsymbol{g}) \\ &= -|\boldsymbol{a}|^2|\boldsymbol{b} - (\boldsymbol{e}\cdot\boldsymbol{b})\boldsymbol{e}|\boldsymbol{f}\end{aligned} \tag{1.47}$$

となり，これは，$\boldsymbol{b}$ を $\boldsymbol{e}$ に対して正規直交化したベクトル $\boldsymbol{f}$ のスカラー倍となっていることがわかる．ただし，式 (1.47) の第 2，第 3 の等号では，基本ベクトル $\boldsymbol{e}, \boldsymbol{f}, \boldsymbol{g}$ 間に成り立つ外積の公式を使った．

さらに，$\boldsymbol{e}, \boldsymbol{f}$ の定義を用いて $\boldsymbol{e}, \boldsymbol{f}$ を消去すると，

$$\boldsymbol{a}\times(\boldsymbol{a}\times\boldsymbol{b}) = -|\boldsymbol{a}|^2\boldsymbol{b} + (\boldsymbol{a}\cdot\boldsymbol{b})\boldsymbol{a} \tag{1.48}$$

という表示が得られる． □

1.5 内積と外積に関する公式

本節では，内積と外積に関するいくつかの公式を述べる．

スカラー3重積　3つのベクトル $\boldsymbol{a}$, $\boldsymbol{b}$, $\boldsymbol{c}$ に対し，$\boldsymbol{a}\cdot(\boldsymbol{b}\times\boldsymbol{c})$ は実数となる．これを $\boldsymbol{a}$, $\boldsymbol{b}$, $\boldsymbol{c}$ の**スカラー3重積**という．次に，$\boldsymbol{b}$, $\boldsymbol{c}$ が $\boldsymbol{0}$ でなく，両者が平行でもないとして

$$\boldsymbol{a}\cdot(\boldsymbol{b}\times\boldsymbol{c}) = \left(\boldsymbol{a}\cdot\frac{\boldsymbol{b}\times\boldsymbol{c}}{|\boldsymbol{b}\times\boldsymbol{c}|}\right)|\boldsymbol{b}\times\boldsymbol{c}| \tag{1.49}$$

と書き直すと，右辺の第2の因子 $|\boldsymbol{b}\times\boldsymbol{c}|$ は，$\boldsymbol{b}$, $\boldsymbol{c}$ を2辺とする平行四辺形の面積を表し，第1の因子は $\boldsymbol{a}$ をこの平行四辺形に垂直な方向に正射影した線分の長さを表す．したがって，スカラー3重積は $\boldsymbol{a}$, $\boldsymbol{b}$, $\boldsymbol{c}$ で張られる平行六面体の体積に等しい[7]．

内積と外積の成分表示を用いると，

$$\begin{aligned}\boldsymbol{a}\cdot(\boldsymbol{b}\times\boldsymbol{c}) &= a_1(b_2c_3 - b_3c_2) + a_2(b_3c_1 - b_1c_3) + a_3(b_1c_2 - b_2c_1) \\ &= a_1\begin{vmatrix} b_2 & c_2 \\ b_3 & c_3 \end{vmatrix} - a_2\begin{vmatrix} b_1 & c_1 \\ b_3 & c_3 \end{vmatrix} + a_3\begin{vmatrix} b_1 & c_1 \\ b_2 & c_2 \end{vmatrix} \\ &= \begin{vmatrix} a_1 & b_1 & c_1 \\ a_2 & b_2 & c_2 \\ a_3 & b_3 & c_3 \end{vmatrix} = |\boldsymbol{a}\ \ \boldsymbol{b}\ \ \boldsymbol{c}| \end{aligned} \tag{1.50}$$

という表示が得られる．これより，次の公式が成り立つ．

$$\boldsymbol{a}\cdot(\boldsymbol{b}\times\boldsymbol{c}) = \boldsymbol{b}\cdot(\boldsymbol{c}\times\boldsymbol{a}) = \boldsymbol{c}\cdot(\boldsymbol{a}\times\boldsymbol{b}) \tag{1.51}$$

また，行列式が0とならないための必要十分条件は，すべてのベクトルが線形独立となることであるから，次の判定条件が得られる．

$$\boldsymbol{a},\ \boldsymbol{b},\ \boldsymbol{c}\ \text{が線形独立} \iff \boldsymbol{a}\cdot(\boldsymbol{b}\times\boldsymbol{c}) \neq 0 \tag{1.52}$$

これは，$\boldsymbol{a}\cdot(\boldsymbol{b}\times\boldsymbol{c})$ が平行六面体の体積であることからも導ける．

---

7) $\boldsymbol{a}$ と $\boldsymbol{b}\times\boldsymbol{c}$ のなす角度によっては，式 (1.49) 右辺の第1の因子は負値をとるので，ここで定まる体積は，通常の体積と異なり，符号を持った体積になる．

例題 1.7

$\boldsymbol{a}$, $\boldsymbol{b}$, $\boldsymbol{c}$ を線形独立なベクトルとし，3 つのベクトル $\boldsymbol{A}$, $\boldsymbol{B}$, $\boldsymbol{C}$ を次のように定義する．

$$A = \frac{\boldsymbol{b}\times\boldsymbol{c}}{|\boldsymbol{a}\ \ \boldsymbol{b}\ \ \boldsymbol{c}|},\quad B = \frac{\boldsymbol{c}\times\boldsymbol{a}}{|\boldsymbol{a}\ \ \boldsymbol{b}\ \ \boldsymbol{c}|},\quad C = \frac{\boldsymbol{a}\times\boldsymbol{b}}{|\boldsymbol{a}\ \ \boldsymbol{b}\ \ \boldsymbol{c}|} \tag{1.53}$$

ただし，$|\boldsymbol{a}\ \ \boldsymbol{b}\ \ \boldsymbol{c}|$ はスカラー 3 重積である．このとき，$\boldsymbol{A}$, $\boldsymbol{B}$, $\boldsymbol{C}$ は線形独立であることを示せ．また，次の関係式が成り立つことを示せ．

$$\boldsymbol{a}\cdot\boldsymbol{A} = \boldsymbol{b}\cdot\boldsymbol{B} = \boldsymbol{c}\cdot\boldsymbol{C} = 1 \tag{1.54}$$

$$\boldsymbol{a}\cdot\boldsymbol{B} = \boldsymbol{a}\cdot\boldsymbol{C} = \boldsymbol{b}\cdot\boldsymbol{C} = \boldsymbol{b}\cdot\boldsymbol{A} = \boldsymbol{c}\cdot\boldsymbol{A} = \boldsymbol{c}\cdot\boldsymbol{B} = 0 \tag{1.55}$$

【解】　まず，式 (1.54) については，ベクトル $\boldsymbol{A}$, $\boldsymbol{B}$, $\boldsymbol{C}$ の定義と，スカラー 3 重積の変数の入れ替えに関する性質 (1.51) から明らかである．式 (1.55) については，$\boldsymbol{c}\times\boldsymbol{a}$ が $\boldsymbol{a}$ に垂直なベクトルであることより，

$$\boldsymbol{a}\cdot\boldsymbol{B} = \frac{\boldsymbol{a}\cdot(\boldsymbol{c}\times\boldsymbol{a})}{|\boldsymbol{a}\ \ \boldsymbol{b}\ \ \boldsymbol{c}|} = 0 \tag{1.56}$$

が成り立つ．他の組合せについても同様である．

線形独立性を示すには，λ, μ, ν を実数とするとき，

$$\lambda\boldsymbol{A} + \mu\boldsymbol{B} + \nu\boldsymbol{C} = \boldsymbol{0} \Longrightarrow \lambda = \mu = \nu = 0 \tag{1.57}$$

を示せばよい．いま，左側の等式が成り立つとする．$\boldsymbol{a}$ との内積をとって式 (1.54), (1.55) を使うと，

$$\lambda\boldsymbol{a}\cdot\boldsymbol{A} + \mu\boldsymbol{a}\cdot\boldsymbol{B} + \nu\boldsymbol{a}\cdot\boldsymbol{C} = \lambda = 0 \tag{1.58}$$

よって $\lambda = 0$ がいえる．同様に $\mu = \nu = 0$ もいえる．したがって，$\boldsymbol{A}$, $\boldsymbol{B}$, $\boldsymbol{C}$ は線形独立である．□

問題 1　3 つのベクトル $\boldsymbol{a} = (1, 4, 2)^t$, $\boldsymbol{b} = (2, 1, 1)^t$, $\boldsymbol{c} = (3, 2, 1)^t$ で張られる平行六面体の体積を求めよ．

ベクトル 3 重積　　3 つのベクトル $\boldsymbol{a}$, $\boldsymbol{b}$, $\boldsymbol{c}$ に対し，$\boldsymbol{a}\times(\boldsymbol{b}\times\boldsymbol{c})$ はベクトルとなる．これを $\boldsymbol{a}$, $\boldsymbol{b}$, $\boldsymbol{c}$ の**ベクトル 3 重積**という．ベクトル 3 重積について，次の公式が成り立つ．

$$\boldsymbol{a}\times(\boldsymbol{b}\times\boldsymbol{c}) = \boldsymbol{b}(\boldsymbol{a}\cdot\boldsymbol{c}) - \boldsymbol{c}(\boldsymbol{a}\cdot\boldsymbol{b}) \tag{1.59}$$

この式は，成分表示で両辺を計算してももちろん導けるが，ここでは例題1.6と同様に，内積と外積の性質を使って証明してみよう．以下，$\boldsymbol{b}$, $\boldsymbol{c}$ が零ベクトルでなく，両者が平行でもないとし，次のようにして基本ベクトル $\boldsymbol{e}$, $\boldsymbol{f}$, $\boldsymbol{g}$ を定義する．

$$\boldsymbol{e} = \frac{\boldsymbol{b}}{|\boldsymbol{b}|} \tag{1.60}$$

$$\boldsymbol{f} = \frac{\boldsymbol{c} - (\boldsymbol{e}\cdot\boldsymbol{c})\boldsymbol{e}}{|\boldsymbol{c} - (\boldsymbol{e}\cdot\boldsymbol{c})\boldsymbol{e}|} \tag{1.61}$$

$$\boldsymbol{g} = \boldsymbol{e}\times\boldsymbol{f} \tag{1.62}$$

すると，

$$\begin{aligned}\boldsymbol{b}\times\boldsymbol{c} &= |\boldsymbol{b}|\boldsymbol{e}\times\{|\boldsymbol{c} - (\boldsymbol{e}\cdot\boldsymbol{c})\boldsymbol{e}|\boldsymbol{f} + (\boldsymbol{e}\cdot\boldsymbol{c})\boldsymbol{e}\}\\ &= |\boldsymbol{b}|\,|\boldsymbol{c} - (\boldsymbol{e}\cdot\boldsymbol{c})\boldsymbol{e}|\boldsymbol{g}\end{aligned} \tag{1.63}$$

ここで，

$$\boldsymbol{a} = (\boldsymbol{e}\cdot\boldsymbol{a})\boldsymbol{e} + (\boldsymbol{f}\cdot\boldsymbol{a})\boldsymbol{f} + (\boldsymbol{g}\cdot\boldsymbol{a})\boldsymbol{g} \tag{1.64}$$

と書いて $\boldsymbol{a}\times(\boldsymbol{b}\times\boldsymbol{c})$ を計算すると，基本ベクトル間の外積の公式より，

$$\begin{aligned}\boldsymbol{a}\times(\boldsymbol{b}\times\boldsymbol{c}) &= -(\boldsymbol{e}\cdot\boldsymbol{a})|\boldsymbol{b}|\,|\boldsymbol{c} - (\boldsymbol{e}\cdot\boldsymbol{c})\boldsymbol{e}|\boldsymbol{f} + (\boldsymbol{f}\cdot\boldsymbol{a})|\boldsymbol{b}|\,|\boldsymbol{c} - (\boldsymbol{e}\cdot\boldsymbol{c})\boldsymbol{e}|\boldsymbol{e}\\ &= -(\boldsymbol{b}\cdot\boldsymbol{a})\{\boldsymbol{c} - (\boldsymbol{e}\cdot\boldsymbol{c})\boldsymbol{e}\} + [\{\boldsymbol{c} - (\boldsymbol{e}\cdot\boldsymbol{c})\boldsymbol{e}\}\cdot\boldsymbol{a}]\boldsymbol{b}\\ &= \boldsymbol{b}(\boldsymbol{a}\cdot\boldsymbol{c}) - \boldsymbol{c}(\boldsymbol{a}\cdot\boldsymbol{b}) + (\boldsymbol{e}\cdot\boldsymbol{c})(\boldsymbol{a}\cdot\boldsymbol{b})\boldsymbol{e} - (\boldsymbol{e}\cdot\boldsymbol{c})(\boldsymbol{a}\cdot\boldsymbol{e})\boldsymbol{b}\\ &= \boldsymbol{b}(\boldsymbol{a}\cdot\boldsymbol{c}) - \boldsymbol{c}(\boldsymbol{a}\cdot\boldsymbol{b})\end{aligned} \tag{1.65}$$

が得られる．ただし，第2の等号では，式(1.60)，(1.61)を用いた．また，最後の等号では，式(1.60)を用いた．以上より，公式(1.59)が証明された．

例題 1.8

$\boldsymbol{a}$ を任意のベクトル，$\boldsymbol{e}$ を大きさ1の任意のベクトルとするとき，次の恒等式が成り立つことを示せ．

$$\boldsymbol{a} = (\boldsymbol{a}\cdot\boldsymbol{e})\boldsymbol{e} + \boldsymbol{e}\times(\boldsymbol{a}\times\boldsymbol{e}) \tag{1.66}$$

【解】　ベクトル3重積の公式より，

$$\boldsymbol{e}\times(\boldsymbol{a}\times\boldsymbol{e}) = \boldsymbol{a}(\boldsymbol{e}\cdot\boldsymbol{e}) - \boldsymbol{e}(\boldsymbol{e}\cdot\boldsymbol{a}) = \boldsymbol{a} - (\boldsymbol{a}\cdot\boldsymbol{e})\boldsymbol{e} \tag{1.67}$$

ただし，第2の等号では $\boldsymbol{e}\cdot\boldsymbol{e} = |\boldsymbol{e}|^2 = 1$ を用いた．これを移項すると式(1.66)を得る．なお，この式は，ベクトル $\boldsymbol{a}$ を $\boldsymbol{e}$ に平行な成分 $(\boldsymbol{a}\cdot\boldsymbol{e})\boldsymbol{e}$ と $\boldsymbol{e}$ に垂直な成分 $\boldsymbol{e}\times(\boldsymbol{a}\times\boldsymbol{e})$ とに分解する式になっている．□

問題2　3つのベクトル $\boldsymbol{a}$, $\boldsymbol{b}$, $\boldsymbol{c}$ について次の恒等式が成り立つことを示せ．

$$\boldsymbol{a}\times(\boldsymbol{b}\times\boldsymbol{c}) + \boldsymbol{b}\times(\boldsymbol{c}\times\boldsymbol{a}) + \boldsymbol{c}\times(\boldsymbol{a}\times\boldsymbol{b}) = \boldsymbol{0} \tag{1.68}$$

束縛ベクトル

物理学では，剛体に働く力のように，作用する点が重要なベクトルもある．このようなベクトルを，**束縛ベクトル**と呼ぶ．束縛ベクトルは，しばしば，「始点を固定されたベクトル」と説明される．しかし，このように考えると，始点を自由に移動してもよいというベクトルの定義に矛盾する．これは，ベクトルが存在する空間と現象が起きている実空間とを混同したために起こった矛盾である．剛体に働く力の例では，各作用点Pごとに，Pに作用する力のベクトル全体のなす空間 V_{P} が存在する．点Pに固定されているのは，個々のベクトルの始点ではなく，このベクトル空間なのである．V_{P} 中では，ベクトルを表す有向線分は自由に平行移動できるし，同じPに作用する別の力のベクトルとの和を(平行移動を用いて)求めることもできる．一方，異なる点Qに作用する力のベクトルは，V_{P} とは異なる空間 V_{Q} に属するため，Pに作用する力とQに作用する力とを単純に足し合わせることはできない．このように考えると，束縛ベクトルという概念は，通常のベクトルの定義と矛盾なく理解できる．

第2章では，ベクトル場という概念が登場するが，この場合も，空間の各点ごとにベクトル空間が付随し，各点でのベクトルは，そのベクトル空間中に存在すると考える．

エディントンのイプシロン ϵ_{ijk} について

空間のベクトル $\boldsymbol{a}$ や $\boldsymbol{b}$ の i 成分を a_i や b_i とすると $\boldsymbol{a}$ と $\boldsymbol{b}$ の内積は

$$\boldsymbol{a}\cdot\boldsymbol{b} = \sum_{i=1}^{3} a_i b_i \tag{1.69}$$

であるが，2回現れる添え字については1から3まで和をとることを規約として，単に $\boldsymbol{a}\cdot\boldsymbol{b} = a_i b_i$ と表すことにする．いま，2つの添え字を持つ記号 δ_{ij} (クロネッカーのデルタ) を

$$\delta_{ij} = \begin{cases} 1 & (i = j) \\ 0 & (i \neq j) \end{cases} \tag{1.70}$$

で定義すると，上記の規約により，$\delta_{ii} = 3$，$\delta_{ik} a_k = a_i$，$\delta_{ik}\delta_{kj} = \delta_{ij}$ などが得られる．

次に，3つの添え字を持つ記号 ϵ_{ijk} (エディントンのイプシロン) を

$$\epsilon_{ijk} = \begin{cases} 1, & (i, j, k) = (1, 2, 3), (2, 3, 1), (3, 1, 2) \\ -1, & (i, j, k) = (3, 2, 1), (2, 1, 3), (1, 3, 2) \\ 0, & \text{その他の場合} \end{cases} \tag{1.71}$$

で定義する．ϵ_{ijk} は，$\epsilon_{ijk} = -\epsilon_{jik}$ のように，任意の2つの添え字の入れ替えに対し符号が反転し (**反対称**であるという)，添え字に重複する数字を持つ場合は0である．定義より

$$\epsilon_{ijk} = \epsilon_{jki} = \epsilon_{kij} = -\epsilon_{kji} = -\epsilon_{jik} = -\epsilon_{ikj}$$

となる．ϵ_{ijk} を用いると，$\boldsymbol{a}$ と $\boldsymbol{b}$ の外積の i 成分は

$$[\boldsymbol{a}\times\boldsymbol{b}]_i = \epsilon_{ijk} a_j b_k \tag{1.72}$$

と表すことができる．たとえば，

$$[\boldsymbol{a}\times\boldsymbol{b}]_1 = \epsilon_{1jk} a_j b_k = \epsilon_{123} a_2 b_3 + \epsilon_{132} a_3 b_2 = a_2 b_3 - a_3 b_2$$

である．ϵ_{ijk} の反対称性を用いると，たとえば，$\boldsymbol{a}\times\boldsymbol{b}$ と $\boldsymbol{a}$ の内積は

$$[\boldsymbol{a}\times\boldsymbol{b}]_i a_i = (\epsilon_{ijk} a_j b_k) a_i = \epsilon_{jik} a_i b_k a_j = -\epsilon_{ijk} a_i b_k a_j = 0$$

となることが確認できる．また，式 (1.65) の i 成分を考えると

$$\begin{aligned} \epsilon_{ijk} a_j [\boldsymbol{b}\times\boldsymbol{c}]_k &= \epsilon_{ijk}\epsilon_{klm} a_j b_l c_m = a_j c_j b_i - a_j b_j c_i \\ &= (\delta_{il}\delta_{jm} - \delta_{im}\delta_{jl}) a_j b_l c_m \end{aligned}$$

であるが，これが任意の $\boldsymbol{a}$，$\boldsymbol{b}$，$\boldsymbol{c}$ について成り立つことより，以下の公式が得

られる．

$$\epsilon_{kij}\epsilon_{klm} = \delta_{il}\delta_{jm} - \delta_{im}\delta_{jl} \tag{1.73}$$

この恒等式を覚えておくと便利である．ϵ_{ijk} の活用については第2章末 (58 ページ) で述べる．

第1章　練習問題

1.　$\boldsymbol{x}_1, \boldsymbol{x}_2, \boldsymbol{x}_3$ をベクトル, $A = (a_{ij})$ を 3×3 行列として, ベクトル $\boldsymbol{y}_1, \boldsymbol{y}_2, \boldsymbol{y}_3$ を,

$$\boldsymbol{y}_i = a_{1i}\boldsymbol{x}_1 + a_{2i}\boldsymbol{x}_2 + a_{3i}\boldsymbol{x}_3 \qquad (i = 1, 2, 3) \tag{1.74}$$

により定義する．このとき，次の問に答えよ．

(1)　$\boldsymbol{x}_1, \boldsymbol{x}_2, \boldsymbol{x}_3$ が線形独立で，A が正則ならば，$\boldsymbol{y}_1, \boldsymbol{y}_2, \boldsymbol{y}_3$ も線形独立になることを示せ．

(2)　$\boldsymbol{x}_1, \boldsymbol{x}_2, \boldsymbol{x}_3$ が正規直交系をなし，A が直交行列ならば，$\boldsymbol{y}_1, \boldsymbol{y}_2, \boldsymbol{y}_3$ も正規直交系をなすことを示せ．

(3)　$|\boldsymbol{y}_1 \ \ \boldsymbol{y}_2 \ \ \boldsymbol{y}_3| = \det A \, |\boldsymbol{x}_1 \ \ \boldsymbol{x}_2 \ \ \boldsymbol{x}_3|$ を示せ．ただし，$|\boldsymbol{x}_1 \ \ \boldsymbol{x}_2 \ \ \boldsymbol{x}_3|$ はスカラー3重積，$\det A$ は A の行列式である．

2.　三角形 OAB において，頂点 A, B の位置ベクトルをそれぞれ $\boldsymbol{a} = \overrightarrow{\mathrm{OA}}$，$\boldsymbol{b} = \overrightarrow{\mathrm{OB}}$ とする．このとき，三角形 ABC の内心 (内接円の中心) P の位置ベクトルを $\boldsymbol{a}, \boldsymbol{b}$ を用いて表せ．

ヒント　内心は，$\angle$AOB の2等分線 l と $\angle$OBA の2等分線 m の交点である．直線 l, m 上の点の位置ベクトルをそれぞれパラメータを使って表し，両者が等しいという条件からパラメータの値を求めよ．

3.　内積と外積に関する次の公式を示せ．

(1)　$(\boldsymbol{a}\times\boldsymbol{b})\cdot(\boldsymbol{c}\times\boldsymbol{d}) = \begin{vmatrix} \boldsymbol{a}\cdot\boldsymbol{c} & \boldsymbol{b}\cdot\boldsymbol{c} \\ \boldsymbol{a}\cdot\boldsymbol{d} & \boldsymbol{b}\cdot\boldsymbol{d} \end{vmatrix}$

(2)　$(\boldsymbol{a}\times\boldsymbol{b})\times(\boldsymbol{c}\times\boldsymbol{d}) = |\boldsymbol{a} \ \ \boldsymbol{b} \ \ \boldsymbol{d}|\,\boldsymbol{c} - |\boldsymbol{a} \ \ \boldsymbol{b} \ \ \boldsymbol{c}|\,\boldsymbol{d}$．ただし，$|\boldsymbol{a} \ \ \boldsymbol{b} \ \ \boldsymbol{c}|$ は式 (1.50) で定義されるスカラー3重積である．

4.　$\boldsymbol{a} \neq \boldsymbol{0}$，$\boldsymbol{b}$ を与えられたベクトルとし，ベクトル $\boldsymbol{x}$ に関する方程式

$$\boldsymbol{a}\times\boldsymbol{x}=\boldsymbol{b} \tag{1.75}$$

を考える．このとき，次の問に答えよ．

(1)　$\boldsymbol{a}\cdot\boldsymbol{b}\neq 0$ のとき，(1.75) は解を持たないことを示せ．

(2)　$\boldsymbol{a}\cdot\boldsymbol{b}=0$ のとき，(1.75) の一般解を求めよ．

5.　$\boldsymbol{a}$, $\boldsymbol{b}$, $\boldsymbol{c}$ を線形独立なベクトルとするとき，定理1.1より，任意のベクトル $\boldsymbol{p}$ はそれらの線形結合により，

$$\boldsymbol{p}=\lambda\boldsymbol{a}+\mu\boldsymbol{b}+\nu\boldsymbol{c} \tag{1.76}$$

と一意的に表される．このときの係数 λ, μ, ν を $\boldsymbol{a}$, $\boldsymbol{b}$, $\boldsymbol{c}$, $\boldsymbol{p}$ の内積と外積を用いて具体的に求めよ．

6.　式 (1.53) で定義されるベクトル $\boldsymbol{A}$, $\boldsymbol{B}$, $\boldsymbol{C}$ について次の式が成り立つことを示せ．

(1)　$|\boldsymbol{A}\ \ \boldsymbol{B}\ \ \boldsymbol{C}|=\dfrac{1}{|\boldsymbol{a}\ \ \boldsymbol{b}\ \ \boldsymbol{c}|}$．ただし，$|\boldsymbol{a}\ \ \boldsymbol{b}\ \ \boldsymbol{c}|$ はスカラー3重積である．

(2)　$\boldsymbol{a}=\dfrac{\boldsymbol{B}\times\boldsymbol{C}}{|\boldsymbol{A}\ \ \boldsymbol{B}\ \ \boldsymbol{C}|},\quad \boldsymbol{b}=\dfrac{\boldsymbol{C}\times\boldsymbol{A}}{|\boldsymbol{A}\ \ \boldsymbol{B}\ \ \boldsymbol{C}|},\quad \boldsymbol{c}=\dfrac{\boldsymbol{A}\times\boldsymbol{B}}{|\boldsymbol{A}\ \ \boldsymbol{B}\ \ \boldsymbol{C}|}$

7.　16ページの外積の性質③，④，⑤から外積の成分表示 (1.37) を導け．

8.　$\boldsymbol{c}_1$, $\boldsymbol{c}_2$, $\boldsymbol{c}_3$ を線形独立なベクトルとするとき，任意のベクトル $\boldsymbol{v}$ はこれらの線形結合として，$\boldsymbol{v}=v_1\boldsymbol{c}_1+v_2\boldsymbol{c}_2+v_3\boldsymbol{c}_3$ と表される．このとき，$(v_1, v_2, v_3)^t$ を基底 $\boldsymbol{c}_1$, $\boldsymbol{c}_2$, $\boldsymbol{c}_3$ に関する $\boldsymbol{v}$ の成分表示という．いま，$\boldsymbol{c}_1'$, $\boldsymbol{c}_2'$, $\boldsymbol{c}_3'$ を別の線形独立なベクトルとし，

$$\boldsymbol{c}_i'=a_{1i}\boldsymbol{c}_1+a_{2i}\boldsymbol{c}_2+a_{3i}\boldsymbol{c}_3 \qquad (i=1,2,3) \tag{1.77}$$

が成り立っているとする．このとき，次の問に答えよ．

(1)　行列 $A=(a_{ij})$ は正則であることを示せ．

(2)　基底 $\boldsymbol{c}_1'$, $\boldsymbol{c}_2'$, $\boldsymbol{c}_3'$ に関する $\boldsymbol{v}$ の成分表示を求めよ．

第 2 章

ベクトルの微分

本章では，まずベクトル関数とその微分を定義する．これらは物理学における質点の運動で，すでになじみの概念であろう．次に，スカラー場とベクトル場という概念を導入する．これらは 3 次元空間中の各点にスカラーあるいはベクトルが定義されている場であり，温度場や流体の速度場などがその例である．ベクトル解析はこれらの場を舞台として展開される．場に対する微分演算子として，スカラー場の勾配，ベクトル場の回転と発散が定義される．これらは場の局所的な特徴を抽出する演算子であり，物理的にも，流体における渦の様子や湧き出しの様子など，わかりやすい意味を持つ．

2.1 ベクトル関数の微分

ベクトル関数　t を実数のパラメータとするとき，t にともなって変化するベクトル $\boldsymbol{v}$ を**ベクトル関数**と呼び，$\boldsymbol{v}(t)$ と書く．基本ベクトルを $\boldsymbol{i}, \boldsymbol{j}, \boldsymbol{k}$ とするとき，$\boldsymbol{v}(t)$ は3個の実数値関数 $v_1(t)$, $v_2(t)$, $v_3(t)$ を用いて

$$\boldsymbol{v}(t) = v_1(t)\boldsymbol{i} + v_2(t)\boldsymbol{j} + v_3(t)\boldsymbol{k} \tag{2.1}$$

と書ける．

$t \to t_0$ のとき，$\boldsymbol{v}(t)$ が一定のベクトル $\boldsymbol{v}_0$ に近づくならば，$\boldsymbol{v}_0$ を $t \to t_0$ における $\boldsymbol{v}(t)$ の**極限値**という．また，

$$\lim_{t \to t_0} \boldsymbol{v}(t) = \boldsymbol{v}(t_0) \tag{2.2}$$

ならば，$\boldsymbol{v}(t)$ は $t = t_0$ で**連続**であるという．$\boldsymbol{v}(t)$ が $t = t_0$ で連続であることは，$v_1(t)$, $v_2(t)$, $v_3(t)$ のすべてが $t = t_0$ で連続であることと同値である．

ベクトル関数の微分　ベクトル関数 $\boldsymbol{v}(t)$ が $t = t_0$ で連続であって，極限値

$$\lim_{\Delta t \to 0} \frac{\boldsymbol{v}(t + \Delta t) - \boldsymbol{v}(t)}{\Delta t} \tag{2.3}$$

が存在するならば，$\boldsymbol{v}(t)$ は $t = t_0$ で**微分可能**であるという．この極限値を $\boldsymbol{v}(t)$ の t に関する**微分**といい，$\dfrac{d\boldsymbol{v}(t)}{dt}$ または $\boldsymbol{v}'(t)$ と書く（図2.1）．これは

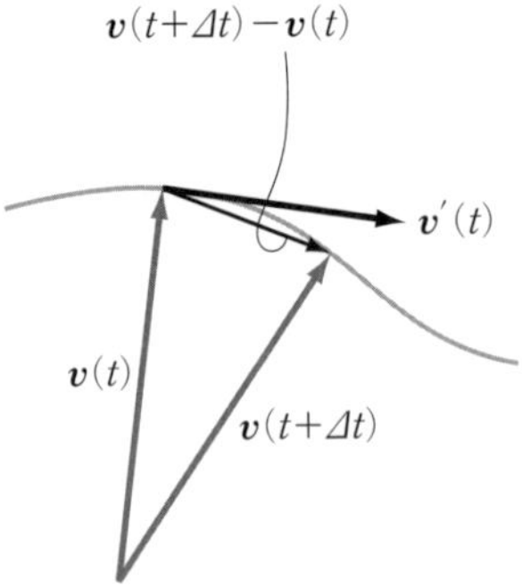

図2.1　ベクトル関数の微分

各成分の微分を用いて次のように書ける．

$$\frac{d\boldsymbol{v}(t)}{dt} = \frac{dv_1(t)}{dt}\boldsymbol{i} + \frac{dv_2(t)}{dt}\boldsymbol{j} + \frac{dv_3(t)}{dt}\boldsymbol{k} \tag{2.4}$$

微分に関する公式　$\phi(t)$ を t の実数値関数，$\boldsymbol{u}(t)$，$\boldsymbol{v}(t)$ をベクトル関数とする．$\phi(t)$，$\boldsymbol{u}(t)$，$\boldsymbol{v}(t)$ が t に関して微分可能であるとき，次の公式が成り立つ．

$$\frac{d}{dt}(\boldsymbol{u} + \boldsymbol{v}) = \frac{d\boldsymbol{u}}{dt} + \frac{d\boldsymbol{v}}{dt} \tag{2.5}$$

$$\frac{d}{dt}(\phi\boldsymbol{v}) = \frac{d\phi}{dt}\boldsymbol{v} + \phi\frac{d\boldsymbol{v}}{dt} \tag{2.6}$$

$$\frac{d}{dt}(\boldsymbol{u}\cdot\boldsymbol{v}) = \frac{d\boldsymbol{u}}{dt}\cdot\boldsymbol{v} + \boldsymbol{u}\cdot\frac{d\boldsymbol{v}}{dt} \tag{2.7}$$

$$\frac{d}{dt}(\boldsymbol{u}\times\boldsymbol{v}) = \frac{d\boldsymbol{u}}{dt}\times\boldsymbol{v} + \boldsymbol{u}\times\frac{d\boldsymbol{v}}{dt} \tag{2.8}$$

これらは成分表示を用いれば容易に証明できる．たとえば $\boldsymbol{u} = u_1\boldsymbol{i} + u_2\boldsymbol{j} + u_3\boldsymbol{k}$，$\boldsymbol{v} = v_1\boldsymbol{i} + v_2\boldsymbol{j} + v_3\boldsymbol{k}$ のとき，式 (2.7) は，

$$\begin{aligned}\frac{d}{dt}(\boldsymbol{u}\cdot\boldsymbol{v}) &= \frac{d}{dt}(u_1v_1 + u_2v_2 + u_3v_3)\\ &= \left(\frac{du_1}{dt}v_1 + \frac{du_2}{dt}v_2 + \frac{du_3}{dt}v_3\right) + \left(u_1\frac{dv_1}{dt} + u_2\frac{dv_2}{dt} + u_3\frac{dv_3}{dt}\right)\\ &= \frac{d\boldsymbol{u}}{dt}\cdot\boldsymbol{v} + \boldsymbol{u}\cdot\frac{d\boldsymbol{v}}{dt}\end{aligned} \tag{2.9}$$

となる．式 (2.5)，(2.6)，(2.8) も同様に示せる．

問題 1　$\boldsymbol{u}(t)$，$\boldsymbol{v}(t)$，$\boldsymbol{w}(t)$ を t に関して微分可能なベクトル関数とするとき，

$$\frac{d}{dt}|\boldsymbol{u}\ \ \boldsymbol{v}\ \ \boldsymbol{w}| = \left|\frac{d\boldsymbol{u}}{dt}\ \ \boldsymbol{v}\ \ \boldsymbol{w}\right| + \left|\boldsymbol{u}\ \ \frac{d\boldsymbol{v}}{dt}\ \ \boldsymbol{w}\right| + \left|\boldsymbol{u}\ \ \boldsymbol{v}\ \ \frac{d\boldsymbol{w}}{dt}\right| \tag{2.10}$$

を示せ．ただし，$|\boldsymbol{u}\ \ \boldsymbol{v}\ \ \boldsymbol{w}|$ はスカラー 3 重積である．

空間曲線と接線ベクトル　ベクトル関数とその微分の例として，空間曲線とその接線を考えてみよう．いま，$\boldsymbol{r}(t)$ を実数 t にともなって変化するベクトルとする．このとき，$\boldsymbol{r} = \boldsymbol{r}(t)$ で指定される点 $\boldsymbol{r}$ の集合は空間中に曲線 C を描く．$\boldsymbol{r} = \boldsymbol{r}(t)$ を**曲線 C のベクトル方程式**，t を**パラメータ**と呼ぶ．以下，$\boldsymbol{r}(t)$ は連続微分可能であるとする．また，考えている t の範囲では $\boldsymbol{r}'(t)$ は有限で，

$$\boldsymbol{r}'(t) \neq \boldsymbol{0} \tag{2.11}$$

が常に成り立っていると仮定する．

曲線 C 上の点 P, Q を考える．点 P における C の接線方向とは，Q → P とするときの有向線分 $\overrightarrow{\mathrm{PQ}}$ の方向の極限である．そこで，点 P, Q の位置ベクトルをそれぞれ $\boldsymbol{r}(t)$, $\boldsymbol{r}(t+\Delta t)$ とすると，接線方向は $\boldsymbol{r}(t)$ の微分により

$$\lim_{\Delta t \to 0} \frac{\boldsymbol{r}(t+\Delta t) - \boldsymbol{r}(t)}{\Delta t} = \boldsymbol{r}'(t) \tag{2.12}$$

と表される (図 2.2)．これを**接線ベクトル**と呼ぶ．仮定より，このベクトルは $\boldsymbol{0}$ でないから，単位ベクトル

$$\boldsymbol{t} = \frac{\boldsymbol{r}'(t)}{|\boldsymbol{r}'(t)|} \tag{2.13}$$

が存在する．これを**単位接線ベクトル**と呼ぶ．

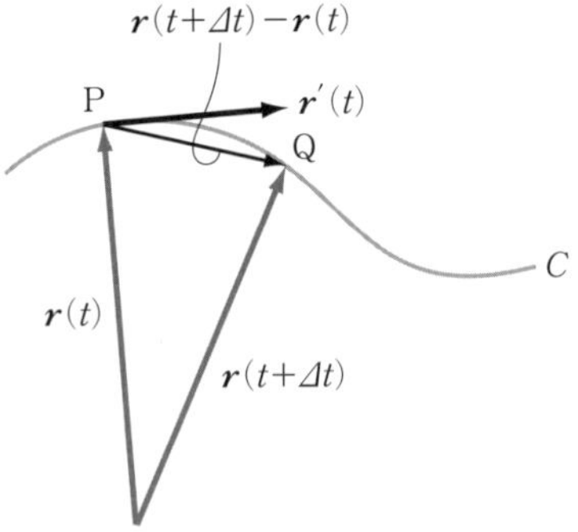

図 2.2　接線ベクトル

例題 2.1

$\boldsymbol{u}(t)$ を大きさ $|\boldsymbol{u}(t)|$ 一定のベクトル関数とするとき，$\boldsymbol{u}(t)$ とその接線ベクトル $\boldsymbol{u}'(t)$ とは直交することを示せ.

【解】 大きさ一定という条件より，$|\boldsymbol{u}(t)|^2 = \boldsymbol{u}(t)\cdot\boldsymbol{u}(t) = c$ (c は定数) と書ける．これを微分すると，

$$\frac{d}{dt}(\boldsymbol{u}(t)\cdot\boldsymbol{u}(t)) = \boldsymbol{u}'(t)\cdot\boldsymbol{u}(t) + \boldsymbol{u}(t)\cdot\boldsymbol{u}'(t) = 2\boldsymbol{u}(t)\cdot\boldsymbol{u}'(t) = 0 \tag{2.14}$$

したがって，$\boldsymbol{u}(t)$ と $\boldsymbol{u}'(t)$ とは直交する．□

速度と加速度　空間中の粒子の時刻 t における位置を

$$\boldsymbol{r}(t) = x(t)\boldsymbol{i} + y(t)\boldsymbol{j} + z(t)\boldsymbol{k} \tag{2.15}$$

としたとき，その粒子の速度および加速度は

$$\boldsymbol{v}(t) = \frac{d\boldsymbol{r}(t)}{dt} = \frac{dx(t)}{dt}\boldsymbol{i} + \frac{dy(t)}{dt}\boldsymbol{j} + \frac{dz(t)}{dt}\boldsymbol{k} \tag{2.16}$$

$$\boldsymbol{a}(t) = \frac{d^2\boldsymbol{r}(t)}{dt^2} = \frac{d^2x(t)}{dt^2}\boldsymbol{i} + \frac{d^2y(t)}{dt^2}\boldsymbol{j} + \frac{d^2z(t)}{dt^2}\boldsymbol{k} \tag{2.17}$$

で与えられる.

例題 2.2

円運動する粒子の時刻 t における位置が

$$\boldsymbol{r}(t) = (R\cos\omega t,\ R\sin\omega t,\ 0)^t \tag{2.18}$$

で与えられるとき，粒子の速度 $\boldsymbol{v}(t)$ と加速度 $\boldsymbol{a}(t)$ を求めよ.

【解】

$$\boldsymbol{v}(t) = \frac{d\boldsymbol{r}(t)}{dt} = (-R\omega\sin\omega t,\ R\omega\cos\omega t,\ 0)^t \tag{2.19}$$

$$\boldsymbol{a}(t) = \frac{d^2\boldsymbol{r}(t)}{dt^2} = (-R\omega^2\cos\omega t,\ -R\omega^2\sin\omega t,\ 0)^t \tag{2.20}$$

□

2.2 スカラー場とその勾配

スカラー場とベクトル場 空間の全域あるいはその一部において，実数値をとる関数 $\phi(x, y, z)$ が定義されているとする．このとき，ϕ を**スカラー場**と呼ぶ．スカラー場の例としては，温度分布，圧力分布などがある．一方，空間の全域あるいはその一部においてベクトル値をとる関数 $\boldsymbol{v}(x, y, z)$ が定義されているとき，$\boldsymbol{v}$ を**ベクトル場**と呼ぶ．ベクトル場としては，電場，磁場，物質中の歪みの場，流体の速度分布などがある．「場」という用語は，関数を考える際に，それが定義される領域もあわせて考えるという意味で用いられる．

スカラー場の勾配 スカラー場 $\phi(x, y, z)$ が x, y, z で偏微分可能であるとする．このとき，ϕ の x, y, z による微分を成分とするベクトル

$$\mathrm{grad}\,\phi \equiv \frac{\partial \phi}{\partial x}\boldsymbol{i} + \frac{\partial \phi}{\partial y}\boldsymbol{j} + \frac{\partial \phi}{\partial z}\boldsymbol{k} \tag{2.21}$$

を ϕ の**勾配**と呼ぶ．$\mathrm{grad}\,\phi$ はベクトル場となる．形式的なベクトル ∇（「ナブラ」と読む）を

$$\nabla \equiv \boldsymbol{i}\frac{\partial}{\partial x} + \boldsymbol{j}\frac{\partial}{\partial y} + \boldsymbol{k}\frac{\partial}{\partial z} \tag{2.22}$$

と定義すれば，$\mathrm{grad}\,\phi$ は ∇ とスカラー ϕ の積として，

$$\mathrm{grad}\,\phi = \nabla\phi \tag{2.23}$$

と形式的に書くことができる[1]．

勾配に関する公式 ϕ，ψ をスカラー場，λ をスカラー，$f(t)$ を1変数の関数とする．ϕ，ψ が x, y, z の各々に関して偏微分可能であり，$f(t)$ も t に

1）∇ は微分演算子であり，通常のベクトルではないため，交換法則は適用できない．たとえば，$\nabla\phi$ を $\phi\nabla$ としてはいけない．後ほど出てくる $\nabla\cdot\boldsymbol{v}$，$\nabla\times\boldsymbol{v}$ についても同様である．

関して微分可能であるとき，次の公式が成り立つ．

$$\nabla(\phi + \psi) = \nabla\phi + \nabla\psi \tag{2.24}$$

$$\nabla(\lambda\phi) = \lambda\,\nabla\phi \tag{2.25}$$

$$\nabla(\phi\psi) = \psi\,\nabla\phi + \phi\,\nabla\psi \tag{2.26}$$

$$\nabla(f(\phi)) = \frac{df}{d\phi}\,\nabla\phi \tag{2.27}$$

これらの公式は，定義式 (2.21) を用いて容易に示せる．たとえば式 (2.26) は，

$$\begin{aligned}\nabla(\phi\psi) &= \frac{\partial}{\partial x}(\phi\psi)\boldsymbol{i} + \frac{\partial}{\partial y}(\phi\psi)\boldsymbol{j} + \frac{\partial}{\partial z}(\phi\psi)\boldsymbol{k}\\ &= \left(\frac{\partial\phi}{\partial x}\psi + \phi\frac{\partial\psi}{\partial x}\right)\boldsymbol{i} + \left(\frac{\partial\phi}{\partial y}\psi + \phi\frac{\partial\psi}{\partial y}\right)\boldsymbol{j} + \left(\frac{\partial\phi}{\partial z}\psi + \phi\frac{\partial\psi}{\partial z}\right)\boldsymbol{k}\\ &= \psi\,\nabla\phi + \phi\,\nabla\psi \end{aligned} \tag{2.28}$$

となる．

例題 2.3

$\boldsymbol{r} = x\boldsymbol{i} + y\boldsymbol{j} + z\boldsymbol{k}$ とし，$r = |\boldsymbol{r}| = \sqrt{x^2 + y^2 + z^2}$ とおく．このとき，次のスカラー場 ϕ の勾配を求めよ．

(1)　$\phi = r$

(2)　$\phi = \dfrac{1}{r^m}$　（ただし m は自然数で，$\boldsymbol{r} \neq \boldsymbol{0}$ とする）

【解】　(1)　$\dfrac{\partial r}{\partial x} = \dfrac{x}{\sqrt{x^2 + y^2 + z^2}} = \dfrac{x}{r}$, $\dfrac{\partial r}{\partial y} = \dfrac{y}{r}$, $\dfrac{\partial r}{\partial z} = \dfrac{z}{r}$ であるから，

$$\nabla\phi = \frac{x}{r}\boldsymbol{i} + \frac{y}{r}\boldsymbol{j} + \frac{z}{r}\boldsymbol{k} = \frac{\boldsymbol{r}}{r} \tag{2.29}$$

となる．

(2)　公式 (2.27) と上の (1) の結果より，

$$\nabla\phi = \frac{d}{dr}\left(\frac{1}{r^m}\right)\nabla r = -\frac{m}{r^{m+1}}\frac{\boldsymbol{r}}{r} = -\frac{m\boldsymbol{r}}{r^{m+2}} \tag{2.30}$$ □

問題 1　次のスカラー場の勾配を求めよ．

(1)　$xy^2 + yz^2 + zx^2$

(2)　$\sqrt{xy} + x^2 e^{yz}$

(3)　e^{-r}

スカラー場の方向微分　　ϕ をスカラー場とし，$\boldsymbol{e} = e_1\boldsymbol{i} + e_2\boldsymbol{j} + e_3\boldsymbol{k}$ を単位ベクトルとする．このとき，点 (x, y, z) から $\boldsymbol{e}$ 方向に動いたときの ϕ の値は，動いた長さ s の関数として

$$\phi(x + e_1 s, y + e_2 s, z + e_3 s) \tag{2.31}$$

と書ける．この s による微分

$$\frac{d\phi}{ds} = \frac{d}{ds}\phi(x + e_1 s, y + e_2 s, z + e_3 s) \tag{2.32}$$

を，ϕ の $\boldsymbol{e}$ 方向の**方向微分**と呼ぶ．方向微分は，$\boldsymbol{e}$ 方向に動いたときのスカラー場 ϕ の変化率を表す．偏微分の連鎖律により，方向微分は $\nabla\phi$ を用いて次のように書ける．

$$\begin{aligned}\frac{d\phi}{ds} &= \frac{\partial\phi}{\partial x}\frac{\partial x}{\partial s} + \frac{\partial\phi}{\partial y}\frac{\partial y}{\partial s} + \frac{\partial\phi}{\partial z}\frac{\partial z}{\partial s} \\ &= e_1\frac{\partial\phi}{\partial x} + e_2\frac{\partial\phi}{\partial y} + e_3\frac{\partial\phi}{\partial z} \\ &= \boldsymbol{e}\cdot\nabla\phi \end{aligned} \tag{2.33}$$

いま，$\nabla\phi$ と $\boldsymbol{e}$ とのなす角度を θ とすると，$\boldsymbol{e}$ 方向の ϕ の変化率は，

$$\boldsymbol{e}\cdot\nabla\phi = |\boldsymbol{e}||\nabla\phi|\cos\theta = |\nabla\phi|\cos\theta \tag{2.34}$$

であるから，$\cos\theta = -1$，すなわち $\nabla\phi$ 方向と反対に進んだときがいちばん ϕ の減少率が大きい[2)]．そこで，$-\nabla\phi(x, y, z)$ の方向を点 (x, y, z) における ϕ の**最急降下方向**という．

問題 2　$\phi(x, y, z) = x^2 + 2y^2 + 3z^2$ とし，点 P を $(1, 0, 0)$ とするとき，次の問

2)　ベクトル $\nabla\phi$ を「勾配」と呼ぶのはこのことに由来する．

に答えよ．

(1)　点 P において，ϕ の最急降下方向を求めよ．

(2)　点 P において，ϕ の単位ベクトル $\boldsymbol{e}=\left(\frac{1}{3},\frac{2}{3},\frac{2}{3}\right)^t$ 方向の方向微分を求めよ．

スカラー場の等値面と法線ベクトル　スカラー場 $\phi(x,y,z)$ に対して，$\phi(x,y,z)=c$（c は定数）となる点の集合は一般に曲面をなす．この曲面を $\phi(x,y,z)$ の**等値面**という．いま，点 (x,y,z) の近傍で等値面が滑らかな曲面であるとし，点 (x,y,z) におけるこの曲面の**法線ベクトル**を求めることを考えよう．ただし，この点において $\nabla\phi$ は $\mathbf{0}$ でないと仮定する[3]．

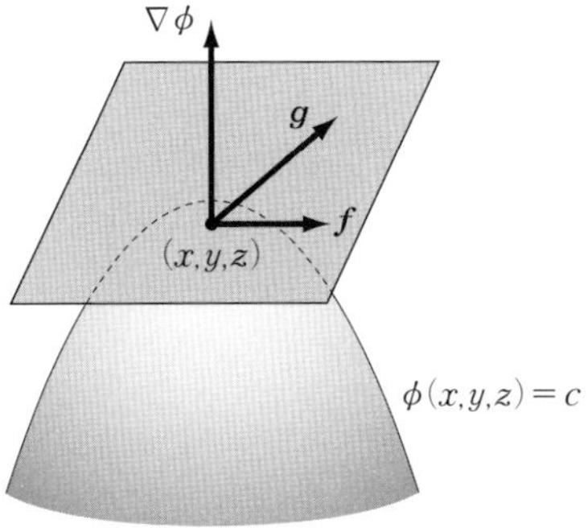

図 2.3　法線ベクトル

この点における曲面の接平面を考え，この接平面に平行で互いに線形独立な 2 本のベクトルを $\boldsymbol{f},\boldsymbol{g}$ とする（図 2.3）．すると，等値面の定義より，(x,y,z) から $\boldsymbol{f}$ または $\boldsymbol{g}$ 方向に微小な距離だけ動いたときの ϕ の変化は，（1 次の近似で）0 となるはずである．したがって，方向微分の公式 (2.33) より，

$$\boldsymbol{f}\cdot\nabla\phi=0,\qquad \boldsymbol{g}\cdot\nabla\phi=0 \tag{2.35}$$

接平面に平行な任意のベクトルは $\boldsymbol{f}$ と $\boldsymbol{g}$ の線形結合で表されるから，上式は，ベクトル $\nabla\phi$ が接平面に平行な任意のベクトルと直交することを表す．すなわち，$\nabla\phi$ は等値面の法線方向のベクトルである．これを正規化したベクトル

$$\boldsymbol{n}=\frac{\nabla\phi}{|\nabla\phi|} \tag{2.36}$$

3)　$\nabla\phi=\mathbf{0}$ の場合は，点 (x,y,z) の近傍において，$\phi(x,y,z)=c$ となる点の集合が曲面を表さなくなる．

を**単位法線ベクトル**と呼ぶ．単位法線ベクトルは2つあり，$-\boldsymbol{n}$ も単位法線ベクトルである．

問題 3 (1) 平面 $ax+by+cz=d$ の単位法線ベクトルを求めよ．

(2) 曲面 $x^2+y^2+\dfrac{z^2}{4}=1$ 上の3点 $(1, 0, 0)$，$\left(\dfrac{1}{\sqrt{2}}, \dfrac{1}{\sqrt{2}}, 0\right)$，$(0, 0, 2)$ での単位法線ベクトルを求めよ．

ベクトル場の方向微分　方向微分はベクトル場に対しても定義できる．$\boldsymbol{v}$ をベクトル場とし，$\boldsymbol{e}=e_1\boldsymbol{i}+e_2\boldsymbol{j}+e_3\boldsymbol{k}$ を単位ベクトルとする．このとき，点 (x, y, z) から $\boldsymbol{e}$ 方向に動いたときのベクトル場は，動いた長さ s の関数として

$$\boldsymbol{v}(x+e_1s, y+e_2s, z+e_3s) \tag{2.37}$$

と書ける．この s による微分

$$\begin{aligned}\frac{d\boldsymbol{v}}{ds} &= \frac{\partial \boldsymbol{v}}{\partial x}\frac{\partial x}{\partial s}+\frac{\partial \boldsymbol{v}}{\partial y}\frac{\partial y}{\partial s}+\frac{\partial \boldsymbol{v}}{\partial z}\frac{\partial z}{\partial s} \\ &= e_1\frac{\partial \boldsymbol{v}}{\partial x}+e_2\frac{\partial \boldsymbol{v}}{\partial y}+e_3\frac{\partial \boldsymbol{v}}{\partial z}\end{aligned} \tag{2.38}$$

はベクトルとなる．ただし，第1の等号では連鎖律を用いた．$\dfrac{d\boldsymbol{v}}{ds}$ を点 (x, y, z) における $\boldsymbol{v}$ の $\boldsymbol{e}$ 方向の**方向微分**と呼ぶ．$\boldsymbol{e}$ と ∇ の形式的な内積により，微分演算子を

$$\boldsymbol{e}\cdot\nabla = e_1\frac{\partial}{\partial x}+e_2\frac{\partial}{\partial y}+e_3\frac{\partial}{\partial z} \tag{2.39}$$

と定義すると，$\boldsymbol{v}$ の $\boldsymbol{e}$ 方向の方向微分 $\dfrac{d\boldsymbol{v}}{ds}$ は，

$$\frac{d\boldsymbol{v}}{ds} = (\boldsymbol{e}\cdot\nabla)\boldsymbol{v} \tag{2.40}$$

と書ける．$\boldsymbol{e}\cdot\nabla$ は，x 方向への微分 $\dfrac{\partial}{\partial x}$ や y 方向への微分 $\dfrac{\partial}{\partial y}$ と同様に，スカラーの微分演算子である．

$\boldsymbol{v}$ の各成分が C^2 級[4]ならば，テイラー展開により，点 (x, y, z) から $\boldsymbol{a}=$

$s\boldsymbol{e}$ だけ離れた点におけるベクトル場は，

$$\begin{aligned}\boldsymbol{v}(x+e_1 s,\, y+e_2 s,\, z+e_3 s) &= \boldsymbol{v}(x,\, y,\, z) + \frac{d\boldsymbol{v}}{ds}s + O(s^2)\\ &= \boldsymbol{v}(x,\, y,\, z) + \{(\boldsymbol{e}\cdot\nabla)\boldsymbol{v}\}s + O(s^2)\\ &= \boldsymbol{v}(x,\, y,\, z) + (\boldsymbol{a}\cdot\nabla)\boldsymbol{v} + O(|\boldsymbol{a}|^2)\end{aligned} \tag{2.41}$$

と書ける[5]．ただし，右辺第 2 項は点 $(x,\, y,\, z)$ における $\boldsymbol{a}$ 方向への方向微分とする．

ベクトル場の勾配とテンソル　ベクトル場の方向微分 (2.40) は，ベクトル場 $\boldsymbol{v}$ に対し，$\boldsymbol{e}$ 方向に動いたときの変化率を与える微分演算子 $\boldsymbol{e}\cdot\nabla$ を作用させた結果と見ることができる．

一方，$\boldsymbol{v} = v_1\boldsymbol{i} + v_2\boldsymbol{j} + v_3\boldsymbol{k}$ とするとき，$(\boldsymbol{e}\cdot\nabla)\boldsymbol{v}$ の $\boldsymbol{i}$ 成分は $e_1\dfrac{\partial v_1}{\partial x} + e_2\dfrac{\partial v_1}{\partial y} + e_3\dfrac{\partial v_1}{\partial z}$ となるので，$(\boldsymbol{e}\cdot\nabla)\boldsymbol{v}$ を $\boldsymbol{e}$ の関数と見ることもできる．すると，これは，方向 $\boldsymbol{e}$ を入力として，その方向におけるベクトル場 $\boldsymbol{v}$ の変化率 $(\boldsymbol{e}\cdot\nabla)\boldsymbol{v}$ を出力とする写像となる．$\boldsymbol{e}$ を変数とする写像であることを明示するため，これを形式的に $(\nabla\boldsymbol{v})\boldsymbol{e}$ と書く．必ずしも単位ベクトルでないベクトル $\boldsymbol{a} = a_1\boldsymbol{i} + a_2\boldsymbol{j} + a_3\boldsymbol{k}$ に対しても，

$$(\nabla\boldsymbol{v})\boldsymbol{a} = (\boldsymbol{a}\cdot\nabla)\boldsymbol{v} \tag{2.42}$$

により，$\nabla\boldsymbol{v}$ の作用が定義できる．$\boldsymbol{v}$ の各成分が C^2 級ならば，式 (2.41) より，点 $(x,\, y,\, z)$ から $\boldsymbol{a}$ だけ離れた点におけるベクトル場は，

4) 関数 $f(x,\, y,\, z)$ に対し，2 階の偏導関数 $f_{xx},\, f_{xy},\, \cdots,\, f_{zz}$ がすべて存在し，これらがすべて連続関数であるとき，f を C^2 級であるという．C^2 級関数については，2 階微分の結果は順序によらない．すなわち，$f_{xy} = f_{yx}$ などが成り立つ．

5) $O(\epsilon)$ は**ランダウの記号**と呼ばれ，省略された項が ϵ のオーダー，すなわち $\epsilon \to 0$ のとき ϵ と同等以上に速く 0 に近づくことを意味する．テイラー展開の剰余項を略記したものと考えてよい．式 (2.41) では，略記された項が s^2 と同等以上の速さで 0 に近づくことを意味している．

$$\boldsymbol{v}(x+a_1,\ y+a_2,\ z+a_3)=\boldsymbol{v}(x,\ y,\ z)+(\nabla\boldsymbol{v})\boldsymbol{a}+O(|\boldsymbol{a}|^2) \tag{2.43}$$

と書ける．$\nabla\boldsymbol{v}$ をベクトル場 $\boldsymbol{v}$ の**勾配**と呼ぶ．

定義から明らかなように，この写像は線形である．すなわち，2つのベクトル $\boldsymbol{a}$, $\boldsymbol{b}$ とスカラー λ に対し，

$$\begin{aligned}(\nabla\boldsymbol{v})(\lambda\boldsymbol{a})&=\lambda(\nabla\boldsymbol{v})\boldsymbol{a}\\(\nabla\boldsymbol{v})(\boldsymbol{a}+\boldsymbol{b})&=(\nabla\boldsymbol{v})\boldsymbol{a}+(\nabla\boldsymbol{v})\boldsymbol{b}\end{aligned} \tag{2.44}$$

が成り立つ．一般に，ベクトルからベクトルへの線形写像を**テンソル**（2階の混合テンソル）と呼ぶ．したがって，勾配 $\nabla\boldsymbol{v}$ はテンソルである．テンソルはベクトルからベクトルへの線形写像であるから，3次の正方行列で表現できる．$\boldsymbol{v}=v_1\boldsymbol{i}+v_2\boldsymbol{j}+v_3\boldsymbol{k}$ のとき，$(\boldsymbol{e}\cdot\nabla)\boldsymbol{v}$ を成分で表すと

$$\begin{pmatrix}\dfrac{\partial v_1}{\partial x} & \dfrac{\partial v_1}{\partial y} & \dfrac{\partial v_1}{\partial z}\\ \dfrac{\partial v_2}{\partial x} & \dfrac{\partial v_2}{\partial y} & \dfrac{\partial v_2}{\partial z}\\ \dfrac{\partial v_3}{\partial x} & \dfrac{\partial v_3}{\partial y} & \dfrac{\partial v_3}{\partial z}\end{pmatrix}\begin{pmatrix}e_1\\e_2\\e_3\end{pmatrix} \tag{2.45}$$

であるから，$\boldsymbol{v}$ の勾配テンソルは，

$$\nabla\boldsymbol{v}=\begin{pmatrix}\dfrac{\partial v_1}{\partial x} & \dfrac{\partial v_1}{\partial y} & \dfrac{\partial v_1}{\partial z}\\ \dfrac{\partial v_2}{\partial x} & \dfrac{\partial v_2}{\partial y} & \dfrac{\partial v_2}{\partial z}\\ \dfrac{\partial v_3}{\partial x} & \dfrac{\partial v_3}{\partial y} & \dfrac{\partial v_3}{\partial z}\end{pmatrix} \tag{2.46}$$

となる．

物理学においては，微小面の法線ベクトルから，その面での応力ベクトルを求める**応力テンソル**や，電場ベクトルから電束密度ベクトルを求める**誘電率テンソル**など，様々なテンソルが活躍する．テンソルの概念は，初等ベクトル解析では扱わないことが多いが，上記のようにベクトルから自然に出てくる概念である．

例題 2.4

$\boldsymbol{v}(x, y, z) = \cos(xy)\boldsymbol{i} + e^{yz}\boldsymbol{j} + zx^2\boldsymbol{k}$ とするとき，次の問に答えよ．

(1) $\boldsymbol{e} = (e_1, e_2, e_3)^t$ を単位ベクトルとする．点 $\mathrm{P}(x, y, z)$ における $\boldsymbol{v}$ の $\boldsymbol{e}$ 方向の方向微分を求めよ．

(2) 点 $\mathrm{P}(x, y, z)$ における $\boldsymbol{v}$ の勾配テンソル $\nabla\boldsymbol{v}$ を求めよ．

【解】 (1) 式 (2.40) より，$\boldsymbol{v}$ の $\boldsymbol{e}$ 方向の方向微分は，

$$\begin{aligned}(\boldsymbol{e}\cdot\nabla)\boldsymbol{v} &= \left(e_1\frac{\partial}{\partial x} + e_2\frac{\partial}{\partial y} + e_3\frac{\partial}{\partial z}\right)(\cos(xy)\boldsymbol{i} + e^{yz}\boldsymbol{j} + zx^2\boldsymbol{k}) \\ &= \{e_1(-y\sin(xy)) + e_2(-x\sin(xy))\}\boldsymbol{i} \\ &\quad + (e_2ze^{yz} + e_3ye^{yz})\boldsymbol{j} + (2e_1zx + e_3x^2)\boldsymbol{k} \end{aligned} \tag{2.47}$$

(2) $\nabla\boldsymbol{v}$ は任意のベクトル $\boldsymbol{a} = (a_1, a_2, a_3)^t$ に対して $(\boldsymbol{a}\cdot\nabla)\boldsymbol{v} = (\nabla\boldsymbol{v})\boldsymbol{a}$ を満たす 3×3 行列である．上の (1) の結果を成分で表現し，e_i $(i = 1, 2, 3)$ を a_i に置き換えると，

$$\begin{aligned}(\boldsymbol{a}\cdot\nabla)\boldsymbol{v} &= \begin{pmatrix} a_1(-y\sin(xy)) + a_2(-x\sin(xy)) \\ a_2ze^{yz} + a_3ye^{yz} \\ 2a_1zx + a_3x^2 \end{pmatrix} \\ &= \begin{pmatrix} -y\sin(xy) & -x\sin(xy) & 0 \\ 0 & ze^{yz} & ye^{yz} \\ 2zx & 0 & x^2 \end{pmatrix}\begin{pmatrix} a_1 \\ a_2 \\ a_3 \end{pmatrix} \end{aligned} \tag{2.48}$$

であるから，最後の式の右辺の行列が $\nabla\boldsymbol{v}$ である． □

流体力学におけるスカラー場とベクトル場　流体の状態は，密度 ρ，速度 $\boldsymbol{v}$，圧力 p，温度 T などの変量を，位置座標 $\boldsymbol{x}$ と時間 t の関数として与えることによって決定される[6]．したがって，流体力学では，密度，圧力，温度などのスカラー場，および，速度などのベクトル場を扱う．流体力学で扱うスカラー場およびベクトル場は一般に位置座標 $\boldsymbol{x} = (x, y, z)^t$ のみならず時

---

6) 本書では基本的に位置ベクトルを $\boldsymbol{r}$ で表すが，流体に関する説明の部分では，慣例に従い，位置ベクトルを $\boldsymbol{x}$ で表す．

間 t の関数でもあるため，$\rho(\boldsymbol{x},t)$ もしくは $\rho(x,y,z,t)$，$\boldsymbol{v}(\boldsymbol{x},t)$ もしくは $\boldsymbol{v}(x,y,z,t)$ のように表すことにする．また，速度ベクトル $\boldsymbol{v}$ の x,y,z 成分を各々 v_1,v_2,v_3 と表すことにする．

2次元の流れ　流れの状態が，ある1つの平面に平行なすべての平面について同じで，かつ流速がその平面に平行である場合，流れは2次元的であるという．その平面を xy 平面にとった場合，速度ベクトル $\boldsymbol{v}$ の成分 v_1,v_2,v_3 は

$$v_1=v_1(x,y,t),\quad v_2=v_2(x,y,t),\quad v_3=0 \tag{2.49}$$

のように表される．

定常流　位置 $\boldsymbol{x}$ を固定したとき，密度や速度の時間変化は各々

$$\frac{\partial\rho(\boldsymbol{x},t)}{\partial t},\quad \frac{\partial\boldsymbol{v}(\boldsymbol{x},t)}{\partial t} \tag{2.50}$$

のように与えられる．これらの時間微分が0であるとき**定常**であるという．特に時間とともに変化しない流れ，すなわち

$$\frac{\partial\boldsymbol{v}}{\partial t}=0 \tag{2.51}$$

を満たす流れを**定常流**という．

ラグランジュ微分　流体とともに動く粒子を**流体粒子**という．流体の速度場が $\boldsymbol{v}(\boldsymbol{x},t)=\boldsymbol{v}(x,y,z,t)$ で与えられるとき，位置 $\boldsymbol{x}=(x,y,z)^t$ にある流体粒子の速度は

$$\boldsymbol{v}(\boldsymbol{x},t)=\boldsymbol{v}(x,y,z,t) \tag{2.52}$$

で与えられる．よって，微小時間 dt の後，この流体粒子の位置は

$$\boldsymbol{x}+d\boldsymbol{x},\quad d\boldsymbol{x}=\boldsymbol{v}(\boldsymbol{x},t)dt \tag{2.53}$$

となる．ここで，$d\boldsymbol{x}=(dx,dy,dz)^t=(v_1dt,v_2dt,v_3dt)^t$ である．

速度場 $\boldsymbol{v}(\boldsymbol{x},t)$ とスカラー場 $\theta(\boldsymbol{x},t)$ を考える．速度場 $\boldsymbol{v}(\boldsymbol{x},t)$ による流

れとともに動く流体粒子の位置でのスカラー場 $\theta(\boldsymbol{x},\,t)$ の値の微小時間 dt における時間変化は，式 (2.53) を用いて，

$$\begin{aligned}\theta(\boldsymbol{x}+d\boldsymbol{x},\,t+dt)-\theta(\boldsymbol{x},\,t)&=\frac{\partial\theta}{\partial t}dt+d\boldsymbol{x}\cdot\nabla\theta\\&=\left(\frac{\partial\theta}{\partial t}+\boldsymbol{v}\cdot\nabla\theta\right)dt\end{aligned}$$

となる．**ラグランジュ微分**を

$$\frac{D}{Dt}\equiv\frac{\partial}{\partial t}+\boldsymbol{v}\cdot\nabla=\frac{\partial}{\partial t}+v_1\frac{\partial}{\partial x}+v_2\frac{\partial}{\partial y}+v_3\frac{\partial}{\partial z}\qquad(2.54)$$

により定義すると，スカラー場 $\theta(\boldsymbol{x},\,t)$ の値のラグランジュ的な時間変化率は

$$\frac{D\theta}{Dt}=\frac{\partial\theta}{\partial t}+\boldsymbol{v}\cdot\nabla\theta=\frac{\partial\theta}{\partial t}+v_1\frac{\partial\theta}{\partial x}+v_2\frac{\partial\theta}{\partial y}+v_3\frac{\partial\theta}{\partial z}\qquad(2.55)$$

で与えられる．

同様に，ベクトル場 $\boldsymbol{a}(\boldsymbol{x},\,t)$ の**ラグランジュ微分**は

$$\begin{aligned}\frac{D\boldsymbol{a}}{Dt}&\equiv\frac{\partial\boldsymbol{a}}{\partial t}+v_1\frac{\partial\boldsymbol{a}}{\partial x}+v_2\frac{\partial\boldsymbol{a}}{\partial y}+v_3\frac{\partial\boldsymbol{a}}{\partial z}\\&=\frac{\partial\boldsymbol{a}}{\partial t}+\boldsymbol{v}\cdot\nabla\boldsymbol{a}\end{aligned}$$

で与えられる．特に，

$$\frac{D\boldsymbol{v}}{Dt}=\frac{\partial\boldsymbol{v}}{\partial t}+\boldsymbol{v}\cdot\nabla\boldsymbol{v}\qquad(2.56)$$

は流体粒子の速度の時間変化率，すなわち，**流体粒子の加速度**を表す．位置 $\boldsymbol{x}$ を固定した場合の速度 $\boldsymbol{v}$ の時間変化率 $\dfrac{\partial\boldsymbol{v}}{\partial t}$ との違いに注意しよう．

例題 2.5

速度場 $\boldsymbol{v}=(v_1,\,v_2,\,v_3)^t=(-y,\,x,\,0)^t$ 中の流体粒子の加速度を求めよ．

【解】 $\boldsymbol{v}$ は時間 t に依存しないので $\dfrac{\partial\boldsymbol{v}}{\partial t}=0$．よって

$$\frac{D\boldsymbol{v}}{Dt} = \left(v_1\frac{\partial}{\partial x} + v_2\frac{\partial}{\partial y} + v_3\frac{\partial}{\partial z}\right)\begin{pmatrix} v_1 \\ v_2 \\ v_3 \end{pmatrix} = \left(-y\frac{\partial}{\partial x} + x\frac{\partial}{\partial y}\right)\begin{pmatrix} -y \\ x \\ 0 \end{pmatrix}$$

$$= \begin{pmatrix} -x \\ -y \\ 0 \end{pmatrix}$$

□

2.3 ベクトル場の発散

定義　ベクトル場

$$\boldsymbol{v}(x, y, z) = v_1(x, y, z)\boldsymbol{i} + v_2(x, y, z)\boldsymbol{j} + v_3(x, y, z)\boldsymbol{k} \tag{2.57}$$

が x, y, z で偏微分可能，すなわち，各成分 v_1, v_2, v_3 が x, y, z で偏微分可能であるとする．このとき，

$$\mathrm{div}\,\boldsymbol{v} \equiv \frac{\partial v_1}{\partial x} + \frac{\partial v_2}{\partial y} + \frac{\partial v_3}{\partial z} \tag{2.58}$$

を $\boldsymbol{v}$ の**発散**と呼ぶ．$\mathrm{div}\,\boldsymbol{v}$ はスカラー場となる．式 (2.22) で定義した形式的なベクトル ∇ を使うと，$\mathrm{div}\,\boldsymbol{v}$ はベクトル ∇ とベクトル $\boldsymbol{v}$ の内積として，

$$\mathrm{div}\,\boldsymbol{v} = \nabla\cdot\boldsymbol{v} \tag{2.59}$$

と書ける．

発散の物理的意味　発散の物理的な意味を考えるため，3 次元空間において密度が一定の縮まない流体 (非圧縮性の流体) を考え，$\boldsymbol{v}(x, y, z)$ が点 (x, y, z) における流体の速度だとしよう．いま，dx, dy, dz を微小量とし，点 (x, y, z) を中心とする図 2.4 のような微小な直方体 ABCD-EFGH を考える．このとき，面 ABCD を通って単位時間当たりに流出する流体の量は，速度場 $\boldsymbol{v}$ のうち，面の法線に平行な成分に，面の面積を掛けることによって

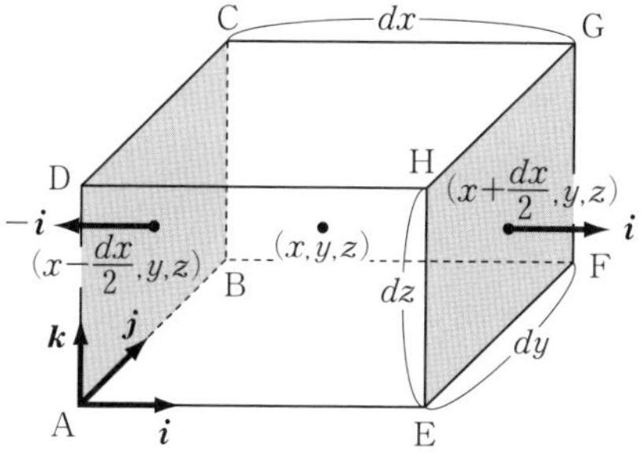

図 2.4　発散の物理的意味

得られる．なお，微小面上では $\boldsymbol{v}$ が一定であると考える．このとき，法線方向の外向き単位ベクトルは $-\boldsymbol{i}$ であるから，この量は dx, dy, dz の 1 次までの近似で

$$-v_1\left(x-\frac{dx}{2},\ y,\ z\right)dydz \simeq -v_1(x,\ y,\ z)dydz+\frac{1}{2}\frac{\partial v_1}{\partial x}dxdydz \tag{2.60}$$

と表される[7]．一方，面 EFGH を通って単位時間当たりに流出する流体の量は，同様にして

$$v_1\left(x+\frac{dx}{2},\ y,\ z\right)dydz \simeq v_1(x,\ y,\ z)dydz+\frac{1}{2}\frac{\partial v_1}{\partial x}dxdydz \tag{2.61}$$

となる．同様にしてすべての面から流出する流体の量を加え合わせると，結果は，

$$\left(\frac{\partial v_1}{\partial x}+\frac{\partial v_2}{\partial y}+\frac{\partial v_3}{\partial z}\right)dxdydz=\mathrm{div}\,\boldsymbol{v}\ dxdydz \tag{2.62}$$

となる．したがって，これを直方体の体積 $dxdydz$ で割って得られる $\mathrm{div}\,\boldsymbol{v}$ は，点 $(x,\ y,\ z)$ における単位時間・単位体積当たりの**湧き出し量**を表すことが分かる．特に，湧き出しや吸い込みがないような縮まない流体の場合に

7)　この量が負値の場合は，面 ABCD からの流入を意味する．

は，直方体に入る量と出る量とは同じであるから，

$$\operatorname{div}\boldsymbol{v} = 0 \tag{2.63}$$

となる．$\boldsymbol{v}$ が電場，磁場などの場合にも，同様に $\operatorname{div}\boldsymbol{v}$ は湧き出し量，すなわち電荷または誘導電荷として解釈できる．

発散に関する公式　ϕ をスカラー場，$\boldsymbol{u}$, $\boldsymbol{v}$ をベクトル場，λ をスカラーとする．ϕ, $\boldsymbol{u}$, $\boldsymbol{v}$ が x, y, z に関して偏微分可能であるとき，次の公式が成り立つ．

$$\operatorname{div}(\boldsymbol{u}+\boldsymbol{v}) = \operatorname{div}\boldsymbol{u} + \operatorname{div}\boldsymbol{v} \tag{2.64}$$

$$\operatorname{div}(\lambda\boldsymbol{v}) = \lambda\operatorname{div}\boldsymbol{v} \tag{2.65}$$

$$\operatorname{div}(\phi\boldsymbol{v}) = \operatorname{grad}\phi\cdot\boldsymbol{v} + \phi\operatorname{div}\boldsymbol{v} \tag{2.66}$$

これらの式は，発散の定義式 (2.58) から直ちに導ける．

例題 2.6

$\boldsymbol{r} = x\boldsymbol{i} + y\boldsymbol{j} + z\boldsymbol{k}$, $r = |\boldsymbol{r}| = \sqrt{x^2+y^2+z^2}$ とするとき，次のベクトル場 $\boldsymbol{v}$ の発散を求めよ．

(1) $\boldsymbol{v} = \boldsymbol{r}$

(2) $\boldsymbol{v} = \dfrac{\boldsymbol{r}}{r^3}$ （ただし $\boldsymbol{r} \neq \boldsymbol{0}$ とする）

【解】 (1) $\operatorname{div}\boldsymbol{r} = \dfrac{\partial x}{\partial x} + \dfrac{\partial y}{\partial y} + \dfrac{\partial z}{\partial z} = 3.$

(2) 公式 (2.66) と上の (1) の結果より，

$$\operatorname{div}\left(\frac{\boldsymbol{r}}{r^3}\right) = \operatorname{grad}\left(\frac{1}{r^3}\right)\cdot\boldsymbol{r} + \frac{1}{r^3}\operatorname{div}\boldsymbol{r} = -\frac{3\boldsymbol{r}}{r^5}\cdot\boldsymbol{r} + \frac{3}{r^3} = 0 \tag{2.67}$$

ただし第2の等号では，第1項の計算に式 (2.30) を用いた．□

問題 1　次のベクトル場 $\boldsymbol{v}$ の発散を求めよ．

(1) $\boldsymbol{v} = x(y-z)\boldsymbol{i} + y(z-x)\boldsymbol{j} + z(x-y)\boldsymbol{k}$

(2) $\boldsymbol{v} = e^x\cos y\,\boldsymbol{i} - e^x\sin y\,\boldsymbol{j}$

(3) $\boldsymbol{v} = \boldsymbol{r}e^{ar}$ （ただし a は定数）

ラプラシアンと調和関数　ϕをスカラー場とし，x, y, z に関して2階微分可能であるとする．このとき，$\mathrm{grad}\,\phi$ はベクトル場であるから，その発散を考えることができる．定義に従って計算すると，

$$\begin{aligned}\mathrm{div}\,\mathrm{grad}\,\phi &= \mathrm{div}\left(\frac{\partial\phi}{\partial x}\boldsymbol{i}+\frac{\partial\phi}{\partial y}\boldsymbol{j}+\frac{\partial\phi}{\partial z}\boldsymbol{k}\right)\\ &= \frac{\partial}{\partial x}\left(\frac{\partial\phi}{\partial x}\right)+\frac{\partial}{\partial y}\left(\frac{\partial\phi}{\partial y}\right)+\frac{\partial}{\partial z}\left(\frac{\partial\phi}{\partial z}\right)\\ &= \frac{\partial^2\phi}{\partial x^2}+\frac{\partial^2\phi}{\partial y^2}+\frac{\partial^2\phi}{\partial z^2} \qquad (2.68)\end{aligned}$$

となる．ここで，ベクトル ∇ どうしの内積を形式的に計算すると，

$$\begin{aligned}\nabla\cdot\nabla &= \left(\boldsymbol{i}\frac{\partial}{\partial x}+\boldsymbol{j}\frac{\partial}{\partial y}+\boldsymbol{k}\frac{\partial}{\partial z}\right)\cdot\left(\boldsymbol{i}\frac{\partial}{\partial x}+\boldsymbol{j}\frac{\partial}{\partial y}+\boldsymbol{k}\frac{\partial}{\partial z}\right)\\ &= \frac{\partial}{\partial x}\frac{\partial}{\partial x}+\frac{\partial}{\partial y}\frac{\partial}{\partial y}+\frac{\partial}{\partial z}\frac{\partial}{\partial z}\\ &= \frac{\partial^2}{\partial x^2}+\frac{\partial^2}{\partial y^2}+\frac{\partial^2}{\partial z^2} \qquad (2.69)\end{aligned}$$

となるから，式 (2.68) は

$$\mathrm{div}\,\mathrm{grad}\,\phi = \nabla\cdot\nabla\phi \qquad (2.70)$$

とも書ける．この2階微分の演算子 $\nabla\cdot\nabla$ を**ラプラシアン**と呼び，∇^2 や Δ とも書く．

スカラー場 ϕ に対する方程式 $\nabla^2\phi = 0$ は2階の偏微分方程式となる．これを**ラプラス方程式**という．ラプラス方程式は，定常状態の熱伝導方程式，静電場，静磁場など，多くの問題で現れる．ラプラス方程式を満たす関数を**調和関数**と呼ぶ．

縮まない流体　流体の圧縮率および熱膨張率が0であるような縮まない流体では，流体の密度 ρ が運動によって変化しない．このことを式で表すと

$$\frac{D\rho}{Dt} = 0 \tag{2.71}$$

となる．式 (2.71) が

$$\operatorname{div} \boldsymbol{v} = 0 \tag{2.72}$$

と同値であることを示すには，ガウスの定理 (4.3 節を参照) が必要となる．よって，ここではその証明を省略するが，式 (2.72) を導くのに条件として密度 $\rho(\boldsymbol{x}, t)$ が空間的に一様である必要がないことは注意しておく．

ただし，縮まない流体の場合，ある時刻において密度が空間的に一様であれば，式 (2.71) により時間的にも一様となり，

$$\rho(\boldsymbol{x}, t) = \rho_0 = \text{const.} \tag{2.73}$$

となる．このとき 40 ページの「発散の物理的意味」の項で示したように，式 (2.72) が簡単に得られる．よって，以下では簡単のため，特に断らない限り，縮まない流体では $\rho(\boldsymbol{x}, t) = \rho_0 = \text{const.}$ を仮定し，$\operatorname{div} \boldsymbol{v} = 0$ を縮まない流体の条件 (非圧縮条件ともいう) とする．

なお，縮まない流体の場合，2 次元の流れでは速度 $\boldsymbol{v} = (v_1, v_2)^t$ の 2 成分は

$$\operatorname{div} \boldsymbol{v} = \frac{\partial v_1}{\partial x} + \frac{\partial v_2}{\partial y} = 0 \tag{2.74}$$

を満たし，3 次元の流れでは速度 $\boldsymbol{v} = (v_1, v_2, v_3)^t$ の 3 成分は

$$\operatorname{div} \boldsymbol{v} = \frac{\partial v_1}{\partial x} + \frac{\partial v_2}{\partial y} + \frac{\partial v_3}{\partial z} = 0 \tag{2.75}$$

を満たす．これは，縮まない流体の場合，2 次元の流れでは速度の 2 成分が，3 次元の流れでは速度の 3 成分が独立には定まらないことを示している．また，縮まない流体中の圧力場 $p(\boldsymbol{x}, t)$ は $\boldsymbol{v}(\boldsymbol{x}, t)$ が $\operatorname{div} \boldsymbol{v} = 0$ を満たすように決まるため，速度場 $\boldsymbol{v}(\boldsymbol{x}, t)$ と独立ではない[8)]．

---

8)　このように流体力学で扱うベクトル場の成分やスカラー場は互いに従属している．これらの関係を表したものが流体の基礎方程式であり，流体の基礎方程式はベクトル解析の知識を用いて，質量，運動量，エネルギーの保存則から導かれるものである．

問題 2 以下の速度場 $\boldsymbol{v}$ が非圧縮条件 $\mathrm{div}\,\boldsymbol{v}=0$ を満たすことを示せ．

(1) $\boldsymbol{v}(\boldsymbol{x})=(A\sin z+C\cos y,\ B\sin x+A\cos z,\ C\sin y+B\cos x)^t$

(2) $\boldsymbol{v}(\boldsymbol{x})=(\cos x\sin y\sin z,\ -\sin x\cos y\sin z,\ 0)^t$

湧き出しと吸い込み　流れの領域中で速度場 $\boldsymbol{v}(\boldsymbol{x},t)$ の発散が

$$\mathrm{div}\,\boldsymbol{v}\neq 0 \tag{2.76}$$

となる $\boldsymbol{x}$ の領域を，$\mathrm{div}\,\boldsymbol{v}$ の符号が正の場合に**湧き出し**，負の場合に**吸い込み**と呼ぶことにする．

縮まない流体といった場合，定義上 $\mathrm{div}\,\boldsymbol{v}=0$ であるので，縮まない流体の条件が満たされている流れの領域に湧き出しや吸い込みはないことになる．しかし，以下の例題のように，湧き出しや吸い込みが空間的に局在し，その他の領域が縮まない流体で満たされているような流れ場を考えることもできる．

例題 2.7

以下の速度場 $\boldsymbol{v}(\boldsymbol{x})$ に対する発散 $\mathrm{div}\,\boldsymbol{v}$ を求めよ．ただし，m, α は正の定数とする．

(1) $\boldsymbol{v}(\boldsymbol{x})=\dfrac{m}{2\pi r^2}\{1-\exp(-\alpha r^2)\}\,(x,y,0)^t$，ただし，$r^2=x^2+y^2$．また，$r=0$ で $\boldsymbol{v}=\boldsymbol{0}$．

(2) $\boldsymbol{v}(\boldsymbol{x})=\dfrac{m}{2\pi r^2}(x,y,0)^t$，ただし，$r^2=x^2+y^2$ で $r\neq 0$ とする．

(3) $\boldsymbol{v}(\boldsymbol{x})=\dfrac{m}{r^3}(x,y,z)^t$，ただし，$r^2=x^2+y^2+z^2$ で $r\neq 0$ とする．

【解】 (1) $\mathrm{div}\,\boldsymbol{v}=\dfrac{m\alpha}{\pi}\exp(-\alpha r^2)$．

(2) $r=\sqrt{x^2+y^2}\neq 0$ で $\mathrm{div}\,\boldsymbol{v}=0$．

(3) $r=\sqrt{x^2+y^2+z^2}\neq 0$ で $\mathrm{div}\,\boldsymbol{v}=0$．

(1) では湧き出しが $r=0$ すなわち z 軸を中心として軸対称に分布し，十分大きい r に対し，流れは非圧縮条件を満たすことが分かる．また，(2) では $r=0$ (z 軸，

もしくは2次元平面の原点）を除いて，流れは非圧縮条件を満たし，$r = 0$ となる原点が（div $\boldsymbol{v}$ の値の評価不能な）特異点となっている．(3) では $r = 0$ となる3次元空間の原点を除いて，流れは非圧縮条件を満たし，原点が（div $\boldsymbol{v}$ の値の評価不能な）特異点となっている．□

流れ関数　縮まない流体の2次元の流れ $\boldsymbol{v} = (v_1, v_2)^t$ は，式 (2.74) を満たす必要があるが，式 (2.74) は任意の関数 $\Psi(x, y, t)$ を用いて

$$v_1 = \frac{\partial \Psi}{\partial y}, \qquad v_2 = -\frac{\partial \Psi}{\partial x} \tag{2.77}$$

とおくと自動的に満たされる．この Ψ を**流れ関数**という．

ポテンシャル流　スカラー場 $\phi(x, y, z)$ の勾配

$$\boldsymbol{v} = \mathrm{grad}\,\phi = \left(\frac{\partial \phi}{\partial x}, \frac{\partial \phi}{\partial y}, \frac{\partial \phi}{\partial z}\right)^t \tag{2.78}$$

によって与えられる速度場 $\boldsymbol{v}$ のことをポテンシャル流と呼ぶ．また，このときのスカラー場 ϕ を速度ポテンシャルと呼ぶ．

等ポテンシャル面を

$$\phi(x, y, z) = \mathrm{const.} \tag{2.79}$$

とし，それに対する単位法線ベクトルを $\boldsymbol{n} = (a, b, c)^t$ とすると，$\boldsymbol{n}$ は $\mathrm{grad}\,\phi$ すなわち $\boldsymbol{v}$ と平行である．よって，$q = |\boldsymbol{v}|$ とすると $\boldsymbol{v} = q\boldsymbol{n}$ と書ける．

$\boldsymbol{n}$ 方向の微分を

$$\frac{\partial}{\partial n} = a\frac{\partial}{\partial x} + b\frac{\partial}{\partial y} + c\frac{\partial}{\partial z} = \boldsymbol{n}\cdot\mathrm{grad} \tag{2.80}$$

で定義すると

$$\frac{\partial \phi}{\partial n} = \boldsymbol{n}\cdot\mathrm{grad}\,\phi = \boldsymbol{n}\cdot\boldsymbol{v} = q \tag{2.81}$$

となり，速度ポテンシャルの等ポテンシャル面の法線方向の微分が流速の大

きさを与える.

縮まない流体のポテンシャル流　速度場 $\boldsymbol{v}$ が縮まない流体のポテンシャル流の場合，その速度場 $\boldsymbol{v}$ は

$$\mathrm{div}\,\boldsymbol{v} = 0$$

を満たし，かつ，

$$\boldsymbol{v}(x,\,y,\,z) = \mathrm{grad}\,\phi(x,\,y,\,z)$$

のように与えられる．よって，この場合，ポテンシャル ϕ がラプラス方程式

$$\nabla^2\phi = 0 \tag{2.82}$$

の解であることが分かる.

問題 3　速度ポテンシャル ϕ が以下の式で与えられるポテンシャル流 $\boldsymbol{v} = \mathrm{grad}\,\phi$ を求めよ．得られた速度場 $\boldsymbol{v}$ が原点 $(r = 0)$ 以外で縮まない流体の条件（非圧縮条件 $\mathrm{div}\,\boldsymbol{v} = 0$）を満たすことを確認せよ．ただし，$r = \sqrt{x^2 + y^2 + z^2}$ とする.

(1)　$\phi = \dfrac{1}{r}$

(2)　$\phi = -\dfrac{x}{r^3}$

2.4　ベクトル場の回転

定義　ベクトル場 $\boldsymbol{v} = v_1\boldsymbol{i} + v_2\boldsymbol{j} + v_3\boldsymbol{k}$ が $x,\,y,\,z$ について偏微分可能であるとき，

$$\mathrm{rot}\,\boldsymbol{v} \equiv \left(\frac{\partial v_3}{\partial y} - \frac{\partial v_2}{\partial z}\right)\boldsymbol{i} + \left(\frac{\partial v_1}{\partial z} - \frac{\partial v_3}{\partial x}\right)\boldsymbol{j} + \left(\frac{\partial v_2}{\partial x} - \frac{\partial v_1}{\partial y}\right)\boldsymbol{k} \tag{2.83}$$

を $\boldsymbol{v}$ の**回転**と呼ぶ．$\mathrm{rot}\,\boldsymbol{v}$ はベクトル場である．∇ を使うと，$\mathrm{rot}\,\boldsymbol{v}$ は ∇ と $\boldsymbol{v}$ の外積として，

$$\mathrm{rot}\,\boldsymbol{v} = \nabla \times \boldsymbol{v} \tag{2.84}$$

と形式的に書くことができる．また，式 (1.37) にならい，次のように行列式を用いて形式的に表現することもできる.

$$\mathrm{rot}\,\boldsymbol{v} = \begin{vmatrix} \boldsymbol{i} & \boldsymbol{j} & \boldsymbol{k} \\ \dfrac{\partial}{\partial x} & \dfrac{\partial}{\partial y} & \dfrac{\partial}{\partial z} \\ v_1 & v_2 & v_3 \end{vmatrix} \tag{2.85}$$

回転の物理的意味 回転の物理的な意味を理解するため，再び流体の例を考えよう．簡単のため，流れは2次元的，すなわち速度場 $\boldsymbol{v}(x, y, z)$ は z に依存せず，かつ，x, y 成分のみを持つとする．このとき，速度場 $\boldsymbol{v}$ は，

$$\boldsymbol{v}(x, y, z) = v_1(x, y)\boldsymbol{i} + v_2(x, y)\boldsymbol{j} \tag{2.86}$$

と書ける．

さて，dx, dy を微小量とし，点 (x, y) を中心とする図2.5のような微小な長方形ABCDを考える．この長方形の中にある渦の強さ（循環）を，長方形の4辺の上での速度場を使って定量的に測ることを考えてみよう（103ページの「循環と渦度」の項参照）．渦の強さ（循環）は長方形ABCDを反時計回りに $\overrightarrow{\mathrm{AB}}$, $\overrightarrow{\mathrm{BC}}$, $\overrightarrow{\mathrm{CD}}$, $\overrightarrow{\mathrm{DA}}$ と1周して各辺からの寄与を足し合わせて求める．各辺からの寄与は各辺のベクトルの向きの速度成分を正として，その値と辺の長さの積となる．したがって，渦の強さ（循環）への辺 $\overrightarrow{\mathrm{AB}}$ からの寄与は

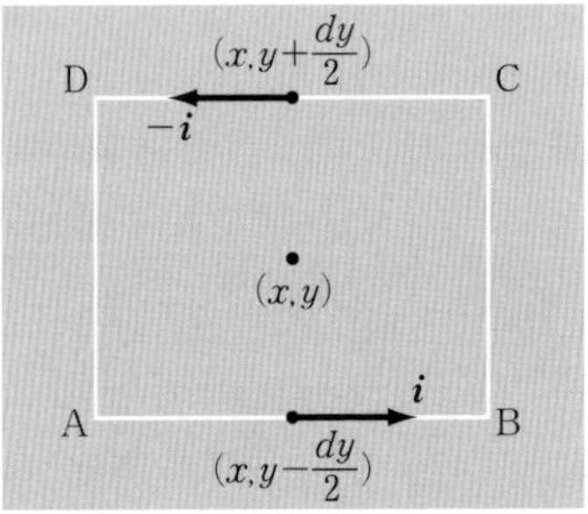

図2.5 回転の物理的意味

$$v_1\left(x, y - \frac{dy}{2}\right)dx \simeq v_1(x, y)dx - \frac{1}{2}\frac{\partial v_1}{\partial y}dxdy \tag{2.87}$$

となる．一方，辺 $\overrightarrow{\mathrm{CD}}$ からの寄与は，x 軸の負の方向の速度成分が正に対応することにより，

$$-v_1\left(x, y + \frac{dy}{2}\right)dx \simeq -v_1(x, y)dx - \frac{1}{2}\frac{\partial v_1}{\partial y}dxdy \tag{2.88}$$

となる．同様に考えると，辺 $\overrightarrow{\mathrm{BC}}$, $\overrightarrow{\mathrm{DA}}$ からの寄与はそれぞれ

$$v_2\left(x+\frac{dx}{2},\ y\right)dy \simeq v_2(x,\ y)dy+\frac{1}{2}\frac{\partial v_2}{\partial x}dxdy \tag{2.89}$$

$$-v_2\left(x-\frac{dx}{2},\ y\right)dy \simeq -v_2(x,\ y)dy+\frac{1}{2}\frac{\partial v_2}{\partial x}dxdy \tag{2.90}$$

となる．これらの寄与を足し合わせると，長方形内の渦の強さは結局，

$$\left(\frac{\partial v_2}{\partial x}-\frac{\partial v_1}{\partial y}\right)dxdy \tag{2.91}$$

で測られることになる．そこで，これを長方形の面積 $dxdy$ で割って得られる量 $\dfrac{\partial v_2}{\partial x}-\dfrac{\partial v_1}{\partial y}$ を**渦度**と呼ぶ．一方，速度場の式 (2.86) より，

$$\mathrm{rot}\,\boldsymbol{v}=\left(\frac{\partial v_2}{\partial x}-\frac{\partial v_1}{\partial y}\right)\boldsymbol{k} \tag{2.92}$$

であるから，いまの場合，rot $\boldsymbol{v}$ の $\boldsymbol{z}$ 成分が $\dfrac{\partial v_2}{\partial x}-\dfrac{\partial v_1}{\partial y}$ となっており，その値が正ならば rot $\boldsymbol{v}$ の向きは $\boldsymbol{k}$ の向き (右ねじを ABCD と回してねじの進む向き)，負ならばその逆向きとなっていることが分かる．

より一般の速度場に対して，rot $\boldsymbol{v}$ は渦度 (ベクトル) を表す．この場合，渦度 rot $\boldsymbol{v}$ は，大きさが流体の局所的な自転角速度の 2 倍で向きが自転軸と一致するベクトルと見なすことができる (56 ページの「流体の相対運動」の項参照)．

回転に関する公式　ϕ をスカラー場，$\boldsymbol{u}$, $\boldsymbol{v}$ をベクトル場，λ をスカラーとする．ϕ, $\boldsymbol{u}$, $\boldsymbol{v}$ が x, y, z に関して偏微分可能であるとき，次が成り立つ．

$$\mathrm{rot}(\boldsymbol{u}+\boldsymbol{v})=\mathrm{rot}\,\boldsymbol{u}+\mathrm{rot}\,\boldsymbol{v} \tag{2.93}$$

$$\mathrm{rot}(\lambda\boldsymbol{v})=\lambda\,\mathrm{rot}\,\boldsymbol{v} \tag{2.94}$$

$$\mathrm{rot}(\phi\boldsymbol{v})=(\nabla\phi)\times\boldsymbol{v}+\phi\,\mathrm{rot}\,\boldsymbol{v} \tag{2.95}$$

式 (2.93)，(2.94) は回転の定義 (2.83) から容易に導ける．式 (2.95) については，左辺の x 成分を計算すると，

$$\frac{\partial}{\partial y}(\phi v_3)-\frac{\partial}{\partial z}(\phi v_2)=\left(\frac{\partial\phi}{\partial y}v_3-\frac{\partial\phi}{\partial z}v_2\right)+\phi\left(\frac{\partial v_3}{\partial y}-\frac{\partial v_2}{\partial z}\right) \tag{2.96}$$

となり，右辺の x 成分と等しいことがわかる．y, z 成分についても同様のことがいえるので，公式 (2.95) が成り立つ．

例題 2.8

$\boldsymbol{r} = x\boldsymbol{i} + y\boldsymbol{j} + z\boldsymbol{k}$，$r = |\boldsymbol{r}| = \sqrt{x^2 + y^2 + z^2}$ とするとき，次の問に答えよ．

(1) $\mathrm{rot}\,\boldsymbol{r}$ を求めよ．

(2) f を微分可能な任意の関数とするとき，$\mathrm{rot}(f(r)\boldsymbol{r}) = \boldsymbol{0}$ を示せ．

【解】 (1) $\mathrm{rot}\,\boldsymbol{r} = \left(\dfrac{\partial z}{\partial y} - \dfrac{\partial y}{\partial z}, \dfrac{\partial x}{\partial z} - \dfrac{\partial z}{\partial x}, \dfrac{\partial y}{\partial x} - \dfrac{\partial x}{\partial y}\right)^t = \boldsymbol{0}.$

(2) 公式 (2.95) と上の (1) の結果，および式 (2.29) より，

$$\mathrm{rot}(f(r)\boldsymbol{r}) = (\nabla f)\times\boldsymbol{r} + f\,\mathrm{rot}\,\boldsymbol{r} = \frac{df}{dr}(\nabla r)\times\boldsymbol{r} = \frac{df}{dr}\frac{\boldsymbol{r}}{r}\times\boldsymbol{r} = \boldsymbol{0} \tag{2.97}$$

□

渦なしと渦あり　流れの中のある領域で $\boldsymbol{\omega} = \mathrm{rot}\,\boldsymbol{v} = \boldsymbol{0}$ のとき，流れはその領域で渦なしであるという．また，$\boldsymbol{\omega} \neq \boldsymbol{0}$ ならば，渦ありであるという．竜巻や動く物体周りの流れなど，渦はしばしば空間に局在して存在する．また，流体力学では流れの理解のためにしばしば渦度の強い領域に着目した解析を行う．

速度ベクトル $\boldsymbol{v}$ が式 (2.78) のように，1つのスカラー関数 ϕ の勾配で表される，ポテンシャル流は渦なしの流れである (次節の式 (2.100) を参照)．また，次節の定理 2.1 が示すように，渦なしの流れでは，速度 $\boldsymbol{v}$ が式 (2.78) のように書ける．すなわち，そのような速度ポテンシャルが存在する．

問題 1　以下の速度場 $\boldsymbol{v}(\boldsymbol{x})$ に対する渦度場 $\boldsymbol{\omega}(\boldsymbol{x})$ を求めよ．

(1) $\boldsymbol{v}(\boldsymbol{x}) = (ay, 0, 0)^t$　(単純せん断)

(2) $\boldsymbol{v}(\boldsymbol{x}) = a(-y, x, 0)^t$　(剛体回転)

(3)　$\boldsymbol{v}(\boldsymbol{x}) = \dfrac{\Gamma}{2\pi r^2}\left\{1 - \exp\left(-\dfrac{\alpha r^2}{2\nu}\right)\right\}(-y, x, 0)^t$，ただし，$r^2 = x^2 + y^2$.

また，$r = 0$ で $\boldsymbol{v} = \boldsymbol{0}$

(4)　$\boldsymbol{v}(\boldsymbol{x}) = \dfrac{a}{r^2}(-y, x, 0)^t$，ただし，$r^2 = x^2 + y^2$ で $r \neq 0$

(5)　$\boldsymbol{v}(\boldsymbol{x}) = \left(\tanh\dfrac{y}{y_0}, 0, 0\right)^t$

(6)　$\boldsymbol{v}(\boldsymbol{x}) = (a(1 - y^2), 0, 0)^t$，ただし，$-1 \leq y \leq 1$

流れ関数と渦度　縮まない流体の 2 次元の速度場 $\boldsymbol{v} = (v_1(x, y, t), v_2(x, y, t), 0)^t$ は流れ関数 Ψ を用いて，式 (2.77) のように表される．一方，2 次元の流れにおける渦度は $\boldsymbol{\omega} = \mathrm{rot}\,\boldsymbol{v} = (0, 0, \omega(x, y, t))^t$ となり，ここで $\omega(x, y, t)$ は

$$\omega = \frac{\partial v_2}{\partial x} - \frac{\partial v_1}{\partial y} \tag{2.98}$$

で与えられる．式 (2.77) と (2.98) より，縮まない流体の 2 次元の流れにおける渦度 ω と流れ関数 Ψ は以下の式を満たすことが分かる．

$$\omega = -\left(\frac{\partial^2}{\partial x^2} + \frac{\partial^2}{\partial y^2}\right)\Psi \tag{2.99}$$

すなわち，縮まない流体の 2 次元の流れにおいて，渦度の分布 $\omega(x, y, t)$ が与えられたとき，流れ関数 $\Psi(x, y, t)$ は式 (2.99) のポアソン方程式の解として得られる．また，速度 $\boldsymbol{v} = (v_1, v_2)^t$ は $\Psi(x, y, t)$ を用いて，式 (2.77) により得られる．

2.5　勾配・回転・発散の組合せに関する公式

本節では，grad，rot，div の組合せによって得られる公式を紹介する．以下，ϕ をスカラー場，$\boldsymbol{v}$ をベクトル場とし，これらは C^2 級，すなわち x, y, z に関して 2 階偏微分可能で，その結果が連続な関数であると仮定する．このとき，次の公式が成り立つ．

$$\mathrm{rot}\,\mathrm{grad}\,\phi = \mathbf{0} \tag{2.100}$$

$$\mathrm{div}\,\mathrm{rot}\,\boldsymbol{v} = 0 \tag{2.101}$$

$$\mathrm{rot}\,\mathrm{rot}\,\boldsymbol{v} = \mathrm{grad}\,\mathrm{div}\,\boldsymbol{v} - \nabla^2\boldsymbol{v} \tag{2.102}$$

ただし，式 (2.102) の右辺第 2 項は，

$$\nabla^2\boldsymbol{v} = (\nabla^2 v_1)\boldsymbol{i} + (\nabla^2 v_2)\boldsymbol{j} + (\nabla^2 v_3)\boldsymbol{k} \tag{2.103}$$

と定義する[9]．記号 ∇ を使うと，式 (2.100) ～ (2.102) は次のように書ける．

$$\nabla \times (\nabla\phi) = \mathbf{0} \tag{2.104}$$

$$\nabla \cdot (\nabla \times \boldsymbol{v}) = 0 \tag{2.105}$$

$$\nabla \times (\nabla \times \boldsymbol{v}) = \nabla(\nabla \cdot \boldsymbol{v}) - \nabla^2\boldsymbol{v} \tag{2.106}$$

以下，それぞれについて証明を行う．

【式 (2.100) の証明】 まず，式 (2.100) については，左辺の x 成分を計算すると，rot，grad の定義より

$$\frac{\partial}{\partial y}\left(\frac{\partial\phi}{\partial z}\right) - \frac{\partial}{\partial z}\left(\frac{\partial\phi}{\partial y}\right) = \frac{\partial^2\phi}{\partial y\partial z} - \frac{\partial^2\phi}{\partial z\partial y} = 0 \tag{2.107}$$

となる．ただし 2 番目の等号では，ϕ が C^2 級であり，2 階微分の結果が微分の順番によらないことを使った．y, z 成分も同様に 0 となるから，式 (2.100) が成り立つ． □

【式 (2.101) の証明】 式 (2.101) については，div の定義式 (2.58) に rot $\boldsymbol{v}$ の式 (2.83) を代入すると，

$$\begin{aligned}\mathrm{div}\,\mathrm{rot}\,\boldsymbol{v} &= \frac{\partial}{\partial x}\left(\frac{\partial v_3}{\partial y} - \frac{\partial v_2}{\partial z}\right) + \frac{\partial}{\partial y}\left(\frac{\partial v_1}{\partial z} - \frac{\partial v_3}{\partial x}\right) + \frac{\partial}{\partial z}\left(\frac{\partial v_2}{\partial x} - \frac{\partial v_1}{\partial y}\right)\\ &= \frac{\partial^2 v_3}{\partial x\partial y} - \frac{\partial^2 v_2}{\partial x\partial z} + \frac{\partial^2 v_1}{\partial y\partial z} - \frac{\partial^2 v_3}{\partial y\partial x} + \frac{\partial^2 v_2}{\partial z\partial x} - \frac{\partial^2 v_1}{\partial z\partial y}\\ &= 0\end{aligned} \tag{2.108}$$

---

9) これは直交直線座標系のみでの定義である．他の座標系，たとえば直交曲線座標系では，式 (2.102) が $\nabla^2\boldsymbol{v}$ の定義式となる．すなわち $\nabla^2\boldsymbol{v} \equiv \mathrm{grad}\,\mathrm{div}\,\boldsymbol{v} - \mathrm{rot}\,\mathrm{rot}\,\boldsymbol{v}$ である．第 5 章章末の練習問題 2 参照．

が得られる．ここで，再び，2 階微分の結果が微分の順序によらないことを用いた． □

【式 (2.102) の証明】 最後に式 (2.102) について，左辺の x 成分を計算すると，

$$
\begin{aligned}
&\frac{\partial}{\partial y}\left(\frac{\partial v_2}{\partial x}-\frac{\partial v_1}{\partial y}\right)-\frac{\partial}{\partial z}\left(\frac{\partial v_1}{\partial z}-\frac{\partial v_3}{\partial x}\right)\\
&=\frac{\partial}{\partial x}\left(\frac{\partial v_1}{\partial x}+\frac{\partial v_2}{\partial y}+\frac{\partial v_3}{\partial z}\right)-\left(\frac{\partial^2 v_1}{\partial x^2}+\frac{\partial^2 v_1}{\partial y^2}+\frac{\partial^2 v_1}{\partial z^2}\right)\\
&=\frac{\partial}{\partial x}(\mathrm{div}\,\boldsymbol{v})-\nabla^2 v_1
\end{aligned}
\tag{2.109}
$$

となり，右辺の x 成分に等しい．y, z 成分についても同様であるため，式 (2.102) が成り立つ．ここでも，2 階微分の結果が微分の順序によらないことを使った． □

公式 (2.100) と (2.101) の逆 公式 (2.100) は，任意の (C^2 級の) スカラー場 ϕ に対して，その勾配として得られるベクトル場 $\mathrm{grad}\,\phi$ は，回転が恒等的に $\mathbf{0}$，すなわち**渦なし**であることを示している．一方，式 (2.101) は，任意のベクトル場に対して，その回転として得られるベクトル場 $\mathrm{rot}\,\boldsymbol{v}$ は，発散が恒等的に 0 であることを示している．これらの公式は，物理学などへの応用で重要である．さらに，ある条件の下では，この逆も成り立つ．すなわち，次の定理が成り立つ．

定理 2.1 ベクトル場 $\boldsymbol{v}$ が全空間で定義され，

$$\mathrm{rot}\,\boldsymbol{v}=\mathbf{0} \tag{2.110}$$

が全空間のすべての点で成り立っているとする．このとき，あるスカラー場 ϕ が存在して，$\boldsymbol{v}$ は

$$\boldsymbol{v}=\mathrm{grad}\,\phi \tag{2.111}$$

と書ける．

定理 2.2 ベクトル場 $\boldsymbol{u}$ が全空間で定義され，

$$\mathrm{div}\,\boldsymbol{u} = 0 \tag{2.112}$$

が全空間のすべての点で成り立っているとする．このとき，あるベクトル場 $\boldsymbol{v}$ が存在して，$\boldsymbol{u}$ は

$$\boldsymbol{u} = \mathrm{rot}\,\boldsymbol{v} \tag{2.113}$$

と書ける．

これらの定理の証明は，4.4 節で行う．

例題 2.9

$\boldsymbol{a}$, $\boldsymbol{b}$ を定数ベクトル，$\boldsymbol{v}$ をベクトル場とするとき，次の式を示せ．

(1) $\nabla\times(\boldsymbol{a}\times\boldsymbol{v}) = \boldsymbol{a}(\nabla\cdot\boldsymbol{v}) - (\boldsymbol{a}\cdot\nabla)\boldsymbol{v}$

(2) $\boldsymbol{a}\times(\nabla\times\boldsymbol{v}) = \nabla(\boldsymbol{a}\cdot\boldsymbol{v}) - (\boldsymbol{a}\cdot\nabla)\boldsymbol{v}$

(3) $(\boldsymbol{b}\times\boldsymbol{a})\cdot(\nabla\times\boldsymbol{v}) = \boldsymbol{a}\cdot(\boldsymbol{b}\cdot\nabla)\boldsymbol{v} - \boldsymbol{b}\cdot(\boldsymbol{a}\cdot\nabla)\boldsymbol{v}$

【解】 (1) 左辺の x 成分を計算すると，

$$\begin{aligned}
&\frac{\partial}{\partial y}(a_1v_2 - a_2v_1) - \frac{\partial}{\partial z}(a_3v_1 - a_1v_3)\\
&= a_1\frac{\partial v_2}{\partial y} - a_2\frac{\partial v_1}{\partial y} - a_3\frac{\partial v_1}{\partial z} + a_1\frac{\partial v_3}{\partial z}\\
&= a_1\left(\frac{\partial v_1}{\partial x} + \frac{\partial v_2}{\partial y} + \frac{\partial v_3}{\partial z}\right) - \left(a_1\frac{\partial v_1}{\partial x} + a_2\frac{\partial v_1}{\partial y} + a_3\frac{\partial v_1}{\partial z}\right)\\
&= a_1(\nabla\cdot\boldsymbol{v}) - (\boldsymbol{a}\cdot\nabla)v_1
\end{aligned} \tag{2.114}$$

となり，右辺の x 成分に等しい．y, z 成分についても同様であるから，問題の式が示された．

(2) 左辺の x 成分を計算すると，

$$\begin{aligned}
&a_2\left(\frac{\partial v_2}{\partial x} - \frac{\partial v_1}{\partial y}\right) - a_3\left(\frac{\partial v_1}{\partial z} - \frac{\partial v_3}{\partial x}\right)\\
&= \left(a_1\frac{\partial v_1}{\partial x} + a_2\frac{\partial v_2}{\partial x} + a_3\frac{\partial v_3}{\partial x}\right) - \left(a_1\frac{\partial v_1}{\partial x} + a_2\frac{\partial v_1}{\partial y} + a_3\frac{\partial v_1}{\partial z}\right)
\end{aligned}$$

$$= \frac{\partial}{\partial x}(\boldsymbol{a}\cdot\boldsymbol{v}) - (\boldsymbol{a}\cdot\nabla)v_1 \tag{2.115}$$

となり，右辺の x 成分に等しい．y, z 成分についても同様であるから，問題の式が示された．

(3) スカラー 3 重積の公式 $(\boldsymbol{b}\times\boldsymbol{a})\cdot\boldsymbol{c} = (\boldsymbol{a}\times\boldsymbol{c})\cdot\boldsymbol{b}$ において $\boldsymbol{c} = \nabla\times\boldsymbol{v}$ とおき，その結果に上の (2) の公式を用いると，

$$\begin{aligned}(\boldsymbol{b}\times\boldsymbol{a})\cdot(\nabla\times\boldsymbol{v}) &= \{\boldsymbol{a}\times(\nabla\times\boldsymbol{v})\}\cdot\boldsymbol{b}\\ &= \{\nabla(\boldsymbol{a}\cdot\boldsymbol{v}) - (\boldsymbol{a}\cdot\nabla)\boldsymbol{v}\}\cdot\boldsymbol{b}\\ &= \nabla(\boldsymbol{a}\cdot\boldsymbol{v})\cdot\boldsymbol{b} - \boldsymbol{b}\cdot(\boldsymbol{a}\cdot\nabla)\boldsymbol{v}\\ &= (\boldsymbol{b}\cdot\nabla)(\boldsymbol{a}\cdot\boldsymbol{v}) - \boldsymbol{b}\cdot(\boldsymbol{a}\cdot\nabla)\boldsymbol{v}\\ &= \boldsymbol{a}\cdot(\boldsymbol{b}\cdot\nabla)\boldsymbol{v} - \boldsymbol{b}\cdot(\boldsymbol{a}\cdot\nabla)\boldsymbol{v}\end{aligned} \tag{2.116}$$

ただし，第 4 の等号では，容易に示せる公式 $(\nabla\phi)\cdot\boldsymbol{b} = (\boldsymbol{b}\cdot\nabla)\phi$ (ただし ϕ はスカラー場，$\boldsymbol{b}$ は定数ベクトル) において，$\phi = \boldsymbol{a}\cdot\boldsymbol{v}$ とおいた．また，第 5 の等号では，成分表示により容易に証明できる式 $(\boldsymbol{b}\cdot\nabla)(\boldsymbol{a}\cdot\boldsymbol{v}) = \boldsymbol{a}\cdot(\boldsymbol{b}\cdot\nabla)\boldsymbol{v}$ を用いた．□

例題 2.10

$\boldsymbol{a}, \boldsymbol{b}, \boldsymbol{c}$ を定数ベクトル，$\boldsymbol{v}$ をベクトル場とするとき，次の式を示せ．

$$\begin{aligned}&(\nabla\cdot\boldsymbol{v})\boldsymbol{c}\cdot(\boldsymbol{a}\times\boldsymbol{b})\\ &\quad= \{(\boldsymbol{a}\cdot\nabla)\boldsymbol{v}\}\cdot(\boldsymbol{b}\times\boldsymbol{c}) + \{(\boldsymbol{b}\cdot\nabla)\boldsymbol{v}\}\cdot(\boldsymbol{c}\times\boldsymbol{a}) + \{(\boldsymbol{c}\cdot\nabla)\boldsymbol{v}\}\cdot(\boldsymbol{a}\times\boldsymbol{b})\end{aligned} \tag{2.117}$$

【解】 例題 2.9 (1) の公式において移項を行って得られる式

$$(\nabla\cdot\boldsymbol{v})\boldsymbol{c} = \nabla\times(\boldsymbol{c}\times\boldsymbol{v}) + (\boldsymbol{c}\cdot\nabla)\boldsymbol{v} \tag{2.118}$$

の両辺に対し，$\boldsymbol{a}\times\boldsymbol{b}$ との内積をとると，

$$\begin{aligned}&(\nabla\cdot\boldsymbol{v})\boldsymbol{c}\cdot(\boldsymbol{a}\times\boldsymbol{b})\\ &= \{\nabla\times(\boldsymbol{c}\times\boldsymbol{v})\}\cdot(\boldsymbol{a}\times\boldsymbol{b}) + \{(\boldsymbol{c}\cdot\nabla)\boldsymbol{v}\}\cdot(\boldsymbol{a}\times\boldsymbol{b})\\ &= \boldsymbol{b}\cdot(\boldsymbol{a}\cdot\nabla)(\boldsymbol{c}\times\boldsymbol{v}) - \boldsymbol{a}\cdot(\boldsymbol{b}\cdot\nabla)(\boldsymbol{c}\times\boldsymbol{v}) + \{(\boldsymbol{c}\cdot\nabla)\boldsymbol{v}\}\cdot(\boldsymbol{a}\times\boldsymbol{b})\\ &= (\boldsymbol{a}\cdot\nabla)\{\boldsymbol{b}\cdot(\boldsymbol{c}\times\boldsymbol{v})\} - (\boldsymbol{b}\cdot\nabla)\{\boldsymbol{a}\cdot(\boldsymbol{c}\times\boldsymbol{v})\} + \{(\boldsymbol{c}\cdot\nabla)\boldsymbol{v}\}\cdot(\boldsymbol{a}\times\boldsymbol{b})\\ &= \{(\boldsymbol{a}\cdot\nabla)\boldsymbol{v}\}\cdot(\boldsymbol{b}\times\boldsymbol{c}) + \{(\boldsymbol{b}\cdot\nabla)\boldsymbol{v}\}\cdot(\boldsymbol{c}\times\boldsymbol{a}) + \{(\boldsymbol{c}\cdot\nabla)\boldsymbol{v}\}\cdot(\boldsymbol{a}\times\boldsymbol{b})\end{aligned} \tag{2.119}$$

ただし，第2の等号では，例題2.9 (3) において $\boldsymbol{a}\to\boldsymbol{b}$, $\boldsymbol{b}\to\boldsymbol{a}$, $\boldsymbol{v}\to\boldsymbol{c}\times\boldsymbol{v}$ とした式を用いた．また，第3の等号では，$\boldsymbol{a}$, $\boldsymbol{b}$ が定数ベクトルであることを用い，積の順序を交換した．最後の等号では，スカラー3重積に関する公式 (1.51) を用いた．

□

流体の相対運動　流体の速度 $\boldsymbol{v}(\boldsymbol{x},t)=(v_1,v_2,v_3)^t$ が与えられたとき，点 $\boldsymbol{x}$ の近くの別の点 $\boldsymbol{x}+\delta\boldsymbol{x}$ での速度 $\boldsymbol{v}(\boldsymbol{x}+\delta\boldsymbol{x},t)$ をテイラー展開して $\delta\boldsymbol{x}$ の1次までとると，式 (2.43) より，以下のように，点 $\boldsymbol{x}$ の近くの流体の相対運動 $\delta\boldsymbol{v}$ の表記が得られる．

$$\begin{aligned}\delta\boldsymbol{v} &\equiv \boldsymbol{v}(\boldsymbol{x}+\delta\boldsymbol{x},t)-\boldsymbol{v}(\boldsymbol{x},t)\\ &=(\nabla\boldsymbol{v})\delta\boldsymbol{x}\end{aligned} \tag{2.120}$$

ここで，$\nabla\boldsymbol{v}$ は式 (2.46) のように与えられ，**速度勾配テンソル**と呼ばれる．

速度勾配テンソル $\nabla\boldsymbol{v}$ を $\nabla\boldsymbol{v}=\mathcal{S}+\mathcal{A}$ と分け，

$$\begin{aligned}\mathcal{S} &\equiv \frac{1}{2}(\nabla\boldsymbol{v}+(\nabla\boldsymbol{v})^t)\\ &=\begin{pmatrix}\dfrac{\partial v_1}{\partial x} & \dfrac{1}{2}\left(\dfrac{\partial v_1}{\partial y}+\dfrac{\partial v_2}{\partial x}\right) & \dfrac{1}{2}\left(\dfrac{\partial v_1}{\partial z}+\dfrac{\partial v_3}{\partial x}\right)\\ \dfrac{1}{2}\left(\dfrac{\partial v_1}{\partial y}+\dfrac{\partial v_2}{\partial x}\right) & \dfrac{\partial v_2}{\partial y} & \dfrac{1}{2}\left(\dfrac{\partial v_2}{\partial z}+\dfrac{\partial v_3}{\partial y}\right)\\ \dfrac{1}{2}\left(\dfrac{\partial v_1}{\partial z}+\dfrac{\partial v_3}{\partial x}\right) & \dfrac{1}{2}\left(\dfrac{\partial v_2}{\partial z}+\dfrac{\partial v_3}{\partial y}\right) & \dfrac{\partial v_3}{\partial z}\end{pmatrix}\end{aligned} \tag{2.121}$$

$$\begin{aligned}\mathcal{A} &\equiv \frac{1}{2}(\nabla\boldsymbol{v}-(\nabla\boldsymbol{v})^t)\\ &=\begin{pmatrix}0 & \dfrac{1}{2}\left(\dfrac{\partial v_1}{\partial y}-\dfrac{\partial v_2}{\partial x}\right) & \dfrac{1}{2}\left(\dfrac{\partial v_1}{\partial z}-\dfrac{\partial v_3}{\partial x}\right)\\ \dfrac{1}{2}\left(\dfrac{\partial v_2}{\partial x}-\dfrac{\partial v_1}{\partial y}\right) & 0 & \dfrac{1}{2}\left(\dfrac{\partial v_2}{\partial z}-\dfrac{\partial v_3}{\partial y}\right)\\ \dfrac{1}{2}\left(\dfrac{\partial v_3}{\partial x}-\dfrac{\partial v_1}{\partial z}\right) & \dfrac{1}{2}\left(\dfrac{\partial v_3}{\partial y}-\dfrac{\partial v_2}{\partial z}\right) & 0\end{pmatrix}\end{aligned} \tag{2.122}$$

とすると，$\mathcal{S}$ は対称で $\mathcal{S}\,\delta\boldsymbol{x}$ は純変形運動（$\mathcal{S}$ の 3 つの固有値はすべて実数で，固有ベクトルは互いに直交する）を表す．一方，$\mathcal{A}$ は反対称で $\mathcal{A}\,\delta\boldsymbol{x}$ は回転運動を表す．

対称テンソル $\mathcal{S}$ の対角和（すなわち，3 つの固有値の和）は，速度場の発散

$$\mathrm{div}\,\boldsymbol{v} = \frac{\partial v_1}{\partial x} + \frac{\partial v_2}{\partial y} + \frac{\partial v_3}{\partial z}$$

と等しく，点 $\boldsymbol{x}$ における流体の相対運動による単位時間当たりの体積変化率を表す．

速度の回転，すなわち渦度の成分を

$$\boldsymbol{\omega} = \mathrm{rot}\,\boldsymbol{v} = (\omega_1,\ \omega_2,\ \omega_3)^t \tag{2.123}$$

とすると反対称テンソル $\mathcal{A}$ は

$$\mathcal{A} = \begin{pmatrix} 0 & -\frac{1}{2}\omega_3 & \frac{1}{2}\omega_2 \\ \frac{1}{2}\omega_3 & 0 & -\frac{1}{2}\omega_1 \\ -\frac{1}{2}\omega_2 & \frac{1}{2}\omega_1 & 0 \end{pmatrix} \tag{2.124}$$

となり，点 $\boldsymbol{x}$ の周りの回転運動は

$$\mathcal{A}\,\delta\boldsymbol{x} = \frac{1}{2}\boldsymbol{\omega}\times\delta\boldsymbol{x} \tag{2.125}$$

と表される．これより，点 $\boldsymbol{x}$ における流体の局所回転の角速度ベクトルは $\frac{1}{2}\boldsymbol{\omega}$ であることが分かる．

問題 1　$\boldsymbol{v}(x,\ y,\ z) = \begin{pmatrix} a_{11} & a_{12} & a_{13} \\ a_{21} & a_{22} & a_{23} \\ a_{31} & a_{32} & a_{33} \end{pmatrix}\begin{pmatrix} x \\ y \\ z \end{pmatrix}$ で与えられる速度場 $\boldsymbol{v}$ について以下の問に答えよ．

（1）　縮まない流体の流れであるための条件を求めよ．

（2）　渦なしであるための条件を求めよ．

問題 2 縮まない流体の流れ $\boldsymbol{v}$ に対して $\boldsymbol{\omega} = \mathrm{rot}\,\boldsymbol{v}$ とする．このとき，以下の式を導け．

$$\nabla \times (\boldsymbol{v} \times \boldsymbol{\omega}) = (\boldsymbol{\omega} \cdot \nabla)\boldsymbol{v} - (\boldsymbol{v} \cdot \nabla)\boldsymbol{\omega}$$

反変ベクトルと共変ベクトル

第1章章末の練習問題8では，基底ベクトルを $\boldsymbol{c}_1, \boldsymbol{c}_2, \boldsymbol{c}_3$ から

$$\boldsymbol{c}_i' = a_{1i}\boldsymbol{c}_1 + a_{2i}\boldsymbol{c}_2 + a_{3i}\boldsymbol{c}_3 \qquad (i = 1, 2, 3) \tag{2.126}$$

すなわち

$$(\boldsymbol{c}_1' \ \ \boldsymbol{c}_2' \ \ \boldsymbol{c}_3') = (\boldsymbol{c}_1 \ \ \boldsymbol{c}_2 \ \ \boldsymbol{c}_3)A$$

（ただし $A = (a_{ij})$ は正則行列）により定義される $\boldsymbol{c}_1', \boldsymbol{c}_2', \boldsymbol{c}_3'$ に変えたとき，任意のベクトル $\boldsymbol{v}$ の成分表示は

$$(v_1', v_2', v_3')^t = A^{-1}(v_1, v_2, v_3)^t \tag{2.127}$$

のように逆行列 A^{-1} により変換されることを見た．このように，基底の変換行列の逆行列により成分が変換されるベクトルを，**反変ベクトル**と呼ぶ．

一方，第2章章末の練習問題9では，同じ基底の変換に対して，スカラー場 ϕ の各座標軸方向の変化率を表す量 $\left(\frac{\partial\phi}{\partial x_1}, \frac{\partial\phi}{\partial x_2}, \frac{\partial\phi}{\partial x_3}\right)$ が，

$$\left(\frac{\partial\phi}{\partial x_1'}, \frac{\partial\phi}{\partial x_2'}, \frac{\partial\phi}{\partial x_3'}\right) = \left(\frac{\partial\phi}{\partial x_1}, \frac{\partial\phi}{\partial x_2}, \frac{\partial\phi}{\partial x_3}\right)A \tag{2.128}$$

のように変換されることを見る．このように，基底の変換行列と同じ行列により成分が変換されるベクトルを，**共変ベクトル**と呼ぶ．反変ベクトルと共変ベクトルの区別は，より進んだベクトル解析，あるいはテンソル解析と呼ばれる分野で重要となる．

エディントンのイプシロン ϵ_{ijk} の活用

簡単のため，空間の x_i 方向の微分 $\frac{\partial}{\partial x_i}$ を ∂_i と記すことにし，和の規約を用いると，以下のような表記が可能である．

$$[\mathrm{grad}\,\phi]_i = \partial_i \phi, \qquad \mathrm{div}\,\boldsymbol{v} = \partial_i v_i, \qquad [\mathrm{rot}\,\boldsymbol{v}]_i = \epsilon_{ijk}\partial_j v_k$$

$$[\nabla \boldsymbol{v}]_{ij} = \partial_j v_i, \qquad \nabla^2 \phi = \partial_i \partial_i \phi$$

なお，$\partial_i \partial_j = \partial_j \partial_i$ を用いると，

$$\mathrm{div}\,\mathrm{rot}\,\boldsymbol{v} = \epsilon_{ijk}\partial_i \partial_j v_k = \epsilon_{jik}\partial_i \partial_j v_k = -\epsilon_{ijk}\partial_i \partial_j v_k = 0$$

$\partial_i(\phi\psi) = (\partial_i \phi)\psi + \phi(\partial_i \psi)$ であることに注意すると，

$$\mathrm{div}(\phi\boldsymbol{v}) = \partial_i(\phi v_i) = (\partial_i \phi) v_i + \phi(\partial_i v_i) = \boldsymbol{v}\cdot\nabla\phi + \phi\,\mathrm{div}\,\boldsymbol{v}$$

$$[\mathrm{grad}(v^2)]_i = \partial_i(v_j v_j) = (\partial_i v_j) v_j + v_j(\partial_i v_j) = 2(\partial_i v_j) v_j$$

などを得る．また，公式 $\epsilon_{kij}\epsilon_{klm} = \delta_{il}\delta_{jm} - \delta_{im}\delta_{jl}$ を用いると，

$$\begin{aligned}
[\nabla\times(\boldsymbol{a}\times\boldsymbol{b})]_i &= \epsilon_{ijk}\partial_j(\epsilon_{klm} a_l b_m) = \epsilon_{kij}\epsilon_{klm}\partial_j(a_l b_m) \\
&= (\delta_{il}\delta_{jm} - \delta_{im}\delta_{jl})\{(\partial_j a_l) b_m + a_l(\partial_j b_m)\} \\
&= (\partial_j a_i) b_j + a_i(\partial_j b_j) - (\partial_j a_j) b_i - a_j(\partial_j b_i) \\
&= [(\boldsymbol{b}\cdot\nabla)\boldsymbol{a} + (\nabla\cdot\boldsymbol{b})\boldsymbol{a} - (\nabla\cdot\boldsymbol{a})\boldsymbol{b} - (\boldsymbol{a}\cdot\nabla)\boldsymbol{b}]_i
\end{aligned} \tag{2.129}$$

$$\begin{aligned}
[\boldsymbol{a}\times(\nabla\times\boldsymbol{b})]_i &= \epsilon_{ijk} a_j(\epsilon_{klm}\partial_l b_m) = \epsilon_{kij}\epsilon_{klm} a_j \partial_l b_m \\
&= (\delta_{il}\delta_{jm} - \delta_{im}\delta_{jl})(a_j \partial_l b_m) \\
&= a_j \partial_i b_j - a_j \partial_j b_i \\
&= [a_j \partial_i b_j - (\boldsymbol{a}\cdot\nabla)\boldsymbol{b}]_i
\end{aligned} \tag{2.130}$$

$$\begin{aligned}
[\nabla\times(\nabla\times\boldsymbol{b})]_i &= \epsilon_{ijk}\partial_j(\epsilon_{klm}\partial_l b_m) = \epsilon_{kij}\epsilon_{klm}\partial_j \partial_l b_m \\
&= (\delta_{il}\delta_{jm} - \delta_{im}\delta_{jl})(\partial_j \partial_l b_m) \\
&= \partial_i \partial_j b_j - \partial_j \partial_j b_i \\
&= [\nabla(\nabla\cdot\boldsymbol{b}) - \nabla^2 \boldsymbol{b}]_i
\end{aligned} \tag{2.131}$$

などが得られる．式 (2.130) で $\boldsymbol{a} = \boldsymbol{b} = \boldsymbol{v}$，$\boldsymbol{\omega} = \nabla\times\boldsymbol{v}$ とすると

$$\boldsymbol{v}\times\boldsymbol{\omega} = \nabla\left(\frac{1}{2}v^2\right) - (\boldsymbol{v}\cdot\nabla)\boldsymbol{v}$$

となる．また，式 (2.131) で $\boldsymbol{b} = \boldsymbol{v}$，$\boldsymbol{\omega} = \nabla\times\boldsymbol{v}$ とすると

$$\nabla\times\boldsymbol{\omega} = \nabla\times(\nabla\times\boldsymbol{v}) = \nabla(\nabla\cdot\boldsymbol{v}) - \nabla^2\boldsymbol{v}$$

となり，特に $\nabla\cdot\boldsymbol{v} = 0$ のとき，$\nabla\times\boldsymbol{\omega} = -\nabla^2\boldsymbol{v}$ となる．

第2章 練習問題

1. 次の関数が調和関数であることを示せ.

(1) $\phi(x,\,y) = e^{kx}\cos(ky)$ （k は任意の定数）

(2) $\phi(x,\,y,\,z) = \log(x^2 + y^2 + z^2 - xy - yz - zx)$ （$x = y = z$ の点を除く）

2. $\boldsymbol{r} = x\boldsymbol{i} + y\boldsymbol{j} + z\boldsymbol{k}$, $r = |\boldsymbol{r}| = \sqrt{x^2 + y^2 + z^2}$ とし, $\phi(r)$ を r のみに依存するスカラー場とする. このとき, 次の問に答えよ.

(1) 次の式が成り立つことを示せ.

$$\nabla^2\phi = \frac{d^2\phi}{dr^2} + \frac{2}{r}\frac{d\phi}{dr} \tag{2.132}$$

(2) 上の (1) の結果を利用して, $\nabla^2\phi = 0$ の一般解を求めよ.

3. 原点に固定された物体からの万有引力を受けて運動する質点の運動を考える. 時刻 t における質点の位置を $\boldsymbol{r}(t)$ とし, 質点の運動量を $\boldsymbol{p}(t) = m\dfrac{d\boldsymbol{r}}{dt}$ とすると, 質点の運動方程式は

$$\frac{d\boldsymbol{p}}{dt} = -\frac{k\boldsymbol{r}}{r^3} \tag{2.133}$$

と書ける. ただし, $r = |\boldsymbol{r}|$ で, k はある正の定数である. このとき, 次の問に答えよ.

(1) $\boldsymbol{L} = \boldsymbol{r}\times\boldsymbol{p}$ を角運動量と呼ぶ. $\boldsymbol{L}$ は時間に関して不変であることを示せ.

(2) $\boldsymbol{A} = \boldsymbol{p}\times\boldsymbol{L} - mk\dfrac{\boldsymbol{r}}{r}$ をルンゲ-レンツベクトルと呼ぶ. $\boldsymbol{A}$ は時間に関して不変であることを示せ.

4. $\boldsymbol{u}$, $\boldsymbol{v}$ をベクトル場とするとき, 次の公式を示せ.

(1) $\nabla(\boldsymbol{u}\cdot\boldsymbol{v}) = (\boldsymbol{u}\cdot\nabla)\boldsymbol{v} + (\boldsymbol{v}\cdot\nabla)\boldsymbol{u} + \boldsymbol{u}\times(\nabla\times\boldsymbol{v}) + \boldsymbol{v}\times(\nabla\times\boldsymbol{u})$

(2) $\nabla\cdot(\boldsymbol{u}\times\boldsymbol{v}) = \boldsymbol{v}\cdot(\nabla\times\boldsymbol{u}) - \boldsymbol{u}\cdot(\nabla\times\boldsymbol{v})$

(3) $\nabla\times(\boldsymbol{u}\times\boldsymbol{v}) = (\boldsymbol{v}\cdot\nabla)\boldsymbol{u} - (\boldsymbol{u}\cdot\nabla)\boldsymbol{v} + (\nabla\cdot\boldsymbol{v})\boldsymbol{u} - (\nabla\cdot\boldsymbol{u})\boldsymbol{v}$

5. $\boldsymbol{u}$, $\boldsymbol{v}$ をベクトル場, $\boldsymbol{c}$ を定数ベクトルとするとき, 次の式が成り立つことを示せ.

$$\{\nabla\times(\boldsymbol{u}\times\boldsymbol{c})\}\cdot\boldsymbol{v} = \boldsymbol{c}\cdot\{(\boldsymbol{v}\times\nabla)\times\boldsymbol{u}\} \tag{2.134}$$

6.　ベクトル場 $\boldsymbol{u}$ が，あるスカラー場 ϕ, ψ を用いて $\boldsymbol{u} = \phi\nabla\psi$ と書けるとき，$\boldsymbol{u}\cdot(\nabla\times\boldsymbol{u}) = 0$ となることを示せ．

7.　空間中の電場 $\boldsymbol{E}(x, y, z, t)$ と磁場 $\boldsymbol{B}(x, y, z, t)$ の時間変化を記述するマクスウェル方程式は，真空中では次のように書ける．

$$\mathrm{div}\,\boldsymbol{E} = 0 \tag{2.135}$$

$$\mathrm{rot}\,\boldsymbol{E} = -\frac{\partial\boldsymbol{B}}{\partial t} \tag{2.136}$$

$$\mathrm{div}\,\boldsymbol{B} = 0 \tag{2.137}$$

$$\mathrm{rot}\,\boldsymbol{B} = {c_0}^2\frac{\partial\boldsymbol{E}}{\partial t} \tag{2.138}$$

ただし，c_0 は真空中の光の速さである．このとき，$\boldsymbol{E}$ と $\boldsymbol{B}$ はそれぞれ次の方程式を満たすことを示せ．

$$\nabla^2\boldsymbol{E} = {c_0}^2\frac{\partial^2\boldsymbol{E}}{\partial t^2} \tag{2.139}$$

$$\nabla^2\boldsymbol{B} = {c_0}^2\frac{\partial^2\boldsymbol{B}}{\partial t^2} \tag{2.140}$$

8.　時間に依存するベクトル $\boldsymbol{m}(t)$ が次の微分方程式を満たすとする．

$$\frac{d\boldsymbol{m}}{dt} = \boldsymbol{m}\times\left(C\boldsymbol{m} + \alpha\frac{d\boldsymbol{m}}{dt}\right) \tag{2.141}$$

ここで，C は 3×3 の実対称行列であり，α は正の定数である．このとき，次の問に答えよ．

(1)　$|\boldsymbol{m}(t)|$ は時間に関して不変であることを示せ．

ヒント　式 (2.141) の両辺と $\boldsymbol{m}$ の内積をとってみよ．

(2)　$\frac{1}{2}(\boldsymbol{m}(t))^t C\boldsymbol{m}(t)$ は時間に関して単調非増加であることを示せ．

ヒント　式 (2.141) の両辺と $C\boldsymbol{m} + \alpha\frac{d\boldsymbol{m}}{dt}$ の内積をとってみよ．

9.　$\boldsymbol{c}_1$, $\boldsymbol{c}_2$, $\boldsymbol{c}_3$ を線形独立なベクトルとするとき，空間中の任意の点の位置ベクトルは $\boldsymbol{r} = x_1\boldsymbol{c}_1 + x_2\boldsymbol{c}_2 + x_3\boldsymbol{c}_3$ と一意的に書けるから，点の位置を3つの実数の組 (x_1, x_2, x_3) で表すことができる．このような座標系を斜交座標系という．あるスカラー場がこの座標系で $\phi(x_1, x_2, x_3)$ と書けるとすると，$\left(\frac{\partial\phi}{\partial x_1}, \frac{\partial\phi}{\partial x_2},\right.$

$\left.\dfrac{\partial \phi}{\partial x_3}\right)$ は各座標軸の方向に進んだときの ϕ の変化率を表す．いま，$A = (a_{ij})$ を正則行列とし，

$$\boldsymbol{c}_i{}' = a_{1i}\boldsymbol{c}_1 + a_{2i}\boldsymbol{c}_2 + a_{3i}\boldsymbol{c}_3 \qquad (i = 1,\ 2,\ 3) \tag{2.142}$$

により別の線形独立なベクトル $\boldsymbol{c}_1{}'$, $\boldsymbol{c}_2{}'$, $\boldsymbol{c}_3{}'$ を定める．このとき，$\boldsymbol{c}_1{}'$, $\boldsymbol{c}_2{}'$, $\boldsymbol{c}_3{}'$ の定める斜交座標系での ϕ の変化率 $\left(\dfrac{\partial \phi}{\partial x_1{}'}, \dfrac{\partial \phi}{\partial x_2{}'}, \dfrac{\partial \phi}{\partial x_3{}'}\right)$ を $\dfrac{\partial \phi}{\partial x_i}$ と a_{ij} を用いて表せ．

10.　ϕ をスカラー場，$\boldsymbol{v}$ をベクトル場とするとき，次の問に答えよ．なお，本問において「座標系」は右手系の直交座標系を指すとする．

(1)　ϕ の勾配 $\nabla\phi$ は用いる座標系によらずに定まることを示せ．

(2)　$\boldsymbol{v}$ の発散 $\nabla\cdot\boldsymbol{v}$ は用いる座標系によらずに定まることを示せ．

(3)　$\boldsymbol{v}$ の回転 $\nabla\times\boldsymbol{v}$ は用いる座標系によらずに定まることを示せ．

第3章

ベクトルの積分

本章では，スカラー場とベクトル場に対し，線積分と面積分という2種類の積分を導入する．

線積分とは，曲線に沿った，スカラー場あるいはベクトル場の接線方向成分の積分であり，曲線の長さを求める積分の一般化と見なすことができる．面積分とは，曲面上での，スカラー場あるいはベクトル場の法線方向の積分であり，曲面積を求める積分の一般化となっている．

線積分は，曲線に沿って粒子が動くときに力の場がなす仕事や，閉曲線に沿った流体の循環を求めるために使われる．面積分は，単位時間当たりに曲面をよぎって流れる流体の量のように，ある曲面をよぎる物理量の総量という意味を持つ．

3.1　ベクトル関数の積分

ベクトル関数の不定積分　　$\boldsymbol{v}(t)$ をベクトル関数とする．ベクトル関数 $\boldsymbol{V}(t)$ が

$$\frac{d\boldsymbol{V}(t)}{dt} = \boldsymbol{v}(t) \tag{3.1}$$

を満たすとき，$\boldsymbol{V}(t)$ を $\boldsymbol{v}(t)$ の**不定積分**といい，

$$\boldsymbol{V}(t) = \int \boldsymbol{v}(t)dt \tag{3.2}$$

と書く．スカラー関数の場合と同様，不定積分には定数ベクトル $\boldsymbol{V}_0$ だけの不定性がある．ベクトル関数の不定積分は，成分ごとの不定積分により与えられる．すなわち，$\boldsymbol{v}(t)$ が

$$\boldsymbol{v}(t) = v_1(t)\boldsymbol{i} + v_2(t)\boldsymbol{j} + v_3(t)\boldsymbol{k} \tag{3.3}$$

と表されるとき，

$$\int \boldsymbol{v}(t)dt = \int v_1(t)dt\,\boldsymbol{i} + \int v_2(t)dt\,\boldsymbol{j} + \int v_3(t)dt\,\boldsymbol{k} \tag{3.4}$$

である．

ベクトル関数の定積分　　$\boldsymbol{v}(t)$ を $a \leq t \leq b$ で定義されたベクトル関数とする．区間 $[a, b]$ を N 個の小区間 $[t_i, t_{i+1}]$ $(i = 0, 1, \cdots, N-1\,;\, a = t_0,\ b = t_N)$ に分割し，各区間の長さを $\Delta t_i = t_{i+1} - t_i$ とする．いま，区間の最大幅が 0 に収束するように分割を細かくしていくとき，和

$$\sum_{i=0}^{N-1} \boldsymbol{v}(t_i)\Delta t_i \tag{3.5}$$

が分割のしかたによらずに一定値に収束するならば，その値を $\boldsymbol{v}(t)$ の a から b までの**定積分**といい，

$$\int_a^b \boldsymbol{v}(t)dt \tag{3.6}$$

と書く．

ベクトル関数の定積分は，成分ごとの定積分により書ける．すなわち，

$$\int_a^b \boldsymbol{v}(t)dt = \int_a^b v_1(t)dt\,\boldsymbol{i} + \int_a^b v_2(t)dt\,\boldsymbol{j} + \int_a^b v_3(t)dt\,\boldsymbol{k} \quad (3.7)$$

である．したがって，$\boldsymbol{v}(t)$ が区間 $[a, b]$ で積分可能であるための必要十分条件は，3 つの成分 $v_1(t)$，$v_2(t)$，$v_3(t)$ のすべてが区間 $[a, b]$ で積分可能であることである．また，$\boldsymbol{v}(t)$ の不定積分 $\boldsymbol{V}(t)$ を使うと，定積分は，

$$\int_a^b \boldsymbol{v}(t)dt = \boldsymbol{V}(b) - \boldsymbol{V}(a) \quad (3.8)$$

と書ける．

本章以降では，2 重積分，3 重積分を含め，様々な積分が出てくるが，いずれの場合にも積分可能性を仮定するものとし，いちいち断らないことにする．

粒子の軌跡　時刻 $t = 0$ に $\boldsymbol{r}(0)$ にある粒子の，時刻 t での速度が $\boldsymbol{v}(t)$ で与えられるとき，粒子の軌跡は時間 t をパラメータとして

$$\boldsymbol{r}(t) = \boldsymbol{r}(0) + \int_0^t \boldsymbol{v}(t')dt' \quad (3.9)$$

で与えられる．ここで $\boldsymbol{r}(t)$ は時刻 t での粒子の位置である．

このとき，

$$\boldsymbol{r}(t) - \boldsymbol{r}(0) = \int_0^t \boldsymbol{v}(t')dt' \quad (3.10)$$

は粒子の時刻 $t = 0$ からの変位を与える．

例題 3.1

時刻 0 に点 $(1, 0, 0)$ にあり，時刻 t での速度が $\boldsymbol{v}(t) = \cos t\,\boldsymbol{i} + \sin t\,\boldsymbol{j} + \boldsymbol{k}$ で与えられる粒子がある．この粒子の時刻 t での位置を求めよ．

【解】　時刻 t での粒子の位置を $\boldsymbol{r}(t)$ とすると，

$$
\begin{aligned}
\boldsymbol{r}(t) &= \boldsymbol{r}(0) + \int_0^t \boldsymbol{v}(t')dt' \\
&= \boldsymbol{i} + \boldsymbol{i}\int_0^t \cos t'\,dt' + \boldsymbol{j}\int_0^t \sin t'\,dt' + \boldsymbol{k}\int_0^t dt' \\
&= (1+\sin t)\boldsymbol{i} + (1-\cos t)\boldsymbol{j} + t\boldsymbol{k} \qquad (3.11)\square
\end{aligned}
$$

流体粒子の軌跡　時間 t に依存する速度場 $\boldsymbol{v}(\boldsymbol{x}, t)$ が与えられたとき，位置 $\boldsymbol{X}$ における速度は $\boldsymbol{V}(t) = \boldsymbol{v}(\boldsymbol{X}, t)$ で与えられる．流体の運動とともに運ばれる粒子，すなわち，時刻 t における位置が $\boldsymbol{X}(t)$ の場合に，速度が $\boldsymbol{v}(\boldsymbol{X}(t), t)$ で与えられる粒子を流体粒子と呼ぶ．流体粒子の運動方程式は

$$
\frac{d}{dt}\boldsymbol{X}(t) = \boldsymbol{v}(\boldsymbol{X}(t), t) \qquad (3.12)
$$

で与えられ，$t=0$ の位置 $\boldsymbol{X}(0)$ が $\boldsymbol{X}_0$ である流体粒子の軌跡 $(t>0)$ は，これを積分して形式的に，

$$
\boldsymbol{X}(t) = \boldsymbol{X}_0 + \int_0^t \boldsymbol{v}(\boldsymbol{X}(t'), t')dt' \qquad (3.13)
$$

で与えられる[1)]．

流線　時刻 t における流体の速度場が $\boldsymbol{v}(\boldsymbol{x}, t)$ で与えられるとする．ある瞬間 $t=t_0$ における速度場 $\boldsymbol{v}(\boldsymbol{x}, t_0)$ を単に $\boldsymbol{v}(\boldsymbol{x}) = (v_1, v_2, v_3)^t$ と書くことにする．このとき，いたるところで接線ベクトル $(dx, dy, dz)^t$ が $\boldsymbol{v}(\boldsymbol{x})$ と平行になるような曲線を流線と呼ぶ．すなわち，流線は

$$
\frac{dx}{v_1} = \frac{dy}{v_2} = \frac{dz}{v_3} \qquad (3.14)
$$

で定義される曲線である．式 (3.14) は2つの常微分方程式を与える．それらの解を

---

1)　式 (3.13) は右辺にも $\boldsymbol{X}(t)$ が入っているため，$\boldsymbol{X}(t)$ を明示的に計算できる式にはなっていない．ただし，この形の式も理論的解析には役立つことがある．

$$f_1(\boldsymbol{x},\, t) = C_1, \qquad f_2(\boldsymbol{x},\, t) = C_2 \tag{3.15}$$

(C_1, C_2 は積分定数) とすると，流線は式 (3.15) で表される 2 つの曲面の交線として定まることが分かる．

また，パラメータ τ を導入し，

$$\frac{dx}{v_1} = \frac{dy}{v_2} = \frac{dz}{v_3} = d\tau \tag{3.16}$$

として

$$\frac{dx}{d\tau} = v_1, \qquad \frac{dy}{d\tau} = v_2, \qquad \frac{dz}{d\tau} = v_3 \tag{3.17}$$

を条件

$$\tau = 0 \text{ で } (x,\, y,\, z) = (x_0,\, y_0,\, z_0)$$

の下，τ について積分すると，点 (x_0, y_0, z_0) を通る流線のパラメータ表示 $(x(\tau), y(\tau), z(\tau))$ が得られる．何本かの流線を描くことによりある瞬間の速度場の流れの様子を理解することができる (図 3.1)．

なお，定常な (時間 t に依存しない) 流れ場において流体粒子の軌跡と流

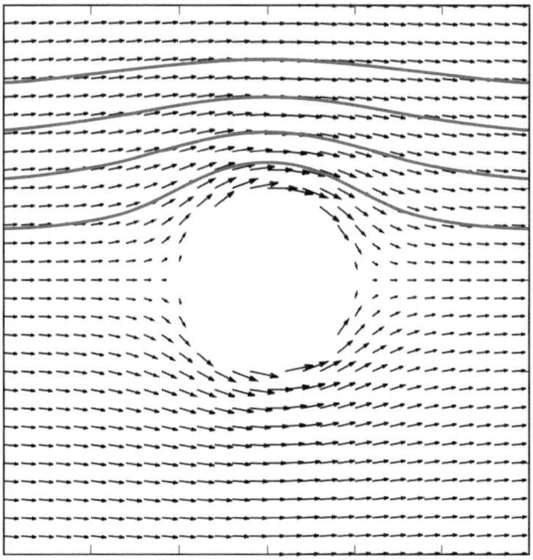

図 3.1　流線の例

線は一致するが，一般の非定常な流れ場においては流体粒子の軌跡と流線は一致しない．

流管 流体の速度場中のある閉曲線について，その閉曲線上のすべての点から流線を描くと，管状の曲面が得られる．この曲面のことを流管と呼ぶ．流管の定義により，流管を貫くような流れはない．すなわち，流管上の任意の点における単位法線ベクトルを $\boldsymbol{n}$ とするとき，流管上では常に

$$\boldsymbol{n}\cdot\boldsymbol{v} = 0 \tag{3.18}$$

となる（図 3.2）．

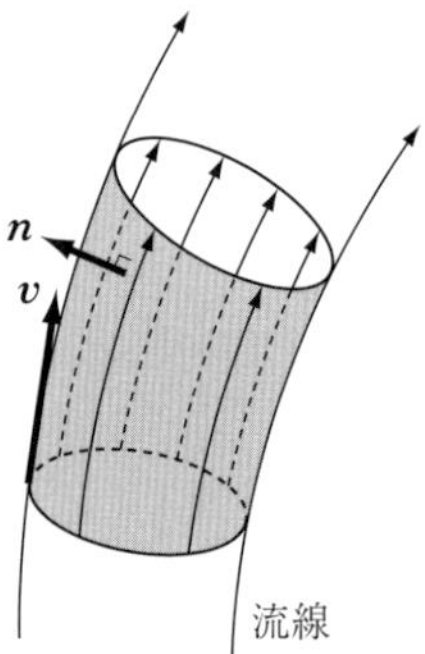

図 3.2 流管

定常流では流管の形は時間的に不変である．これに反して非定常流では，流管は時々刻々変化するので，単に各瞬間における流れの様子を表すに過ぎない．

渦線 ある時刻 t における渦度場が $\boldsymbol{\omega}(\boldsymbol{x},\ t)$ で与えられるとする．このとき，いたるところで接線ベクトルが $\boldsymbol{\omega}(\boldsymbol{x},\ t) = (\omega_1,\ \omega_2,\ \omega_3)^t$ と平行になるような曲線を渦線と呼ぶ．すなわち，渦線は

$$\frac{dx}{\omega_1} = \frac{dy}{\omega_2} = \frac{dz}{\omega_3} \tag{3.19}$$

で定義される曲線である．

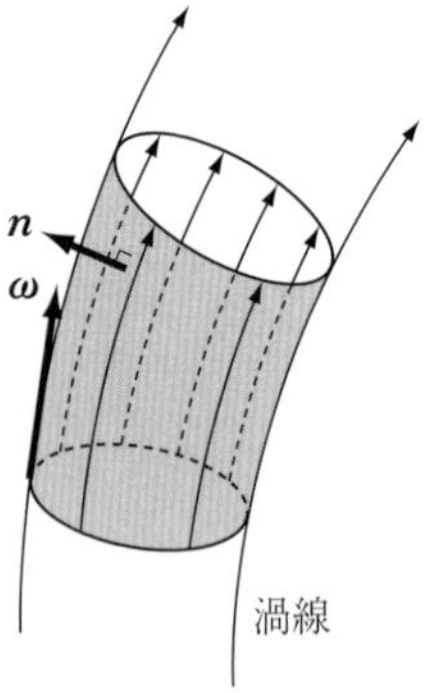

図 3.3 渦管

渦管 流線を用いて流管が定義できるのと同様に，（渦ありの）流体中に閉曲線を考えたとき，その曲線上の各点を通る渦線によって形成される曲面を渦管という．渦管上の渦度を $\boldsymbol{\omega}$，渦管の外向き単位法線ベクトルを $\boldsymbol{n}$ とすると

$$\boldsymbol{\omega}\cdot\boldsymbol{n} = 0 \tag{3.20}$$

である (図 3.3).

3.2 線 積 分

曲線の長さと線素　t をパラメータとして, $\boldsymbol{r} = \boldsymbol{r}(t)$ を曲線 C のベクトル方程式とする. 以下, $\boldsymbol{r}(t)$ は必要な回数だけ連続微分可能であるとする. また, 考えている t の範囲では $\boldsymbol{r}'(t)$ は有限で, $\boldsymbol{r}'(t) \neq \boldsymbol{0}$ が常に成り立っていると仮定する[2)].

このとき, パラメータ t が $a \leq t \leq b$ の範囲を動くときの曲線 C の長さを求めることを考えよう. 区間 $[a, b]$ を N 個の小区間 $[t_i, t_{i+1}]$ $(i = 0, 1, \cdots, N-1\,;\ a = t_0,\ b = t_N)$ に分け, 曲線上の点 $\boldsymbol{r}(t_i)$ を P_i とする (図 3.4). いま, $\Delta t_i = t_{i+1} - t_i$ が十分小さいとすると, $\mathrm{P}_i\mathrm{P}_{i+1}$ 間の弧長は弦の長さ $\overline{\mathrm{P}_i\mathrm{P}_{i+1}}$ で近似できると考えられる. $\boldsymbol{r}(t)$ の成分表示を

$$\boldsymbol{r}(t) = x(t)\boldsymbol{i} + y(t)\boldsymbol{j} + z(t)\boldsymbol{k} \tag{3.21}$$

とし,

$$\Delta x_i = x(t_{i+1}) - x(t_i), \quad \Delta y_i = y(t_{i+1}) - y(t_i), \quad \Delta z_i = z(t_{i+1}) - z(t_i) \tag{3.22}$$

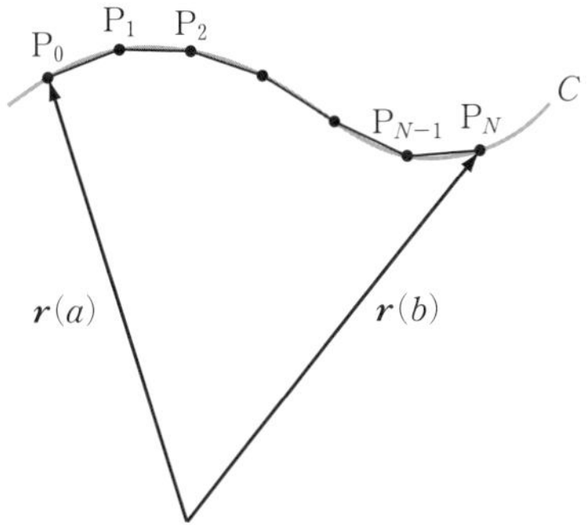

図 3.4

2)　$\boldsymbol{r}'(t) \neq \boldsymbol{0}$ と仮定するのは, 後ほど式 (3.27) を導くためである. 曲線の長さの式 (3.24) は, $\boldsymbol{r}'(t) = \boldsymbol{0}$ となる点があっても成り立つ.

とおくと，

$$\overline{\mathrm{P}_i\mathrm{P}_{i+1}} = \sqrt{(\Delta x_i)^2 + (\Delta y_i)^2 + (\Delta z_i)^2} \tag{3.23}$$

となる．そこで，弦の長さの和において，Δt_i の最大値が 0 に収束するように分割を細かくしていったときの極限値

$$\begin{aligned}
\lim_{N\to\infty}\sum_{i=0}^{N-1}\overline{\mathrm{P}_i\mathrm{P}_{i+1}} &= \lim_{N\to\infty}\sum_{i=0}^{N-1}\sqrt{(\Delta x_i)^2 + (\Delta y_i)^2 + (\Delta z_i)^2} \\
&= \lim_{N\to\infty}\sum_{i=0}^{N-1}\sqrt{\left(\frac{\Delta x_i}{\Delta t_i}\right)^2 + \left(\frac{\Delta y_i}{\Delta t_i}\right)^2 + \left(\frac{\Delta z_i}{\Delta t_i}\right)^2}\ \Delta t_i \\
&= \int_a^b \sqrt{\left(\frac{dx}{dt}\right)^2 + \left(\frac{dy}{dt}\right)^2 + \left(\frac{dz}{dt}\right)^2}\ dt \\
&= \int_a^b |\boldsymbol{r}'(t)|\,dt
\end{aligned} \tag{3.24}$$

を $a \leq t \leq b$ における**曲線の長さ**（または**弧長**）と定義する．

式 (3.24) において，

$$|\boldsymbol{r}'(t)|\,dt = \sqrt{\left(\frac{dx}{dt}\right)^2 + \left(\frac{dy}{dt}\right)^2 + \left(\frac{dz}{dt}\right)^2}\ dt \tag{3.25}$$

は，パラメータ t が t から $t + dt$ まで動いたときの弧長を表すと考えられる．これを**線素**と呼び，ds と書く．このとき，$\dfrac{ds}{dt} = |\boldsymbol{r}'(t)|$ である．

弧長をパラメータとする曲線の方程式　a を定数，t を変数とし，パラメータの値が a, t のときの曲線 C 上の点をそれぞれ $\mathrm{P}(a)$, $\mathrm{P}(t)$ とする．点 $\mathrm{P}(a)$ から $\mathrm{P}(t)$ までの弧長を $s(t)$ と書くと，式 (3.24) より，

$$s(t) = \int_a^t |\boldsymbol{r}'(u)|\,du \tag{3.26}$$

ここで，仮定 $\boldsymbol{r}'(t) \neq \boldsymbol{0}$ より被積分関数は常に正であるから，$s(t)$ は t の単調増加な関数となる．したがって，$s(t)$ の逆関数 $t(s)$ が存在する．これを $\boldsymbol{r}(t)$ に代入することにより，点 $\mathrm{P}(a)$ からの弧長 s をパラメータとして曲線 C の方程式を書くことができる．s をパラメータとする曲線の方程式で接線ベクトルを計算してみると，

$$\frac{d}{ds}\boldsymbol{r}(t(s)) = \frac{d\boldsymbol{r}}{dt}\frac{dt}{ds} = \frac{d\boldsymbol{r}}{dt}\left(\frac{ds}{dt}\right)^{-1} = \frac{\boldsymbol{r}'(t)}{|\boldsymbol{r}'(t)|} \tag{3.27}$$

ここで，最後の等号では式 (3.26) を微分して得られる式 $\dfrac{ds}{dt} = |\boldsymbol{r}'(t)|$ を用いた．式 (3.27) は，弧長をパラメータとした場合，接線ベクトル $\dfrac{d\boldsymbol{r}}{ds}$ は自動的に単位ベクトルになることを示している．

例題 3.2

(1) パラメータ表示された曲線 $\boldsymbol{r}(t) = e^t\boldsymbol{i} + e^{-t}\boldsymbol{j} + \sqrt{2}\,t\boldsymbol{k}$ について，$t = 0$ から $t = a$ までの長さを求めよ．

(2) 例題 3.1 の粒子が時刻 0 から時刻 t までにたどる道のりの長さを求めよ．

【解】 (1) 求める長さを $s(a)$ と書くと，曲線の長さの公式 (3.24)，(3.26) より，

$$\begin{aligned} s(a) &= \int_0^a \sqrt{\left(\frac{dx}{dt}\right)^2 + \left(\frac{dy}{dt}\right)^2 + \left(\frac{dz}{dt}\right)^2}\,dt \\ &= \int_0^a \sqrt{(e^t)^2 + (-e^{-t})^2 + (\sqrt{2})^2}\,dt \\ &= \int_0^a (e^t + e^{-t})dt = e^a - e^{-a} \end{aligned} \tag{3.28}$$

(2) 粒子がたどる道のりの長さを $s(t)$ とすると，

$$\begin{aligned} s(t) &= \int_0^t |\boldsymbol{v}(t')|dt' \\ &= \int_0^t \sqrt{\cos^2 t' + \sin^2 t' + 1^2}\,dt' \\ &= \int_0^t \sqrt{2}\,dt' = \sqrt{2}\,t \end{aligned} \tag{3.29}$$ □

問題 1 パラメータ表示された曲線 $\tilde{\boldsymbol{r}}(u) = u\boldsymbol{i} + u^{-1}\boldsymbol{j} + \sqrt{2}\log u\,\boldsymbol{k}$ を考える．これは上記の例題 3.2 (1) の $\boldsymbol{r}(t)$ でパラメータを t から $u = e^t$ に変えて得られる曲線であり，同じ曲線を表す．$\tilde{\boldsymbol{r}}(u)$ について $u = 1$ から $u = e^a$ までの長さ $\tilde{s}(a)$ を求め，$\tilde{s}(a) = s(a)$ であることを示せ．すなわち，曲線の長さはパラメータの取り方によらずに定まる．

スカラー場の線積分　$\phi(x, y, z)$ をスカラー場とし，ϕ が定義された領域内に存在する空間曲線 C を考える．弧長をパラメータとする C のベクトル方程式を

$$\boldsymbol{r}(s) = x(s)\boldsymbol{i} + y(s)\boldsymbol{j} + z(s)\boldsymbol{k} \qquad (\alpha \leq s \leq \beta) \tag{3.30}$$

とするとき，積分

$$\int_{\alpha}^{\beta} \phi(x(s), y(s), z(s))ds \tag{3.31}$$

を，曲線 C に沿ったスカラー場 ϕ の**線積分**といい，

$$\int_C \phi\, ds \tag{3.32}$$

と表す．線積分は，曲線を微小な線素で分割（近似）して，ある点における線素 ds にその点での ϕ の値を掛けたものを，曲線全体にわたって加え合わせた量だと考えられる．特に $\phi = 1$ としたときの線積分の値は，曲線 C の長さと一致する．

必ずしも弧長ではない一般のパラメータ t によって C が式 (3.21) のように表示されている場合，線積分は変数変換を用いて

$$\begin{aligned}\int_C \phi\, ds &= \int_{\alpha}^{\beta} \phi(x(t(s)), y(t(s)), z(t(s)))ds \\ &= \int_a^b \phi(x(t(s)), y(t(s)), z(t(s)))\frac{ds}{dt}dt \\ &= \int_a^b \phi(x(t), y(t), z(t))|\boldsymbol{r}'(t)|dt \end{aligned} \tag{3.33}$$

と計算できる．ただし，パラメータの範囲 $a \leq t \leq b$ が $\alpha \leq s \leq \beta$ に対応するとする．

例題 3.3

$\phi(x, y, z) = x^2 + y^2 + z^2$ とするとき，次の曲線 C に沿った ϕ の線積分を求めよ．

(1)　$\boldsymbol{r}(t) = t\boldsymbol{i} + t\boldsymbol{j} \qquad (0 \leq t \leq a)$

(2) $\boldsymbol{r}(t) = \cos t\,\boldsymbol{i} + \sin t\,\boldsymbol{j} + t\,\boldsymbol{k} \qquad (0 \leq t \leq a)$

【解】 (1) $x(t) = t,\ y(t) = t,\ z(t) = 0,\ |\boldsymbol{r}'(t)| = \sqrt{2}$ だから，公式 (3.33) より，

$$\int_C \phi\, ds = \int_0^a \{(x(t))^2 + (y(t))^2 + (z(t))^2\}|\boldsymbol{r}'(t)|\,dt$$

$$= \int_0^a 2t^2 \cdot \sqrt{2}\, dt = \frac{2\sqrt{2}}{3}a^3 \tag{3.34}$$

(2) $x(t) = \cos t,\ y(t) = \sin t,\ z(t) = t,\ |\boldsymbol{r}'(t)| = \sqrt{2}$ だから，

$$\int_C \phi\, ds = \int_0^a (\cos^2 t + \sin^2 t + t^2) \cdot \sqrt{2}\, dt = \sqrt{2}a + \frac{\sqrt{2}}{3}a^3 \tag{3.35}$$ □

ベクトル場の線積分　$\boldsymbol{v}(x, y, z) = v_1\boldsymbol{i} + v_2\boldsymbol{j} + v_3\boldsymbol{k}$ をベクトル場とし，$\boldsymbol{v}$ が定義された領域内に存在する空間曲線 C を考える．C が弧長 s をパラメータとして式 (3.30) のように表されているとし，点 $\boldsymbol{r}(s)$ における単位接線ベクトル $\dfrac{d\boldsymbol{r}}{ds}$ を $\boldsymbol{t}(s)$ とする (図 3.5)．このとき，積分

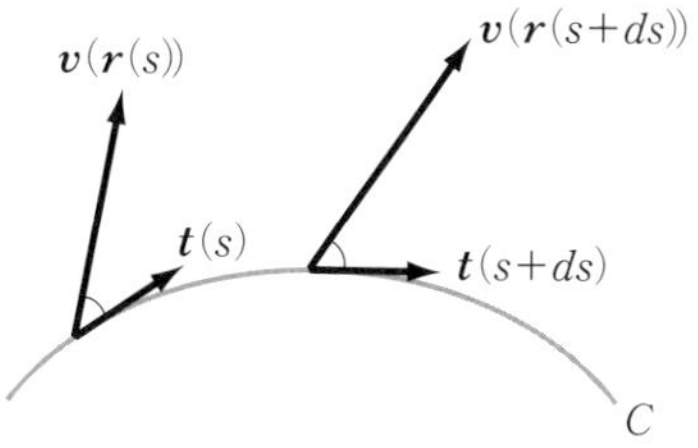

図 3.5　線積分

$$\int_\alpha^\beta \boldsymbol{v}\cdot\boldsymbol{t}\, ds = \int_\alpha^\beta \boldsymbol{v}(x(s), y(s), z(s))\cdot\boldsymbol{t}(s)\,ds \tag{3.36}$$

を曲線 C に沿ったベクトル場 $\boldsymbol{v}$ の線積分といい，

$$\int_C \boldsymbol{v}\cdot\boldsymbol{t}\, ds \tag{3.37}$$

と表す．すなわち，ベクトル場 $\boldsymbol{v}$ の線積分とは，曲線 C の接線方向に対する $\boldsymbol{v}$ の成分 (これはスカラー量) を C に沿って線積分した量である．C が一般のパラメータ t によって式 (3.21) のように表示されている場合は，

$$\boldsymbol{t}(t) = \frac{\boldsymbol{r}'(t)}{|\boldsymbol{r}'(t)|} \tag{3.38}$$

$$\frac{ds}{dt} = |\boldsymbol{r}'(t)| \tag{3.39}$$

を用いることで，線積分は

$$\int_C \boldsymbol{v}\cdot\boldsymbol{t}\,ds = \int_a^b \boldsymbol{v}(x(t), y(t), z(t))\cdot\frac{\boldsymbol{r}'(t)}{|\boldsymbol{r}'(t)|}\frac{ds}{dt}dt$$

$$= \int_a^b \boldsymbol{v}(x(t), y(t), z(t))\cdot\boldsymbol{r}'(t)dt \tag{3.40}$$

と計算できる．ここで，$\boldsymbol{r}'(t) = \dfrac{d\boldsymbol{r}}{dt}$ であるから，式 (3.40) は

$$\int_C \boldsymbol{v}\cdot d\boldsymbol{r} \tag{3.41}$$

と書ける．すなわち，線積分は，パラメータの取り方によらずにベクトル場 $\boldsymbol{v}$ と曲線 C のみによって定まる量である．

例題 3.4

次のベクトル場 $\boldsymbol{v}$ と曲線 C に対して線積分 $\int_C \boldsymbol{v}\cdot d\boldsymbol{r}$ を求めよ．

(1) $\boldsymbol{v} = -y\boldsymbol{i} + x\boldsymbol{j}$, $C : \boldsymbol{r}(t) = \cos t\,\boldsymbol{i} + \sin t\,\boldsymbol{j} \quad (0 \leq t \leq a)$

(2) $\boldsymbol{v} = e^x\boldsymbol{i} + e^{-y}\boldsymbol{j} + z\boldsymbol{k}$, $C : \boldsymbol{r}(t) = t\boldsymbol{i} + t\boldsymbol{j} + t^2\boldsymbol{k} \quad (0 \leq t \leq a)$

【解】 (1) $x(t) = \cos t$, $y(t) = \sin t$, $\boldsymbol{r}'(t) = -\sin t\,\boldsymbol{i} + \cos t\,\boldsymbol{j}$ であるから，公式 (3.40) より，

$$\int_C \boldsymbol{v}\cdot d\boldsymbol{r} = \int_0^a (-y(t)\boldsymbol{i} + x(t)\boldsymbol{j})\cdot\boldsymbol{r}'(t)dt$$

$$= \int_0^a (-\sin t\,\boldsymbol{i} + \cos t\,\boldsymbol{j})\cdot(-\sin t\,\boldsymbol{i} + \cos t\,\boldsymbol{j})dt$$

$$= \int_0^a 1\,dt = a \tag{3.42}$$

(2) $x(t) = t$, $y(t) = t$, $z(t) = t^2$, $\boldsymbol{r}'(t) = \boldsymbol{i} + \boldsymbol{j} + 2t\boldsymbol{k}$ であるから，

$$\int_C \boldsymbol{v}\cdot d\boldsymbol{r} = \int_0^a (e^t\boldsymbol{i} + e^{-t}\boldsymbol{j} + t^2\boldsymbol{k})\cdot(\boldsymbol{i} + \boldsymbol{j} + 2t\boldsymbol{k})dt$$

$$= \int_0^a (e^t + e^{-t} + 2t^3)dt$$

$$= e^a - e^{-a} + \frac{1}{2}a^4 \qquad (3.43)\square$$

問題 2　xy 平面上の 4 点 $(0, 0)$, $(1, 0)$, $(1, 1)$, $(0, 1)$ を頂点とする正方形の辺をこの順に回って元に戻る閉曲線を C とする．$\boldsymbol{v} = ye^{xy}\boldsymbol{i} + xe^{xy}\boldsymbol{j}$ とするとき，線積分 $\int_C \boldsymbol{v}\cdot d\boldsymbol{r}$ を求めよ．

2 次元の流れにおける流量と流れ関数　密度が一定の縮まない流体の 2 次元の流れ $\boldsymbol{v} = (v_1, v_2)^t$ において，点 A から点 B に至る経路 C を考える．このとき，経路 C を（B に向かって）左から右に通過する流量 Q は，以下のような積分

$$Q = \int_{\mathrm{A}}^{\mathrm{B}} v_n ds = \int_{\mathrm{A}}^{\mathrm{B}} (\boldsymbol{v}\cdot\boldsymbol{n}) ds = \int_{\mathrm{A}}^{\mathrm{B}} (-v_2 dx + v_1 dy) \qquad (3.44)$$

で与えられる．ここで，$v_n = \boldsymbol{v}\cdot\boldsymbol{n}$ は流量の積分経路に垂直な成分を表し，$\boldsymbol{n}$ は積分経路の単位接ベクトル $\boldsymbol{t}$ を時計回りに 90° 回転した単位ベクトルである．したがって，$d\boldsymbol{r} = (dx, dy)^t = \boldsymbol{t}\, ds$ としたとき，$\boldsymbol{n}\, ds = (dy, -dx)^t$ となり，

$$(\boldsymbol{v}\cdot\boldsymbol{n}) ds = -v_2 dx + v_1 dy$$

である．

さて，縮まない流体の 2 次元の流れ $\boldsymbol{v} = (v_1, v_2)^t$ は (2.74) を満たすが，このような $(v_1, v_2)^t$ は流れ関数 $\Psi(x, y)$ を用いて，(2.77) のように与えられる．これより，式 (3.44) の流量 Q は

$$Q = \int_{\mathrm{A}}^{\mathrm{B}} \frac{\partial \Psi}{\partial x} dx + \frac{\partial \Psi}{\partial y} dy = \int_{\mathrm{A}}^{\mathrm{B}} d\Psi = \Psi[\mathrm{B}] - \Psi[\mathrm{A}] \qquad (3.45)$$

となる．式 (3.45) は 2 点 A, B を結ぶ曲線 C を通過する流量 Q が，2 点 A と B の位置にのみ関係し，曲線 C によらないことを示している．

特に，2 点 A と B が同一流線上にあるとき，流線を横切る流量は 0 なので $\Psi[\mathrm{A}] = \Psi[\mathrm{B}]$ となる．すなわち，流線に沿って

$$\Psi(x, y, t) = \text{const.} \tag{3.46}$$

となることがわかる．したがって，縮まない流体の 2 次元の流れの流線は流れ関数 Ψ の等値線に対応している．

例題 3.5

2 次元の流れ場 $\boldsymbol{v} = (v_1, v_2)^t$ が

$$\boldsymbol{v}(\boldsymbol{x}) = \left(\frac{mx}{r^2}, \frac{my}{r^2}\right)^t, \quad ただし，\ r^2 = x^2 + y^2$$

のように与えられるとき，円 $C : x^2 + y^2 = R^2$ を通過する流量を求めよ．

【解】 円 C 上の点を $(x, y) = (R\cos\theta, R\sin\theta)$ とすると，

$$(dx, dy) = (-R\sin\theta, R\cos\theta)\,d\theta$$

となる．したがって，

$$\int_C (-v_2\,dx + v_1\,dy) = \int_C \frac{-my\,dx + mx\,dy}{R^2} = \int_0^{2\pi} m\,d\theta = 2\pi m$$

なお，$\boldsymbol{v}$ は原点に湧き出しがあり，原点以外では非圧縮 $\operatorname{div}\boldsymbol{v} = 0$ となる流れである．そのため，半径の異なる 2 つの円に囲まれた領域に入る流量と，そこから出る流量がどちらも $2\pi m$ と等しくなっている． □

例題 3.6

流れ関数が $\Psi(x, y) = kxy$ で与えられる 2 次元の流れにおいて，原点中心，半径 1 の円周を通過する流量を求めよ．

【解】 速度は $(v_1, v_2)^t = (kx, -ky)^t$ となる．円周上の点を $(x, y) = (\cos\theta, \sin\theta)$ と表すと，$(dx, dy) = (-\sin\theta, \cos\theta)\,d\theta$ となる．したがって，流量は

$$\int_C (-v_2\,dx + v_1\,dy) = \int_C (ky\,dx + kx\,dy) = \int_0^{2\pi} k(-\sin^2\theta + \cos^2\theta)\,d\theta$$

$$= k\int_0^{2\pi} \cos 2\theta\,d\theta = 0$$

□

循環　流体の速度場 $\boldsymbol{v}(\boldsymbol{x})$ 中にある閉曲線 C を考え，その閉曲線 C に沿った以下の積分

$$\Gamma(C) = \int_C \boldsymbol{v}\cdot d\boldsymbol{r} \tag{3.47}$$

を閉曲線 C に沿う**循環**と呼ぶ．閉曲線 C の単位接線ベクトルを $\boldsymbol{t}$ として $d\boldsymbol{r} = \boldsymbol{t}\,ds$ は C の線要素を表す．閉曲線 C の接線方向の速度成分を $v_t = \boldsymbol{v}\cdot\boldsymbol{t}$ とすると

$$\Gamma(C) = \int_C v_t\,ds \tag{3.48}$$

と書くことができる．

例題 3.7

2 次元の流れ場が以下のように与えられるとき，閉曲線 $C: x^2 + y^2 = R^2$ に沿った循環を求めよ．

(1) $\boldsymbol{v}(\boldsymbol{x}) = (a, 0)^t$

(2) $\boldsymbol{v}(\boldsymbol{x}) = (-ay, ax)^t$

【解】 (1) 円 $x^2 + y^2 = R^2$ 上の点を $(x, y) = (R\cos\theta, R\sin\theta)$ とすると $d\boldsymbol{r} = (-R\sin\theta, R\cos\theta)^t d\theta$. したがって，

$$\Gamma(C) = \int_C \boldsymbol{v}\cdot d\boldsymbol{r} = \int_0^{2\pi} -Ra\sin\theta\,d\theta = 0$$

(2) (1) と同様にして

$$\Gamma(C) = \int_C \boldsymbol{v}\cdot d\boldsymbol{r} = \int_0^{2\pi} (R^2a\sin^2\theta + R^2a\cos^2\theta)d\theta = R^2a\int_0^{2\pi} d\theta = 2\pi R^2 a$$

□

問題 3 2 次元の流れ場 $\boldsymbol{v}$ が以下のように与えられるとき，円 $x^2 + y^2 = R^2$ に沿った循環を求めよ．

(1) $\boldsymbol{v} = (kx, -ky)^t$

(2) $\boldsymbol{v}(\boldsymbol{x}) = \dfrac{a}{r^2}(-y, x)^t$，ただし，$r^2 = x^2 + y^2$

3.3 面積分

曲面のベクトル方程式　u, v を2つの独立なパラメータとし，$\boldsymbol{r}(u, v)$ を u, v にともなって変化するベクトルとする．このとき，$\boldsymbol{r} = \boldsymbol{r}(u, v)$ で指定される点 $\boldsymbol{r}$ の集合は一般に空間中の曲面 S を描く．$\boldsymbol{r} = \boldsymbol{r}(u, v)$ を**曲面 S のベクトル方程式**と呼ぶ．以下，$\boldsymbol{r}(u, v)$ は必要な回数だけ偏微分可能であるとする．また，考えている u, v の範囲では $\boldsymbol{r}(u, v)$ は有限で，かつ

$$\frac{\partial \boldsymbol{r}}{\partial u} \times \frac{\partial \boldsymbol{r}}{\partial v} \neq \boldsymbol{0} \tag{3.49}$$

すなわち $\dfrac{\partial \boldsymbol{r}}{\partial u}$ と $\dfrac{\partial \boldsymbol{r}}{\partial v}$ とは線形独立であると仮定する．

接線ベクトルと法線ベクトル　曲面 S 上の点 P を考え，その位置ベクトルを $\boldsymbol{r}(u, v)$ とする．いま，v を固定して u を動かすと，その軌跡は S 上の曲線を描き，その点 P における接線ベクトルは $\dfrac{\partial \boldsymbol{r}}{\partial u}$ で与えられる．一方，u を固定して v を動かすと，その軌跡は S 上の別の曲線を描き，その点 P における接線ベクトルは $\dfrac{\partial \boldsymbol{r}}{\partial v}$ となる．曲面 S の点 P における接平面は，これらの接線ベクトルの両方に平行な平面である．いま，仮定より $\dfrac{\partial \boldsymbol{r}}{\partial u}$ と $\dfrac{\partial \boldsymbol{r}}{\partial v}$ とは線形独立であるから，P を通ってこれらの両方に平行な平面は一意に定まり，その**法線ベクトル**は

$$\frac{\partial \boldsymbol{r}}{\partial u} \times \frac{\partial \boldsymbol{r}}{\partial v} \tag{3.50}$$

で与えられる（図 3.6）．仮定よりこのベクトルは $\boldsymbol{0}$ でないから，

$$\boldsymbol{n} = \frac{\dfrac{\partial \boldsymbol{r}}{\partial u} \times \dfrac{\partial \boldsymbol{r}}{\partial v}}{\left|\dfrac{\partial \boldsymbol{r}}{\partial u} \times \dfrac{\partial \boldsymbol{r}}{\partial v}\right|} \tag{3.51}$$

が**単位法線ベクトル**となる．2.2 節で述べたように単位法線ベクトルは2つ存在するが，$\boldsymbol{r} = \boldsymbol{r}(u, v)$ によって定義される曲面に対しては，以後，式

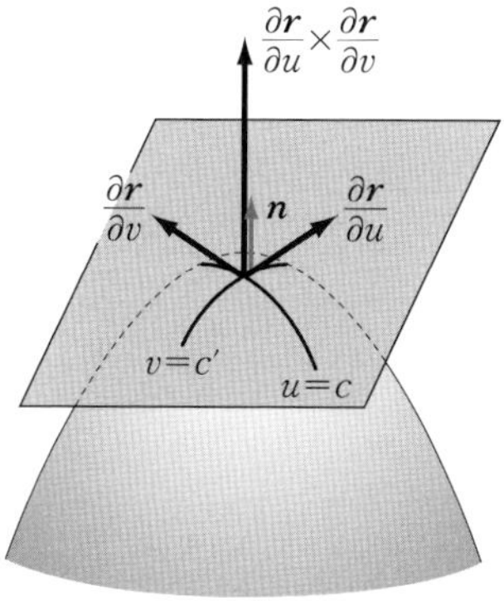

図 3.6 単位法線ベクトル

(3.51) によって与えられるベクトルのみを単位法線ベクトルと呼ぶことにする．単位法線ベクトルの向きを，面の**外向き**と定義する[3]．

例題 3.8

$\boldsymbol{r}(r, \theta) = r\sin\theta\,\boldsymbol{i} + r\cos\theta\,\boldsymbol{j} + r^2\boldsymbol{k}$ $(r \geq 0,\ 0 \leq \theta < 2\pi)$ は放物面 $z = x^2 + y^2$ のベクトル方程式である．(r, θ) に対応するこの曲面上の点での単位法線ベクトルを求めよ．

【解】 まず，(r, θ) における 2 本の接線ベクトルは次のように与えられる．

$$\frac{\partial \boldsymbol{r}}{\partial r} = \sin\theta\,\boldsymbol{i} + \cos\theta\,\boldsymbol{j} + 2r\boldsymbol{k}$$
$$\frac{\partial \boldsymbol{r}}{\partial \theta} = r\cos\theta\,\boldsymbol{i} - r\sin\theta\,\boldsymbol{j} \tag{3.52}$$

これより，法線ベクトルは，

3) この定義では，パラメータ (u, v) の取り方によっては，たとえば球面の法線ベクトルが球の内側を向いてしまい，本来とは反対の側が「外向き」と定義されてしまうことが起こりうる．そのような場合は，パラメータの一方の符号を変えるなどして，単位法線ベクトルが本来の外向き方向を向くようにすることが必要である．

$$\frac{\partial \boldsymbol{r}}{\partial r}\times\frac{\partial \boldsymbol{r}}{\partial \theta}=2r^2\sin\theta\,\boldsymbol{i}+2r^2\cos\theta\,\boldsymbol{j}-r\boldsymbol{k} \tag{3.53}$$

これを規格化して，単位法線ベクトルは，

$$\frac{\dfrac{\partial \boldsymbol{r}}{\partial r}\times\dfrac{\partial \boldsymbol{r}}{\partial \theta}}{\left|\dfrac{\partial \boldsymbol{r}}{\partial r}\times\dfrac{\partial \boldsymbol{r}}{\partial \theta}\right|}=\frac{2r\sin\theta}{\sqrt{4r^2+1}}\boldsymbol{i}+\frac{2r\cos\theta}{\sqrt{4r^2+1}}\boldsymbol{j}-\frac{1}{\sqrt{4r^2+1}}\boldsymbol{k} \tag{3.54}$$

となる．□

面積素　曲面 S 上の点を P，その位置ベクトルを $\boldsymbol{r}(u, v)$ とし，パラメータ u, v がそれぞれ $\Delta u, \Delta v$ だけ動くときに曲面上の点が動く領域（微小曲面）を考える．いま，$\Delta u, \Delta v$ が十分小さいならば，その面積は，ベクトル $\left(\dfrac{\partial \boldsymbol{r}}{\partial u}\right)\Delta u$，$\left(\dfrac{\partial \boldsymbol{r}}{\partial v}\right)\Delta v$ を 2 辺とする平行四辺形の面積

$$\left|\frac{\partial \boldsymbol{r}}{\partial u}\times\frac{\partial \boldsymbol{r}}{\partial v}\right|\Delta u\Delta v \tag{3.55}$$

で近似できる．ここで，$\Delta u, \Delta v$ をそれぞれ du, dv で置き換えた式

$$dS=\left|\frac{\partial \boldsymbol{r}}{\partial u}\times\frac{\partial \boldsymbol{r}}{\partial v}\right|dudv \tag{3.56}$$

を考え，これを**面積素**と呼ぶ（図 3.7）．面積素は，パラメータ u, v がそれぞれ du, dv だけ変化するときに曲面上の点が動く領域の面積を表すと考えられる．また，大きさが dS で法線方向を向いたベクトル

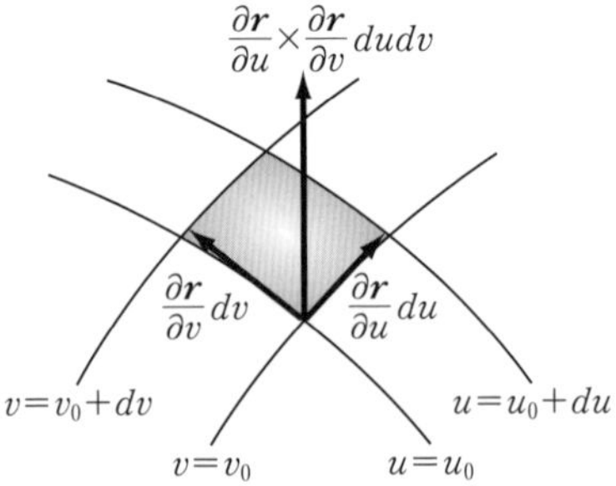

図 3.7　面積素

$$d\boldsymbol{S} = \boldsymbol{n}\,dS = \frac{\partial \boldsymbol{r}}{\partial u} \times \frac{\partial \boldsymbol{r}}{\partial v}\,dudv \tag{3.57}$$

を**ベクトル面積素**と呼ぶ.

スカラー場の面積分　$\phi(x, y, z)$ をスカラー場とし，ϕ が定義された領域内に存在する曲面 S を考える．D を (u, v) 平面上のある閉領域として，S のベクトル方程式を

$$\boldsymbol{r}(u, v) = x(u, v)\boldsymbol{i} + y(u, v)\boldsymbol{j} + z(u, v)\boldsymbol{k} \qquad ((u, v) \in D) \tag{3.58}$$

とするとき，積分

$$\iint_D \phi(x(u, v), y(u, v), z(u, v)) \left| \frac{\partial \boldsymbol{r}}{\partial u} \times \frac{\partial \boldsymbol{r}}{\partial v} \right| dudv \tag{3.59}$$

を，曲面 S 上での ϕ の**面積分**といい，

$$\int_S \phi\, dS \tag{3.60}$$

と表す．面積分は，曲面を微小な面積素で分割（近似）して，ある点における面積素 dS にその点での ϕ の値を掛けたものを，曲面全体にわたって加え合わせた量だと考えられる．特に $\phi = 1$ としたときの面積分の値は，曲面 S の面積と一致する．

例題 3.9

曲面 $S : z = x^2 - y^2$ の $x^2 + y^2 \leq 1$ の部分の面積を求めよ．

【解】　曲面 S をベクトル方程式で書くと $\boldsymbol{r}(x, y) = x\boldsymbol{i} + y\boldsymbol{j} + (x^2 - y^2)\boldsymbol{k}$ $(x^2 + y^2 \leq 1)$ となるから，(x, y) における 2 本の接線ベクトルは，

$$\frac{\partial \boldsymbol{r}}{\partial x} = \boldsymbol{i} + 2x\boldsymbol{k}, \qquad \frac{\partial \boldsymbol{r}}{\partial y} = \boldsymbol{j} - 2y\boldsymbol{k} \tag{3.61}$$

よって法線ベクトルは，

$$\frac{\partial \boldsymbol{r}}{\partial x}\times\frac{\partial \boldsymbol{r}}{\partial y} = -2x\boldsymbol{i} + 2y\boldsymbol{j} + \boldsymbol{k} \tag{3.62}$$

これより，

$$\left|\frac{\partial \boldsymbol{r}}{\partial x}\times\frac{\partial \boldsymbol{r}}{\partial y}\right| = \sqrt{4x^2 + 4y^2 + 1} \tag{3.63}$$

そこで，$x = r\cos\theta$，$y = r\sin\theta$ と変数変換して積分を行うと，$dxdy = r\,drd\theta$ だから，求める面積は，

$$\begin{aligned}\iint_{x^2+y^2\le 1}\sqrt{4x^2+4y^2+1}\,dxdy &= \int_0^1 r\,dr\int_0^{2\pi}d\theta\sqrt{4r^2+1}\\ &= 2\pi\int_0^1\frac{1}{2}\sqrt{4u+1}\,du\\ &= \frac{\pi}{6}(5\sqrt{5}-1)\end{aligned} \tag{3.64}$$
□

ベクトル場の面積分　$\boldsymbol{v}(x, y, z) = v_1\boldsymbol{i} + v_2\boldsymbol{j} + v_3\boldsymbol{k}$ をベクトル場とし，$\boldsymbol{v}$ が定義された領域内に存在する曲面 S を考える．S がパラメータ u, v により式 (3.58) のように表されているとし，点 $\boldsymbol{r}(u, v)$ における単位法線ベクトルを $\boldsymbol{n}(u, v)$ とする．このとき，積分

$$\begin{aligned}&\iint_D \boldsymbol{v}(x(u, v), y(u, v), z(u, v))\cdot\boldsymbol{n}\left|\frac{\partial \boldsymbol{r}}{\partial u}\times\frac{\partial \boldsymbol{r}}{\partial v}\right|dudv\\ &= \iint_D \boldsymbol{v}(x(u, v), y(u, v), z(u, v))\cdot\left(\frac{\partial \boldsymbol{r}}{\partial u}\times\frac{\partial \boldsymbol{r}}{\partial v}\right)dudv\end{aligned} \tag{3.65}$$

を曲面 S 上でのベクトル場 $\boldsymbol{v}$ の面積分といい，

$$\int_S \boldsymbol{v}\cdot d\boldsymbol{S} \tag{3.66}$$

と表す．すなわち，ベクトル場 $\boldsymbol{v}$ の面積分とは，曲面 S の法線方向に対する $\boldsymbol{v}$ の成分（これはスカラー）を S 上で面積分した量である．

面積分の物理的な意味を考えるため，$\boldsymbol{v}(x, y, z)$ が流体の速度場である場合を考えよう．このとき，2.3 節で述べたように，曲面 S 上の微小面積 dS を

通って単位時間当たりに流出する流体の量は，速度場 $\boldsymbol{v}$ のうち，面の法線に平行な成分 $\boldsymbol{v}\cdot\boldsymbol{n}$ だけが関与し，これに面積素 dS を掛けることによって，

$$\boldsymbol{v}\cdot\boldsymbol{n}\,dS = \boldsymbol{v}\cdot\left(\frac{\partial \boldsymbol{r}}{\partial u}\times\frac{\partial \boldsymbol{r}}{\partial v}\right)dudv \tag{3.67}$$

と与えられる．面積分は，これを S 全体にわたって積分した量であるから，S を通って単位時間当たりに流出する流体の量という意味を持つ．

例題 3.10

$\boldsymbol{v} = yz\boldsymbol{i} + zx\boldsymbol{j} + (x+y)^2\boldsymbol{k}$ とし，S を 3 点 $(1, 0, 0)$, $(0, 1, 0)$, $(0, 0, 1)$ を頂点とする三角形とするとき，面積分 $\int_S \boldsymbol{v}\cdot d\boldsymbol{S}$ を求めよ．ただし，S の法線ベクトルは原点と反対の方向を向いているとする．

【解】 S のベクトル方程式は $\boldsymbol{r}(u, v) = u\boldsymbol{i} + v\boldsymbol{j} + (1-u-v)\boldsymbol{k}$ $(u \geq 0, v \geq 0, u+v \leq 1)$ と書ける．これより，$\dfrac{\partial \boldsymbol{r}}{\partial u} = \boldsymbol{i} - \boldsymbol{k}$, $\dfrac{\partial \boldsymbol{r}}{\partial v} = \boldsymbol{j} - \boldsymbol{k}$ であるから，法線ベクトルは

$$\frac{\partial \boldsymbol{r}}{\partial u}\times\frac{\partial \boldsymbol{r}}{\partial v} = \boldsymbol{i} + \boldsymbol{j} + \boldsymbol{k} \tag{3.68}$$

となる．これは原点と反対の方向を向いている．したがって，求める面積分は，

$$\begin{aligned}
&\int_0^1 du\int_0^{1-u} dv(v(1-u-v)\boldsymbol{i} + (1-u-v)u\boldsymbol{j} + (u+v)^2\boldsymbol{k})\cdot(\boldsymbol{i}+\boldsymbol{j}+\boldsymbol{k}) \\
&= \int_0^1 du\int_0^{1-u} dv(u+v) \\
&= \int_0^1 du\left\{u(1-u) + \frac{1}{2}(1-u)^2\right\} = \frac{1}{3}
\end{aligned} \tag{3.69}$$ □

面積分に関する公式　曲面 S が $z = f(x, y)$ $((x, y) \in D)$ という形で与えられているときに，面積分の式 (3.59), (3.65) がどのような形になるかを見てみよう．S のベクトル方程式は，x, y をパラメータとして

$$\boldsymbol{r}(x, y, z) = x\boldsymbol{i} + y\boldsymbol{j} + f(x, y)\boldsymbol{k} \tag{3.70}$$

と書けるから，

$$\frac{\partial \boldsymbol{r}}{\partial x} = \boldsymbol{i} + \frac{\partial f}{\partial x}\boldsymbol{k}, \qquad \frac{\partial \boldsymbol{r}}{\partial y} = \boldsymbol{j} + \frac{\partial f}{\partial y}\boldsymbol{k} \tag{3.71}$$

したがって,

$$\frac{\partial \boldsymbol{r}}{\partial x}\times\frac{\partial \boldsymbol{r}}{\partial y} = -\frac{\partial f}{\partial x}\boldsymbol{i} - \frac{\partial f}{\partial y}\boldsymbol{j} + \boldsymbol{k} \tag{3.72}$$

$$\left|\frac{\partial \boldsymbol{r}}{\partial x}\times\frac{\partial \boldsymbol{r}}{\partial y}\right| = \sqrt{\left(\frac{\partial f}{\partial x}\right)^2 + \left(\frac{\partial f}{\partial y}\right)^2 + 1} \tag{3.73}$$

$$\boldsymbol{n}(x,\ y) = \frac{-\dfrac{\partial f}{\partial x}\boldsymbol{i} - \dfrac{\partial f}{\partial y}\boldsymbol{j} + \boldsymbol{k}}{\sqrt{\left(\dfrac{\partial f}{\partial x}\right)^2 + \left(\dfrac{\partial f}{\partial y}\right)^2 + 1}} \tag{3.74}$$

となる．これらを式 (3.59) に代入すると，式 (3.60) は,

$$\int_S \phi\, dS = \iint_D \phi(x,\ y,\ f(x,\ y))\sqrt{\left(\frac{\partial f}{\partial x}\right)^2 + \left(\frac{\partial f}{\partial y}\right)^2 + 1}\ dxdy \tag{3.75}$$

となる．$\phi = 1$ としたときの右辺は，曲面 S が関数 $z = f(x,\ y)$ で与えられているときの，曲面積を与える公式である．また，式 (3.65) は,

$$\int_S \boldsymbol{v}\cdot d\boldsymbol{S} = \iint_D \left\{-v_1\frac{\partial f}{\partial x} - v_2\frac{\partial f}{\partial y} + v_3\right\} dxdy \tag{3.76}$$

となる．この式はまた,

$$\int_S \boldsymbol{v}\cdot d\boldsymbol{S} = \iint_D \frac{\boldsymbol{v}\cdot\boldsymbol{n}}{\boldsymbol{n}\cdot\boldsymbol{k}}\, dxdy \tag{3.77}$$

と書くこともできる．

問題 1 $D = \{(x,y)|0 \le x \le 1,\ 0 \le y \le 1\}$ とし，曲面 S が $z = f(x,y) = \sqrt{2 - x^2 - y^2}$ $((x,\ y) \in D)$ により与えられているとする．$\boldsymbol{v} = e^x z\boldsymbol{i} + e^y z\boldsymbol{j}$ とするとき，面積分 $\int_S \boldsymbol{v}\cdot d\boldsymbol{S}$ を求めよ．

ヒント $z^2 = 2 - x^2 - y^2$ の両辺を微分して得られる式 $\frac{\partial z}{\partial x} = -\frac{x}{z}$ および $\frac{\partial z}{\partial y} = -\frac{y}{z}$ を

使うと簡単に計算できる.

3 次元の流れにおける流量　密度が一定の縮まない流体の 3 次元の流れ $\boldsymbol{v} = (v_1, v_2, v_3)^t$ において，領域内に定義された曲面 S を考える．曲面 S の単位法線ベクトル $\boldsymbol{n}$ の向きに通過する流体の量（流量）は，以下のような積分

$$\int_S \boldsymbol{v}\cdot d\boldsymbol{S} = \int_S v_n\, dS \tag{3.78}$$

で与えられる．ここで，$v_n = \boldsymbol{v}\cdot\boldsymbol{n}$ であり，曲面 S を表す微小面積素 $d\boldsymbol{S}$ は $d\boldsymbol{S} = \boldsymbol{n}\, dS$ である.

例題 3.11

$\boldsymbol{r} = x\boldsymbol{i} + y\boldsymbol{j} + z\boldsymbol{k}$，$r = |\boldsymbol{r}|$ とする．3 次元の流れ場 $\boldsymbol{v}$ が

$$\boldsymbol{v}(\boldsymbol{r}) = m\frac{\boldsymbol{r}}{r^3} \qquad (m > 0)$$

と与えられるとき，球面 $S : x^2 + y^2 + z^2 = R^2$ を通過する流量を求めよ.

【解】　求める流量は面積分 $\int_S \boldsymbol{v}\cdot\boldsymbol{n}\, dS$ で与えられる．ただし，$\boldsymbol{n}$ は S の単位法線ベクトル，dS は面積素である．S 上では $r = R$ であり，単位法線ベクトルは $\boldsymbol{n} = \dfrac{\boldsymbol{r}}{R}$ と書けるから，

$$\boldsymbol{v}\cdot\boldsymbol{n} = m\frac{\boldsymbol{r}}{R^3}\cdot\frac{\boldsymbol{r}}{R} = m\frac{r^2}{R^4} = \frac{m}{R^2} \tag{3.79}$$

したがって，求める流量は，

$$\int_S \boldsymbol{v}\cdot\boldsymbol{n}\, dS = \frac{m}{R^2}\int_S dS = \frac{m}{R^2}\cdot 4\pi R^2 = 4\pi m \tag{3.80}$$

なお，$\boldsymbol{v}$ は原点に湧き出しがあり，原点以外では非圧縮 $\mathrm{div}\,\boldsymbol{v} = 0$ となる流れである．そのため，半径の異なる 2 つの球面に囲まれた領域に入る流量と，そこから出る流量がどちらも $4\pi m$ と等しくなっている．□

第3章　練習問題

1. パラメータ表示された曲線 $\boldsymbol{r}(t) = t\cos t\,\boldsymbol{i} + t\sin t\,\boldsymbol{j} + \frac{2\sqrt{2}}{3}t^{\frac{3}{2}}\boldsymbol{k}$ $(t \geqq 0)$ について，次の問に答えよ．

(1) $t = 0$ から $t = a$ $(a > 0)$ までの長さを求めよ．

(2) $\boldsymbol{r}(0)$ からの弧長をパラメータとして，この曲線をパラメータ表示せよ．

2. 式 (3.24) で定義される曲線の長さは，別のパラメータ u を用いて計算しても同じ値になることを示せ．ただし，$\frac{dt}{du} > 0$ が成り立つとする．

3. 楕円体 $S : \frac{x^2}{a^2} + \frac{y^2}{b^2} + \frac{z^2}{c^2} = 1$ $(a, b, c > 0)$ について次の問に答えよ．

(1) 適当なパラメータ u, v を用いて S をベクトル方程式 $\boldsymbol{r} = \boldsymbol{r}(u, v)$ の形で表せ．

(2) (u, v) に対応する S 上の点での単位法線ベクトルを求めよ．

4. 3次元空間中において，xz 平面の $x > 0$ の領域に，$x = f(\theta)$，$z = g(\theta)$ $(0 \leqq \theta < 2\pi)$ とパラメータ表示される閉曲線があるとする．この閉曲線を z 軸の周りに1回転させると，ドーナツ状の3次元曲面ができる．このとき，次の問に答えよ．

(1) z 軸周りの回転角を φ $(0 \leqq \varphi < 2\pi)$ とするとき，パラメータ θ, φ を用いて，この3次元曲面のベクトル方程式を書け．

(2) (θ, φ) における法線ベクトルを求めよ．

(3) この3次元曲面の表面積を f, g の式として表せ．

5. $0 < b < a$ とする．3次元空間中において，xz 平面上に描かれた中心 $(a, 0, 0)$，半径 b の円を z 軸の周りに1回転させるとトーラス（ドーナツ型）ができる．前問の結果を用いて，このトーラスの表面積を求めよ．

6. 式 (3.59) で $\phi = 1$ として得られる曲面 S の面積は，別のパラメータ s, t を用いて計算しても同じ値になることを示せ．ただし，

$$\begin{vmatrix} \frac{\partial u}{\partial s} & \frac{\partial u}{\partial t} \\ \frac{\partial v}{\partial s} & \frac{\partial v}{\partial t} \end{vmatrix} > 0 \tag{3.81}$$

が成り立つとする．

7.　$\boldsymbol{r} = x\boldsymbol{i} + y\boldsymbol{j} + z\boldsymbol{k}$，$r = |\boldsymbol{r}|$ とし，$\boldsymbol{v} = \dfrac{\boldsymbol{r}}{r^3}$ とする．S を $x = 1$，$-1 \leq y \leq 1$，$-1 \leq z \leq 1$ で定められる正方形とするとき，面積分 $\int_S \boldsymbol{v} \cdot d\boldsymbol{S}$ を求めよ．ただし，S の法線ベクトルは原点と反対方向を向いているとする．

8.　$\boldsymbol{v} = v_x\boldsymbol{i} + v_y\boldsymbol{j}$ とし，C を xy 平面上の凸閉曲線（C 上の任意の 2 点を結ぶ線分が他の点で C と交わらない閉曲線）とする．また，C で囲まれた xy 平面上の領域を D とする．このとき，次の問に答えよ．

（1）　C 上で x 座標が最小，最大の点をそれぞれ A，B とし，A，B の x 座標をそれぞれ a, b とする．C のうち，A と B を結ぶ下側の弧が $y = f_1(x)$，上側の弧が $y = f_2(x)$ と表されるとする．このとき，線積分 $\int_C \boldsymbol{v} \cdot d\boldsymbol{r}$ において v_x に依存する項は次のように書けることを示せ．

$$\int_a^b \{v_x(x, f_1(x)) - v_x(x, f_2(x))\}dx \tag{3.82}$$

（2）　次の式が成り立つことを示せ．

$$\int_a^b \{v_x(x, f_1(x)) - v_x(x, f_2(x))\}dx = -\iint_D \frac{\partial v_x}{\partial y}\, dxdy \tag{3.83}$$

（3）　次の式が成り立つことを示せ．これは**グリーンの定理**と呼ばれる．

$$\int_C \boldsymbol{v} \cdot d\boldsymbol{r} = \iint_D \left(\frac{\partial v_y}{\partial x} - \frac{\partial v_x}{\partial y}\right) dxdy \tag{3.84}$$

第4章

積分定理

本章では，ベクトル解析の核心であるストークスの定理とガウスの定理を証明する．これらは微積分学の基本定理の多次元への一般化となっている．

ストークスの定理は，曲面上でのベクトル場の回転の面積分を，曲面の境界上でのベクトル場の線積分を用いて表す．ガウスの定理は，3次元領域内でのベクトル場の発散の体積積分を，領域の境界上でのベクトル場の面積分を用いて表す．

これらの定理を用いると，ベクトル場の回転という局所的な量が循環という大域的な量と，また，ベクトル場の発散という局所的な量が領域境界をよぎる物理量の総量という大域的な量と関係付けられる．

本章ではまた，ベクトル場に対するポテンシャルの概念についても学ぶ．

4.1 準　　備

本章では，ストークスの定理，ガウスの定理と呼ばれるベクトル場の微分・積分に関する公式を証明する．これらは，微分可能な 1 変数関数 $f(x)$ に関する微積分学の基本定理

$$\int_a^b f'(x)dx = f(b) - f(a) \tag{4.1}$$

の多次元への拡張である．微積分学の基本定理では，区間 $[a, b]$ における $f(x)$ の微分の積分が，区間の端点 a, b での $f(x)$ の値によって表現される．同様に，ストークスの定理では，曲面 S におけるベクトル関数 $\boldsymbol{v}$ の微分 $\mathrm{rot}\,\boldsymbol{v} = \nabla\times\boldsymbol{v}$ の面積分が，曲面の境界（すなわち閉曲線）上での $\boldsymbol{v}$ の線積分によって表現される．また，ガウスの定理では，3 次元領域 V における $\mathrm{div}\,\boldsymbol{v} = \nabla\cdot\boldsymbol{v}$ の体積積分が，領域の境界（すなわち閉曲面）上での $\boldsymbol{v}$ の面積分によって表現される．なお，以下では，曲面上での面積分を考える場合，「曲面」という言葉は境界線を含めた閉領域を指すものとする．また，3 次元領域での体積積分を考える場合，「領域」という言葉は境界面を含めた閉領域を指すものとする．

勾配の線積分　ストークスの定理，ガウスの定理を示す前に，まず式 (4.1) を線積分の場合に拡張する．次の定理が成り立つ．

定理 4.1　$\phi(x, y, z)$ を偏微分可能なスカラー場とする．また，ϕ が定義された領域内にある空間曲線 C を考え，t をパラメータとする C のベクトル方程式を

$$\boldsymbol{r}(t) = x(t)\boldsymbol{i} + y(t)\boldsymbol{j} + z(t)\boldsymbol{k} \qquad (a \leq t \leq b) \tag{4.2}$$

とする．このとき，

$$\int_C \mathrm{grad}\,\phi\cdot d\boldsymbol{r} = \phi(x(b), y(b), z(b)) - \phi(x(a), y(a), z(a)) \tag{4.3}$$

が成り立つ.

【証明】 線積分の式 (3.40) を用いると,

$$\begin{aligned}\int_C \operatorname{grad}\phi \cdot d\boldsymbol{r} &= \int_a^b \operatorname{grad}\phi \cdot \boldsymbol{r}'(t)\,dt \\ &= \int_a^b \left(\frac{\partial\phi}{\partial x}\boldsymbol{i} + \frac{\partial\phi}{\partial y}\boldsymbol{j} + \frac{\partial\phi}{\partial z}\boldsymbol{k}\right)\cdot\left(\frac{dx}{dt}\boldsymbol{i} + \frac{dy}{dt}\boldsymbol{j} + \frac{dz}{dt}\boldsymbol{k}\right)dt \\ &= \int_a^b \left(\frac{\partial\phi}{\partial x}\frac{dx}{dt} + \frac{\partial\phi}{\partial y}\frac{dy}{dt} + \frac{\partial\phi}{\partial z}\frac{dz}{dt}\right)dt \\ &= \int_a^b \frac{d\phi}{dt}\,dt \\ &= \phi(x(b), y(b), z(b)) - \phi(x(a), y(a), z(a)) \quad (4.4)\end{aligned}$$

が得られる. □

定理 4.1 は, 勾配の線積分の値は積分経路の始点と終点のみによって決まり, 経路自体にはよらないことを示している. 特に, 始点と終点が同じとき, すなわち C が閉曲線のとき, 積分の値は 0 となる.

例題 4.1

$\boldsymbol{v} = yz\boldsymbol{i} + zx\boldsymbol{j} + xy\boldsymbol{k}$ とし, C を $\boldsymbol{r}(t) = \cos t\,\boldsymbol{i} + \sin t\,\boldsymbol{j} + t^2\boldsymbol{k}\left(-\frac{\pi}{4} \leq t \leq \frac{\pi}{4}\right)$ と表される曲線とする. このとき, 線積分 $\int_C \boldsymbol{v}\cdot d\boldsymbol{r}$ を求めよ.

【解】 $\phi(x, y, z) = xyz$ とすると $\boldsymbol{v} = \operatorname{grad}\phi$ であるから, 定理 4.1 より,

$$\begin{aligned}\int_C \boldsymbol{v}\cdot d\boldsymbol{r} &= \int_C \operatorname{grad}\phi \cdot d\boldsymbol{r} \\ &= \phi\left(\cos\left(\frac{\pi}{4}\right), \sin\left(\frac{\pi}{4}\right), \left(\frac{\pi}{4}\right)^2\right) - \phi\left(\cos\left(-\frac{\pi}{4}\right), \sin\left(-\frac{\pi}{4}\right), \left(-\frac{\pi}{4}\right)^2\right) \\ &= \frac{\pi^2}{16} \quad (4.5)\end{aligned}$$

□

定理の証明のための補題　次に, ストークスの定理, ガウスの定理の証

明の準備として，ある補題を示す．四面体 ABCD を考え，頂点 A, B, C, D の位置ベクトルをそれぞれ $\boldsymbol{a}, \boldsymbol{b}, \boldsymbol{c}, \boldsymbol{d}$ とする．また，点 (x, y, z) の位置ベクトル $\boldsymbol{r}$ を

$$\boldsymbol{r} = x\boldsymbol{i} + y\boldsymbol{j} + z\boldsymbol{k} \tag{4.6}$$

とする．さらに，線分 AB 上での線積分，三角形 ABC 上での面積分，四面体 ABCD 上での体積積分をそれぞれ $\int_L ds$, $\int_S dS$, $\int_V dV$ と表すことにする[1]．以上の記号の下で，ベクトル $\boldsymbol{g}_1, \boldsymbol{g}_2, \boldsymbol{g}_3$ を次の積分により定義する．

$$\boldsymbol{g}_1 \equiv \frac{1}{L_0}\int_L \boldsymbol{r}\,ds \equiv \frac{1}{L_0}\left(\boldsymbol{i}\int_L x\,ds + \boldsymbol{j}\int_L y\,ds + \boldsymbol{k}\int_L z\,ds\right) \tag{4.7}$$

$$\boldsymbol{g}_2 \equiv \frac{1}{S_0}\int_S \boldsymbol{r}\,dS \equiv \frac{1}{S_0}\left(\boldsymbol{i}\int_S x\,dS + \boldsymbol{j}\int_S y\,dS + \boldsymbol{k}\int_S z\,dS\right) \tag{4.8}$$

$$\boldsymbol{g}_3 \equiv \frac{1}{V_0}\int_V \boldsymbol{r}\,dV \equiv \frac{1}{V_0}\left(\boldsymbol{i}\int_V x\,dV + \boldsymbol{j}\int_V y\,dV + \boldsymbol{k}\int_V z\,dV\right) \tag{4.9}$$

ただし，L_0, S_0, V_0 はそれぞれ線分 AB の長さ，三角形 ABC の面積，四面体 ABCD の体積である．また，位置ベクトルが $\boldsymbol{g}_1, \boldsymbol{g}_2, \boldsymbol{g}_3$ である点 G_1, G_2, G_3 をそれぞれ線分 AB, 三角形 ABC, 四面体 ABCD の**重心**という（図 4.1）．

補題 4.2 重心について，次の式が成り立つ．

$$\boldsymbol{g}_1 = \frac{1}{2}(\boldsymbol{a} + \boldsymbol{b}) \tag{4.10}$$

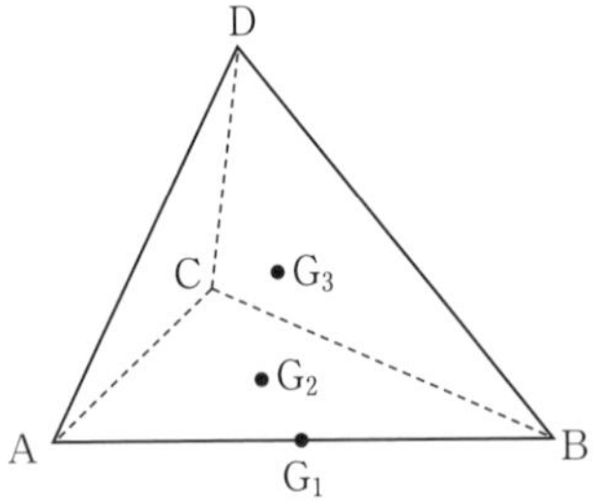

図 4.1 重心

1) 体積積分 $\int_V dV$ とは 3 重積分 $\iiint_V dxdydz$ のことである．

$$\boldsymbol{g}_2 = \frac{1}{3}(\boldsymbol{a} + \boldsymbol{b} + \boldsymbol{c}) \tag{4.11}$$

$$\boldsymbol{g}_3 = \frac{1}{4}(\boldsymbol{a} + \boldsymbol{b} + \boldsymbol{c} + \boldsymbol{d}) \tag{4.12}$$

【証明】 まず式 (4.10) を示す．線分 AB 上の点は $0 \leq t \leq 1$ を満たすパラメータ t を用いて $\boldsymbol{r} = t\boldsymbol{a} + (1 - t)\boldsymbol{b}$ と書ける．また，$ds = L_0\,dt$ である．これより，

$$\begin{aligned}\boldsymbol{g}_1 = \frac{1}{L_0}\int_L \boldsymbol{r}\,ds &= \frac{1}{L_0}\int_0^1 \{t\boldsymbol{a} + (1 - t)\boldsymbol{b}\}\,L_0\,dt \\ &= \left[\frac{t^2}{2}\boldsymbol{a} + \left(t - \frac{t^2}{2}\right)\boldsymbol{b}\right]_0^1 \\ &= \frac{1}{2}(\boldsymbol{a} + \boldsymbol{b}) \end{aligned} \tag{4.13}$$

次に式 (4.11) を示す．簡単のため，まず $\boldsymbol{c} = \boldsymbol{0}$ として考える．すると，三角形 ABC 上の点は，$t \geq 0$，$u \geq 0$，$0 \leq t + u \leq 1$ を満たすパラメータ t, u を用いて $\boldsymbol{r} = t\boldsymbol{a} + u\boldsymbol{b}$ と書ける (図 4.2)．また，t が dt, u が du だけ動くとき，$\boldsymbol{r}$ はベクトル $\boldsymbol{a}\,dt$, $\boldsymbol{b}\,du$ を隣接する 2 辺とする平行四辺形を描くが，その面積は $2S_0\,dtdu$ である．したがって，

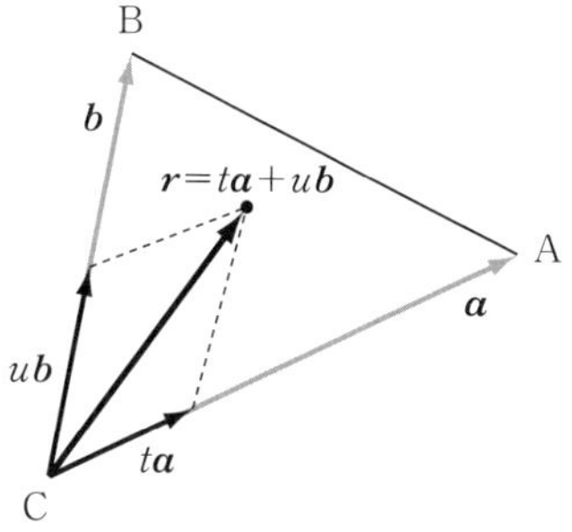

図 4.2

$$\begin{aligned}\boldsymbol{g}_2 = \frac{1}{S_0}\int_S \boldsymbol{r}\,dS &= \frac{1}{S_0}\int_0^1 du \int_0^{1-u} dt\, 2S_0(t\boldsymbol{a} + u\boldsymbol{b}) \\ &= 2\int_0^1 du \left\{\frac{(1 - u)^2}{2}\boldsymbol{a} + u(1 - u)\boldsymbol{b}\right\} \\ &= \frac{1}{3}(\boldsymbol{a} + \boldsymbol{b}) \end{aligned} \tag{4.14}$$

ここで，$\boldsymbol{a} \to \boldsymbol{a} - \boldsymbol{c}$，$\boldsymbol{b} \to \boldsymbol{b} - \boldsymbol{c}$ と置き換えをすると，$\boldsymbol{a} - \boldsymbol{c}$，$\boldsymbol{b} - \boldsymbol{c}$，$\boldsymbol{0}$ を 3 頂点の位置ベクトルとする三角形に対する面積分の値が得られる．さらに，この三角形を $\boldsymbol{c}$ だけ平行移動させた三角形を考え，面積分の値が平行移動によって $S_0\boldsymbol{c}$ だけ変化することを用いると，最終的に

$$\boldsymbol{g}_2 = \frac{1}{3}(\boldsymbol{a} + \boldsymbol{b} + \boldsymbol{c}) \tag{4.15}$$

が得られる．

次に式 (4.12) を示す．簡単のため，まず $\boldsymbol{d} = \boldsymbol{0}$ として考える．すると，四面体 DABC 上の点は，$t \geq 0$，$u \geq 0$，$w \geq 0$，$0 \leq t + u + w \leq 1$ を満たすパラメータ t, u, w を用いて $\boldsymbol{r} = t\boldsymbol{a} + u\boldsymbol{b} + w\boldsymbol{c}$ と書ける[2)]．また，t が dt，u が du，w が dw だけ動くとき，$\boldsymbol{r}$ はベクトル $\boldsymbol{a}\,dt$，$\boldsymbol{b}\,du$，$\boldsymbol{c}\,dw$ を隣接する 3 辺とする平行六面体を描くが，その体積は $6V_0\,dtdudw$ である．したがって，

$$\boldsymbol{g}_3 = \frac{1}{V_0}\int_V \boldsymbol{r}\,dV = \frac{1}{V_0}\int_0^1 dw \int_0^{1-w} du \int_0^{1-u-w} dt\, 6V_0(t\boldsymbol{a} + u\boldsymbol{b} + w\boldsymbol{c})$$
$$= \frac{1}{4}(\boldsymbol{a} + \boldsymbol{b} + \boldsymbol{c}) \tag{4.16}$$

ただし，この重積分は標準的な計算であるから，途中を省略して結果のみを述べた．ここで，面積分の場合と同様に変数の置き換えと平行移動を行うことにより，

$$\boldsymbol{g}_3 = \frac{1}{4}(\boldsymbol{a} + \boldsymbol{b} + \boldsymbol{c} + \boldsymbol{d}) \tag{4.17}$$

が得られる． □

---

2) 不等式を満たす数の組 (t, u, w) を直交直線座標系 O-tuw で考えると，これは原点と 3 点 $(1, 0, 0)$，$(0, 1, 0)$，$(0, 0, 1)$ を頂点とする四面体（の面と内部）に含まれる点である．点 (t, u, w) を位置ベクトルで表せば $t\boldsymbol{i} + u\boldsymbol{j} + w\boldsymbol{k}$ となる．ベクトル $\boldsymbol{i}, \boldsymbol{j}, \boldsymbol{k}$ をそれぞれベクトル $\boldsymbol{a}, \boldsymbol{b}, \boldsymbol{c}$ に写す写像により，この四面体は四面体 DABC に写される．また，位置ベクトル $t\boldsymbol{i} + u\boldsymbol{j} + w\boldsymbol{k}$ は $t\boldsymbol{a} + u\boldsymbol{b} + w\boldsymbol{c}$ に写される．

問題 1 式 (4.16) の 3 重積分を計算し，最後の等号が成り立つことを確かめよ．

4.2 ストークスの定理

本節では，次の定理を証明する．

定理 4.3（ストークスの定理） $\boldsymbol{v}(x, y, z)$ をベクトル場とし，$\boldsymbol{v}$ が定義された領域内に存在する曲面 S を考える．S の境界線を C と書き，S の単位法線ベクトル $\boldsymbol{n}$ の向きと閉曲線 C の向きを図 4.3 のようにとる．このとき，次の式が成り立つ．

$$\int_S (\nabla \times \boldsymbol{v}) \cdot \boldsymbol{n}\, dS = \int_C \boldsymbol{v} \cdot d\boldsymbol{r} \qquad (4.18)$$

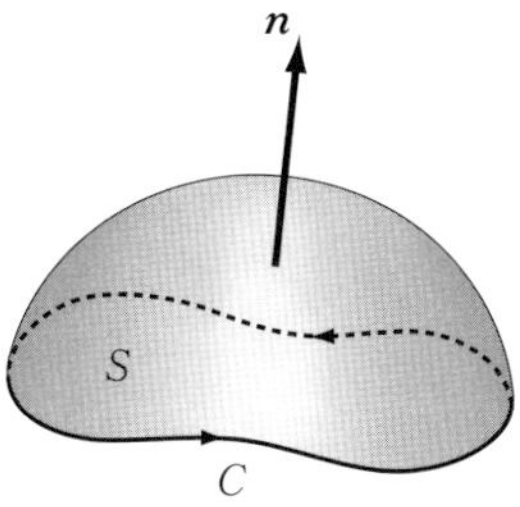

図 4.3 ストークスの定理

証明は 2 段階に分けて行う．まず，次の補題 4.4 において，S が三角形の場合を考える．この場合，ベクトル場 $\boldsymbol{v}$ を三角形の重心の周りで 1 次近似すれば，計算はやや複雑になるが，式 (4.18) の左辺の面積分，右辺の線積分をそれぞれ具体的に計算できる．その結果，三角形領域に対し，ストークスの定理を（誤差項を含んだ形で）証明できる．次に，この結果を複数の三角形を組み合わせてできる面に拡張し，最後に，すべての三角形領域の大きさを十分に小さくとった極限として，曲面 S に関する定理を示す．

補題 4.4 $\boldsymbol{v}(x, y, z)$ をベクトル場とし，$\boldsymbol{v}$ が定義された領域内にある三角形 OAB を考える．三角形 OAB を S，その境界線を C と書き，S の単位法線ベクトル $\boldsymbol{n}$ の向きと閉曲線 C の向きを図 4.4 のようにとる．このとき，次の式が成り立つ．

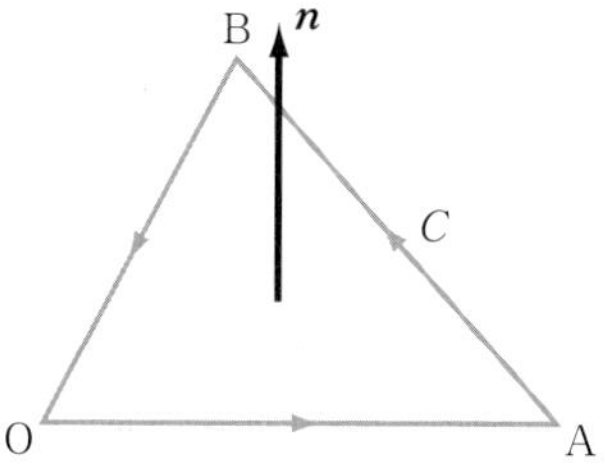

図 4.4

$$\int_S (\nabla \times \boldsymbol{v}) \cdot \boldsymbol{n}\, dS = \int_C \boldsymbol{v} \cdot d\boldsymbol{r} + O(h^3) \tag{4.19}$$

ただし，三角形OABの3辺のうち，最も長い辺の長さをhとする．

【証明】 頂点Oが原点となるように座標をとり，頂点A, Bの位置ベクトルをそれぞれ$\boldsymbol{a}$, $\boldsymbol{b}$とする．点(x, y, z)の位置ベクトルを$\boldsymbol{r} = x\boldsymbol{i} + y\boldsymbol{j} + z\boldsymbol{k}$とし，$\boldsymbol{v}(x, y, z)$を$\boldsymbol{v}(\boldsymbol{r})$と表す．

まず，式(4.19)の左辺について考える．三角形OABの重心の位置ベクトルを$\boldsymbol{g}_2$とし，$\boldsymbol{u} = \nabla \times \boldsymbol{v}$とおく．式(2.41)を用いて$\boldsymbol{u}$を重心$\boldsymbol{g}_2$の周りで展開すると，三角形OABの内部においては$|\boldsymbol{r} - \boldsymbol{g}_2| < h$であるから，次の式が成り立つ[3]．

$$\boldsymbol{u}(\boldsymbol{r}) = \boldsymbol{u}(\boldsymbol{g}_2) + (\nabla \boldsymbol{u})_{g_2}(\boldsymbol{r} - \boldsymbol{g}_2) + O(h^2) \tag{4.20}$$

ただし，$(\nabla \boldsymbol{u})_{g_2}$は点$\boldsymbol{g}_2$における$\boldsymbol{u}$の勾配である（式(2.43)参照）[4]．ここで，三角形OABの面積は$S_0 \equiv \dfrac{1}{2}|\boldsymbol{a} \times \boldsymbol{b}|$であり，単位法線ベクトルは$\boldsymbol{n} = \dfrac{\boldsymbol{a} \times \boldsymbol{b}}{|\boldsymbol{a} \times \boldsymbol{b}|}$であることに注意して，式(4.20)を式(4.19)の左辺に代入すると，

$$\begin{aligned}
&\int_S (\nabla \times \boldsymbol{v}) \cdot \boldsymbol{n}\, dS = \int_S \boldsymbol{u} \cdot \boldsymbol{n}\, dS \\
&= \boldsymbol{u}(\boldsymbol{g}_2) \cdot \boldsymbol{n} \int_S dS + \left\{ (\nabla \boldsymbol{u})_{g_2} \left(\int_S \boldsymbol{r}\, dS - \boldsymbol{g}_2 \int_S dS \right) \right\} \cdot \boldsymbol{n} + O(h^2) \int_S dS \\
&= (\nabla \times \boldsymbol{v})_{g_2} \cdot \boldsymbol{n}\, S_0 + O(h^2) S_0 \\
&= \frac{1}{2} (\nabla \times \boldsymbol{v})_{g_2} \cdot (\boldsymbol{a} \times \boldsymbol{b}) + O(h^4)
\end{aligned} \tag{4.22}$$

ただし，第2の等号では，被積分関数のうち，$\boldsymbol{r}$に依存しない因子をすべて

---

3) 以下では，ランダウの記号$O(\epsilon)$を，各成分が$O(\epsilon)$であるベクトル量を表すのにも使うことにする．

4) 式(4.20)は，式(2.41)と同様に

$$\boldsymbol{u}(\boldsymbol{r}) = \boldsymbol{u}(\boldsymbol{g}_2) + [\{(\boldsymbol{r} - \boldsymbol{g}_2) \cdot \nabla\} \boldsymbol{u}]_{g_2} + O(h^2) \tag{4.21}$$

と書くこともできる．しかし，式(4.20)のように$\boldsymbol{u}$の勾配を使って書いたほうが，$\boldsymbol{r} - \boldsymbol{g}_2$に関するテイラー展開であることがよく分かるので，今後はこちらの形を使うことにする．

積分の外に出した[5]．第3の等号では，重心の定義 (4.8) により，{ }の中が消えることを用いた．第4の等号では，$S_0 \approx O(h^2)$ であることを用いた．

次に右辺の線積分は辺 AB，BO，OA 上での線積分の和であるから，まず AB 上での線積分について考える．線分 AB の重心を $\boldsymbol{g}_1$ とし，$\boldsymbol{v}$ を $\boldsymbol{g}_1$ の周りで展開すると，線分 AB 上において次の式が成り立つ．

$$\boldsymbol{v}(\boldsymbol{r}) = \boldsymbol{v}(\boldsymbol{g}_1) + (\nabla \boldsymbol{v})_{g_1}(\boldsymbol{r} - \boldsymbol{g}_1) + O(h^2) \tag{4.23}$$

ただし，$(\nabla \boldsymbol{v})_{g_1}$ は点 $\boldsymbol{g}_1$ における $\boldsymbol{v}$ の勾配である．ここで，線分 AB の長さは $L_0 \equiv |\boldsymbol{b} - \boldsymbol{a}|$ であり，単位接線ベクトルは $\boldsymbol{t} = \dfrac{\boldsymbol{b} - \boldsymbol{a}}{|\boldsymbol{b} - \boldsymbol{a}|}$ であることに注意して，式 (4.23) を線分 AB 上での線積分の式に代入すると，

$$\begin{aligned}
&\int_{\mathrm{AB}} \boldsymbol{v}\cdot d\boldsymbol{r} = \int_{\mathrm{AB}} \boldsymbol{v}\cdot \boldsymbol{t}\, ds \\
&= \boldsymbol{v}(\boldsymbol{g}_1)\cdot \boldsymbol{t} \int_{\mathrm{AB}} ds + \left\{ (\nabla \boldsymbol{v})_{g_1} \left(\int_{\mathrm{AB}} \boldsymbol{r}\, ds - \boldsymbol{g}_1 \int_{\mathrm{AB}} ds \right) \right\}\cdot \boldsymbol{t} + O(h^2) \int_{\mathrm{AB}} ds \\
&= \boldsymbol{v}(\boldsymbol{g}_1)\cdot \boldsymbol{t}\, L_0 + O(h^2) L_0 \\
&= \boldsymbol{v}(\boldsymbol{g}_1)\cdot (\boldsymbol{b} - \boldsymbol{a}) + O(h^3)
\end{aligned} \tag{4.24}$$

ただし，第3の等号では，重心の定義 (4.7) により，{ }の中が消えることを用いた．ここで，

$$\boldsymbol{v}(\boldsymbol{g}_1) = \boldsymbol{v}(\boldsymbol{g}_2) + (\nabla \boldsymbol{v})_{g_2}(\boldsymbol{g}_1 - \boldsymbol{g}_2) + O(h^2) \tag{4.25}$$

$$\boldsymbol{g}_1 - \boldsymbol{g}_2 = \frac{1}{2}(\boldsymbol{a} + \boldsymbol{b}) - \frac{1}{3}(\boldsymbol{a} + \boldsymbol{b}) = \frac{1}{6}(\boldsymbol{a} + \boldsymbol{b}) \tag{4.26}$$

に注意して，式 (4.24) の $\boldsymbol{v}(\boldsymbol{g}_1)$ を $\boldsymbol{g}_2$ の周りで展開し直すと，

$$\int_{\mathrm{AB}} \boldsymbol{v}\cdot d\boldsymbol{r} = \boldsymbol{v}(\boldsymbol{g}_2)\cdot (\boldsymbol{b} - \boldsymbol{a}) + \left\{ (\nabla \boldsymbol{v})_{g_2} \left(\frac{\boldsymbol{a}}{6} + \frac{\boldsymbol{b}}{6} \right) \right\}\cdot (\boldsymbol{b} - \boldsymbol{a}) + O(h^3) \tag{4.27}$$

同様に計算すると，

---

5) $O(h^2)$ の項は，実際には $\boldsymbol{r}$ に依存するが，その絶対値は h^2 の定数倍で抑えられる．したがって，これを S 上で面積分した結果は，(h^2 の定数倍) × (S の面積) で抑えられる．

$$\int_{\mathrm{BO}} \boldsymbol{v}\cdot d\boldsymbol{r} = \boldsymbol{v}(\boldsymbol{g}_2)\cdot(-\boldsymbol{b}) + \left\{(\nabla\boldsymbol{v})_{g_2}\left(-\frac{\boldsymbol{a}}{3}+\frac{\boldsymbol{b}}{6}\right)\right\}\cdot(-\boldsymbol{b}) + O(h^3) \tag{4.28}$$

$$\int_{\mathrm{OA}} \boldsymbol{v}\cdot d\boldsymbol{r} = \boldsymbol{v}(\boldsymbol{g}_2)\cdot\boldsymbol{a} + \left\{(\nabla\boldsymbol{v})_{g_2}\left(\frac{\boldsymbol{a}}{6}-\frac{\boldsymbol{b}}{3}\right)\right\}\cdot\boldsymbol{a} + O(h^3) \tag{4.29}$$

これらを足し合わせると，

$$\begin{aligned}\int_C \boldsymbol{v}\cdot d\boldsymbol{r} &= \frac{1}{2}[\{(\nabla\boldsymbol{v})_{g_2}\boldsymbol{a}\}\cdot\boldsymbol{b} - \{(\nabla\boldsymbol{v})_{g_2}\boldsymbol{b}\}\cdot\boldsymbol{a}] + O(h^3)\\ &= \frac{1}{2}[\{(\boldsymbol{a}\cdot\nabla)\boldsymbol{v}\}_{g_2}\cdot\boldsymbol{b} - \{(\boldsymbol{b}\cdot\nabla)\boldsymbol{v}\}_{g_2}\cdot\boldsymbol{a}] + O(h^3)\\ &= \frac{1}{2}(\nabla\times\boldsymbol{v})_{g_2}\cdot(\boldsymbol{a}\times\boldsymbol{b}) + O(h^3) \end{aligned} \tag{4.30}$$

ただし，第2の等号ではベクトル場の方向微分に関する表現 (2.42) を用いた．また，第3の等号では例題 2.9 (3) の公式を利用した．

式 (4.22) と (4.30) とを比較して，式 (4.19) が得られる．□

補題 4.4 を用いて，ストークスの定理の証明を行う．ただし，S を一般の曲面とすると証明が難しい．そこで，S が三角形分割[6]で近似可能な曲面の場合を考える．すなわち，任意の $h>0$ に対し，次の 3 つの性質を持つ三角形の集合 S_h が存在すると仮定する (図 4.5)．

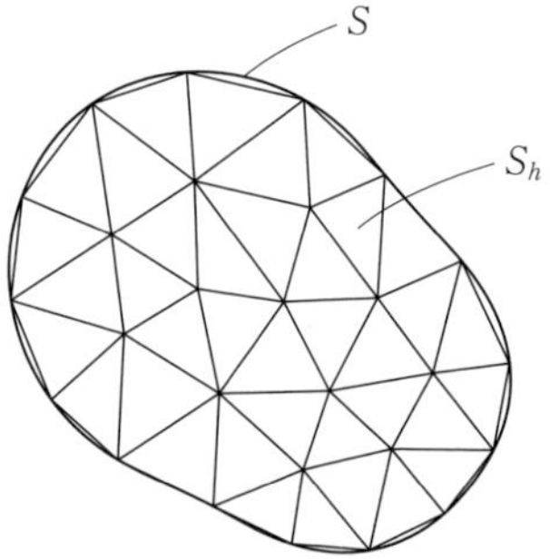

図 4.5　三角形分割

6) より正確には，三角形分割は**単体分割**とする．すなわち，2 個の三角形が接するのは，頂点あるいは辺を共有する場合のみとし，一方の三角形の辺上に他方の三角形の頂点が存在することは認めない．なお，物理学などの応用で用いる曲面は，基本的に単体分割可能と考えてよい．

① S_h に属する任意の三角形について，その最大辺の長さは h 以下である．

② h によらないある定数 $\alpha > 0$ が存在し，S_h に属する任意の三角形について，その最大辺の長さ h_1 と面積 S_1 との間に ${h_1}^2 \leq \alpha S_1$ が成り立つ．

③ 任意の C^2 級ベクトル場 $\boldsymbol{v}$ に対し，$h \to 0$ のとき，S_h 上での面積分は S 上での面積分に収束する．また，S_h の境界線 C_h 上での線積分は，C 上での線積分に収束する．

ここで，性質 ② は，$h \to 0$ のとき，無限につぶれる三角形が生じないという要請である．以上の仮定の下での証明を以下に示す．

【定理 4.3 の証明】　S_h を 1 つの三角形分割とし，S_h 中で辺で隣接する三角形 PQR, RQT を考える．以下，三角形 PQR, RQT をそれぞれ Σ_1, Σ_2 と書き，その境界線をそれぞれ Γ_1, Γ_2 と書く (図 4.6)．また，任意の面 Σ に対し，その面積を $A(\Sigma)$ と書くことにする．すると，補題 4.4 と S_h の性質 ①，② より，次の式が成り立つ．

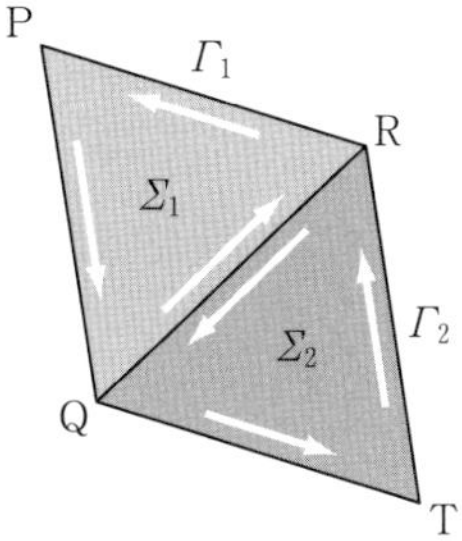

図 4.6

$$\int_{\Sigma_1} (\nabla \times \boldsymbol{v}) \cdot \boldsymbol{n}\, dS = \int_{\Gamma_1} \boldsymbol{v} \cdot d\boldsymbol{r} + \alpha A(\Sigma_1) O(h) \qquad (4.31)$$

$$\int_{\Sigma_2} (\nabla \times \boldsymbol{v}) \cdot \boldsymbol{n}\, dS = \int_{\Gamma_2} \boldsymbol{v} \cdot d\boldsymbol{r} + \alpha A(\Sigma_2) O(h) \qquad (4.32)$$

これらを辺々加え合わせ，右辺において，式 (4.31) の辺 QR 上の線積分と式 (4.32) の辺 RQ 上の線積分とが互いに打ち消しあうことに注意すると，次の式が得られる．

$$\int_{\Sigma_1 + \Sigma_2} (\nabla \times \boldsymbol{v}) \cdot \boldsymbol{n}\, dS = \int_{\Gamma_1' + \Gamma_2'} \boldsymbol{v} \cdot d\boldsymbol{r} + \alpha A(\Sigma_1 + \Sigma_2) O(h) \qquad (4.33)$$

ただし，Γ_1' は Γ_1 から辺 QR を取り除いてできる辺集合，Γ_2' は Γ_2 から辺

RQ を取り除いてできる辺集合である．ここで，Σ_1 と Σ_2 とを辺 QR で連結して得られる面を Σ_{12} と書き，その境界線を Γ_{12} と書くと，上式は次のようになる．

$$\int_{\Sigma_{12}} (\nabla \times \boldsymbol{v}) \cdot \boldsymbol{n}\, dS = \int_{\Gamma_{12}} \boldsymbol{v} \cdot d\boldsymbol{r} + \alpha A(\Sigma_{12}) O(h) \qquad (4.34)$$

したがって，面 Σ_{12} について，誤差項が付いた形のストークスの定理が成り立つことが分かる．このような連結手続きを S_h に属するすべての面について繰り返し，連結する辺上の線積分が打ち消しあうことに注意すると，最終的に次の式が得られる．

$$\int_{S_h} (\nabla \times \boldsymbol{v}) \cdot \boldsymbol{n}\, dS = \int_{C_h} \boldsymbol{v} \cdot d\boldsymbol{r} + \alpha A(S_h) O(h) \qquad (4.35)$$

ここで $h \to 0$ とすると，S_h の性質 ③ より，左辺は $\int_S (\nabla \times \boldsymbol{v}) \cdot \boldsymbol{n}\, dS$，右辺第 1 項は $\int_C \boldsymbol{v} \cdot d\boldsymbol{r}$ に収束する．また，$A(S_h)$ は $A(S)$ に収束するから，右辺第 2 項は 0 に収束する．したがって，式 (4.18) が得られる． □

ストークスの定理を用いると，線積分を面積分に，あるいは逆に面積分を線積分に変換したり，線積分を別の線積分に置き換えて計算を行うことができる．

例題 4.2

ϕ を全空間で定義されたスカラー場とする．このとき，$\boldsymbol{v} = \nabla \phi$ とすると，任意の閉曲線について，

$$\int_C \boldsymbol{v} \cdot d\boldsymbol{r} = 0 \qquad (4.36)$$

であることを示せ．

【解】 C を境界に持つ曲面の 1 つを S とすると，ストークスの定理と $\nabla \times (\nabla \phi) = \mathbf{0}$ より，

$$\int_C \boldsymbol{v}\cdot d\boldsymbol{r} = \int_S (\nabla \times (\nabla \phi))\cdot \boldsymbol{n}\, dS = \int_S \boldsymbol{0}\cdot \boldsymbol{n}\, dS = 0 \tag{4.37}$$ □

例題 4.3

$\boldsymbol{r} = x\boldsymbol{i} + y\boldsymbol{j}$, $r = |\boldsymbol{r}|$ とするとき，次の問に答えよ．

(1) C_1 をベクトル方程式 $\boldsymbol{r}(\theta) = \cos\theta\,\boldsymbol{i} + \sin\theta\,\boldsymbol{j}$ $(0 \leq \theta \leq 2\pi)$ で表される円，$\boldsymbol{v} = y(1 + e^{xy})\,\boldsymbol{i} + x(2 + e^{xy})\,\boldsymbol{j}$ とするとき，線積分 $\int_{C_1} \boldsymbol{v}\cdot d\boldsymbol{r}$ を求めよ．

(2) C_2 をベクトル方程式 $\boldsymbol{r}(\theta) = 2\cos\theta\,\boldsymbol{i} + 3\sin\theta\,\boldsymbol{j}$ $(0 \leq \theta \leq 2\pi)$ で表される楕円，$\boldsymbol{v} = \dfrac{-y\boldsymbol{i} + x\boldsymbol{j}}{r^2}$ $(\boldsymbol{r} \neq \boldsymbol{0})$ とするとき，線積分 $\int_{C_2} \boldsymbol{v}\cdot d\boldsymbol{r}$ を求めよ．

【解】 (1) C_1 を境界とする円板を S_1 とすると，S_1 の法線ベクトルは $\boldsymbol{n} = \boldsymbol{k}$ であるから，

$$(\nabla \times \boldsymbol{v})\cdot \boldsymbol{n} = \frac{\partial}{\partial x}\{x(2 + e^{xy})\} - \frac{\partial}{\partial y}\{y(1 + e^{xy})\} = 1 \tag{4.38}$$

よってストークスの定理より，

$$\int_{C_1} \boldsymbol{v}\cdot d\boldsymbol{r} = \int_{S_1} (\nabla \times \boldsymbol{v})\cdot \boldsymbol{n}\, dS = \int_{S_1} dS = \pi \tag{4.39}$$

(2) 楕円上での線積分は計算しにくいので，まず上の (1) の円 C_1 上での線積分を考える．C_1 上では $\boldsymbol{v} = -\sin\theta\,\boldsymbol{i} + \cos\theta\,\boldsymbol{j}$, $d\boldsymbol{r} = (-\sin\theta\,\boldsymbol{i} + \cos\theta\,\boldsymbol{j})d\theta$ であるから，線積分は，

$$\int_{C_1} \boldsymbol{v}\cdot d\boldsymbol{r} = \int_{C_1} d\theta = 2\pi \tag{4.40}$$

さて，C_2 を境界とする楕円板を S_2 とすると，S_2 の法線ベクトルも $\boldsymbol{n} = \boldsymbol{k}$ であるから，$(\nabla \times \boldsymbol{v})\cdot \boldsymbol{n}$ を計算してみると，$\boldsymbol{r} \neq \boldsymbol{0}$ のとき，

$$\begin{aligned}(\nabla \times \boldsymbol{v})\cdot \boldsymbol{n} &= \frac{\partial}{\partial x}\left(\frac{x}{r^2}\right) - \frac{\partial}{\partial y}\left(-\frac{y}{r^2}\right) \\ &= \frac{1}{r^2} - \frac{2x^2}{r^4} + \frac{1}{r^2} - \frac{2y^2}{r^4} = 0\end{aligned} \tag{4.41}$$

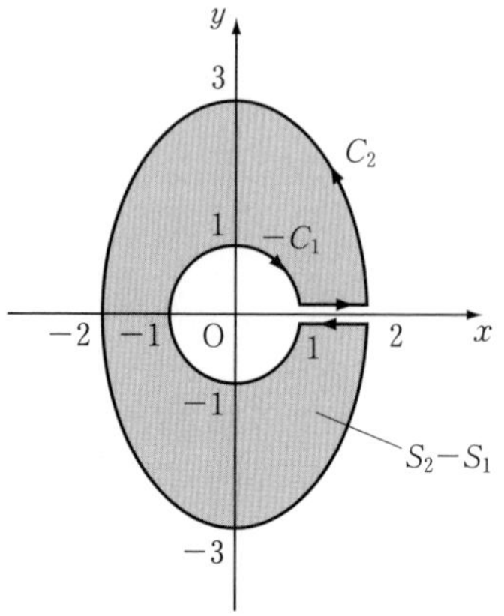

図 4.7

そこで，図 4.7 のように S_2 から S_1 を切り取った領域 $S_2 - S_1$ にストークスの定理を適用すると，点 (1, 0, 0) と点 (2, 0, 0) とを結ぶ互いに逆向きの線分上での線積分の寄与は打ち消しあって消えるから，

$$0 = \int_{S_2 - S_1} (\nabla \times \boldsymbol{v}) \cdot \boldsymbol{n}\, dS = \int_{C_2} \boldsymbol{v} \cdot d\boldsymbol{r} - \int_{C_1} \boldsymbol{v} \cdot d\boldsymbol{r} \tag{4.42}$$

これと式 (4.40) より，求める線積分は次のようになる．

$$\int_{C_2} \boldsymbol{v} \cdot d\boldsymbol{r} = 2\pi \tag{4.43}$$ □

例題 4.4

S を曲面，C をその境界，$\boldsymbol{n}$ を S の法線ベクトルとする．このとき，2 つのスカラー場 ϕ，ψ について次の式が成り立つことを示せ．

$$\int_S \{(\nabla \phi) \times (\nabla \psi)\} \cdot \boldsymbol{n}\, dS = \int_C \phi (\nabla \psi) \cdot d\boldsymbol{r} \tag{4.44}$$

【解】 $\nabla \times \{\phi(\nabla\psi)\} = (\nabla\phi) \times (\nabla\psi) + \phi\, \nabla \times (\nabla\psi) = (\nabla\phi) \times (\nabla\psi)$ に注意すると，ストークスの定理より，

$$\int_S \{(\nabla\phi)\times(\nabla\psi)\}\cdot\boldsymbol{n}\,dS = \int_S [\nabla\times\{\phi(\nabla\psi)\}]\cdot\boldsymbol{n}\,dS$$
$$= \int_C \phi(\nabla\psi)\cdot d\boldsymbol{r} \qquad (4.45)\square$$

問題 1 C を閉曲線，ϕ, ψ をスカラー場とする．ストークスの定理を用いて，次の等式が成り立つことを示せ．

$$\int_C \phi(\nabla\psi)\cdot d\boldsymbol{r} = -\int_C \psi(\nabla\phi)\cdot d\boldsymbol{r} \qquad (4.46)$$

ヒント $\nabla(\phi\psi) = \phi\,\nabla\psi + \psi\,\nabla\phi$ を用いよ．

線積分に基づく回転の定義 ストークスの定理において，ベクトル場 $\boldsymbol{v}$ は微分可能としているので，曲線 C を縁に持つ曲面が微小で平面近似が可能な場合，式 (4.18) 左辺の積分中において，$(\nabla\times\boldsymbol{v})$ と $\boldsymbol{n}$ はほとんど一定であると考えられる．このとき，式 (4.18) は次のように書き直せる．

$$\{(\nabla\times\boldsymbol{v})\cdot\boldsymbol{n}\}\,\Delta S = \int_C \boldsymbol{v}\cdot d\boldsymbol{r} \qquad (4.47)$$

ただし，ΔS は領域の面積である．ここで，領域の法線ベクトル $\boldsymbol{n}$ を一定に保ちつつ，ΔS を 0 に近づける極限をとると，次の式が得られる．

$$(\nabla\times\boldsymbol{v})\cdot\boldsymbol{n} = \lim_{\Delta S\to 0}\frac{1}{\Delta S}\int_C \boldsymbol{v}\cdot d\boldsymbol{r} \qquad (4.48)$$

ただし，$\boldsymbol{n}$ は微小領域の単位法線ベクトルである．この式は，積分路の選び方によって回転の任意方向の成分が求められることを示している．定義 (2.83) と比較すれば分かるように，式 (4.48) は座標系によらないより本質的な定義となっている．

循環と渦度 流体中の閉曲線 C に沿う循環

$$\Gamma(C) = \int_C \boldsymbol{v}\cdot d\boldsymbol{r} \qquad (4.49)$$

を考える．閉曲線 C を外縁とする任意の曲面 S に対し，S 上の点におけるベクトル面要素を

$$d\boldsymbol{S} = \boldsymbol{n}\,dS \tag{4.50}$$

とする．ここで，dS は S 上の点における微小面積，$\boldsymbol{n}$ は単位法線ベクトルであるが，$\boldsymbol{n}$ の向きは曲線 C に沿う向きに回す右ねじが進む向きにとるものとする．このとき，ストークスの定理より

$$\Gamma = \int_S (\nabla\times\boldsymbol{v})\cdot\boldsymbol{n}\,dS = \int_S \boldsymbol{\omega}\cdot\boldsymbol{n}\,dS = \int_S \omega_n\,dS \tag{4.51}$$

となる．ここで $\omega_n = \boldsymbol{\omega}\cdot\boldsymbol{n}$ は曲面上の渦度の法線成分である．

これは，流体中の閉曲線 C で囲まれる任意の曲面上の渦度の法線成分の積分が，閉曲線 C に沿った循環と等しいことを示す．

渦管の強さ　1本の渦管を1周する2つの閉曲線 C_1 と C_2 を考える．C_1 と C_2 は交わらないと仮定する．閉曲線 C_1 と C_2 上に各々点 A_1 と A_2 を取り，渦管上の同じ線分で向きが逆である経路 $\mathrm{A}_1\mathrm{A}_2$ と $\mathrm{A}_2\mathrm{A}_1$ を考える．図4.8のように，点 A_1 から閉曲線 C_1 を1周して点 A_1 に戻り，経路 $\mathrm{A}_1\mathrm{A}_2$ をたどった後，閉曲線 C_2 を逆にたどって1周して点 A_2 に戻り，最後に経路 $\mathrm{A}_2\mathrm{A}_1$ により点 A_1 に戻る閉じた経路 $C_\mathrm{A} = \mathrm{A}_1C_1\mathrm{A}_1\mathrm{A}_2(-C_2)\mathrm{A}_2\mathrm{A}_1$ を考える．この経路に沿った循環を考えるとストークスの定理より

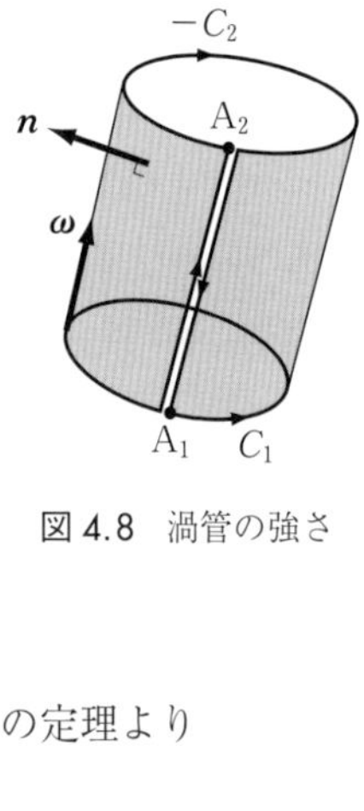

図4.8　渦管の強さ

$$\Gamma(C_\mathrm{A}) = \int_{C_\mathrm{A}} \boldsymbol{v}\cdot d\boldsymbol{r} = \int_{S_\mathrm{A}} (\boldsymbol{\omega}\cdot\boldsymbol{n})dS \tag{4.52}$$

であるが，C_A で囲まれた渦管 S_A 上では $\boldsymbol{\omega}\cdot\boldsymbol{n} = 0$ であることから $\Gamma(C_\mathrm{A}) = 0$ となる．一方，経路 C_A に沿った循環を分解することにより

$$0 = \int_{C_\mathrm{A}} \boldsymbol{v}\cdot d\boldsymbol{r} = \left(\int_{C_1} + \int_{\mathrm{A}_1}^{\mathrm{A}_2} - \int_{C_2} + \int_{\mathrm{A}_2}^{\mathrm{A}_1}\right)(\boldsymbol{v}\cdot d\boldsymbol{r})$$
$$= \left(\int_{C_1} - \int_{C_2}\right)(\boldsymbol{v}\cdot d\boldsymbol{r}) = \Gamma(C_1) - \Gamma(C_2)$$

が得られる．なぜなら，$\int_{\mathrm{A}_1}^{\mathrm{A}_2} + \int_{\mathrm{A}_2}^{\mathrm{A}_1} = 0$ だからである．こうして，

$$\Gamma(C_1) = \Gamma(C_2)\,(= \Gamma(C)) \tag{4.53}$$

が得られ，渦管を1周する閉曲線 C についての循環 $\Gamma(C)$ が，閉曲線の選び方によらず，渦管に固有の量であることがわかる．この渦管に固有の量を**渦管の強さ**と呼ぶ．

渦管がきわめて細い場合を考える．このとき渦管の垂直断面における渦度ベクトル $\boldsymbol{\omega}$ は断面内で一定であり，$\omega = |\boldsymbol{\omega}| = \mathrm{const.}$ と見なすことができる．したがって，垂直断面 S の面積を σ とすると，この渦管の強さ $\Gamma(C)$ は，

$$\Gamma(C) = \int_C \boldsymbol{v}\cdot d\boldsymbol{r} = \int_S \omega_n\, dS = \omega\int_S dS = \omega\sigma \tag{4.54}$$

で与えられ，この1本の渦管を通じて一定である．これより，1本の渦管については細いところで渦度が強く，太いところで渦度が弱くなることが分かる．

閉曲線 C によって定義される渦管が太い場合は，その渦管を多数のきわめて細い渦管に分割して考えることにより，その渦管の強さ $\Gamma(C)$ は

$$\Gamma(C) = \int_S \omega_n\, dS = \sum \omega\sigma \tag{4.55}$$

のように，**閉曲線 C を通り抜ける細い渦管の強さの総和**として与えられることが分かる．

竜巻のように渦ありの領域が管状に局在して，それ以外は渦なしというような場合を考える．簡単のため，

$$\boldsymbol{\omega} = (0,\,0,\,\omega)^t, \qquad \omega = \begin{cases} \Omega, & x^2 + y^2 \le a^2 \\ 0, & x^2 + y^2 > a^2 \end{cases} \tag{4.56}$$

で $\Omega = \mathrm{const.}$ とする．このとき，$x^2 + y^2 \le a^2$ の管状領域を反時計回りに1周する任意の閉曲線 C についての循環は $\pi a^2 \Omega$ で与えられる．

例題 4.5

$\boldsymbol{v} = (v_1, v_2, v_3)^t = (-ky, kx, 0)^t$ と与えられる流れに対し，xy 平面上の閉曲線 $C : x^2 + y^2 = R^2$ を考え，ストークスの定理を確認せよ．

【解】

$$\mathrm{rot}\,\boldsymbol{v} = \nabla\times\boldsymbol{v} = \begin{vmatrix} \boldsymbol{i} & \boldsymbol{j} & \boldsymbol{k} \\ \dfrac{\partial}{\partial x} & \dfrac{\partial}{\partial y} & \dfrac{\partial}{\partial z} \\ -ky & kx & 0 \end{vmatrix} = 2k\boldsymbol{k}$$

したがって，xy 平面上において閉曲線 C で囲まれた領域を S とし，領域 S の単位法線ベクトルが $\boldsymbol{n} = \boldsymbol{k}$ で与えられることを考慮すると，

$$\int_S (\nabla\times\boldsymbol{v})\cdot\boldsymbol{n}\,dS = \int_S 2k\,dS = 2k\int_S dS = 2k(\pi R^2) = 2\pi kR^2$$

一方，閉曲線 C 上の点を $\boldsymbol{r} = (R\cos\theta, R\sin\theta, 0)^t$ とすると，

$$\boldsymbol{v} = (-kR\sin\theta, kR\cos\theta, 0)^t, \qquad d\boldsymbol{r} = (-R\sin\theta, R\cos\theta, 0)^t\,d\theta$$

となるので

$$\int_C \boldsymbol{v}\cdot d\boldsymbol{r} = \int_0^{2\pi} kR^2(\cos^2\theta + \sin^2\theta)\,d\theta = kR^2\int_0^{2\pi} d\theta = 2\pi kR^2$$

以上より，$\displaystyle\int_S (\nabla\times\boldsymbol{v})\cdot\boldsymbol{n}\,dS = \int_C \boldsymbol{v}\cdot d\boldsymbol{r}$ が成り立つことが分かる． □

例題 4.6 渦点（特異点）の周りの循環

速度場が以下のように与えられるとき，z 軸を反時計回りに1周する任意の閉曲線 C についての循環を求めよ．

$$\boldsymbol{v}(\boldsymbol{x}) = \frac{a}{r^2}(-y, x, 0)^t,\ \text{ただし，} r^2 = x^2 + y^2 \text{ で } r \neq 0 \quad (4.57)$$

【解】 xy 平面上で原点中心，半径1の円 $x^2 + y^2 = 1$ の周上を反時計回りに1周する閉曲線を C_1 とし，図4.9のような閉じた経路，ACAA′$(-C_1)$A′A を考える．$r \neq 0$ で $\mathrm{rot}\,\boldsymbol{v} = 0$ であるため，この経路に沿った循環は，ストークスの定理を用いて，

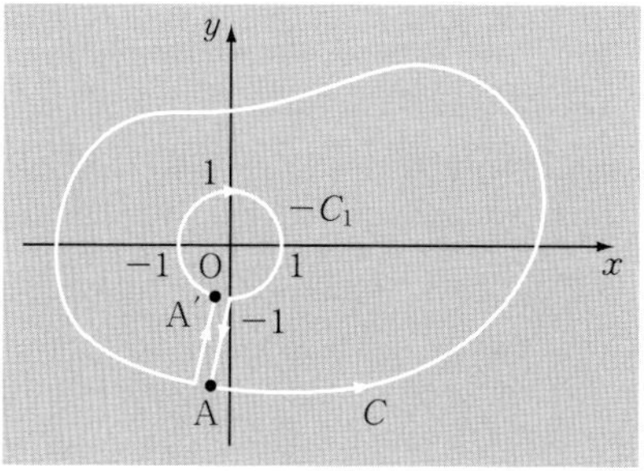

図 4.9 渦点の周りの循環

$$\Gamma[\mathrm{ACAA'}(-C_1)\mathrm{A'A}] = \int_S \mathrm{rot}\,\boldsymbol{v}\cdot\boldsymbol{n}\,dS = 0 \tag{4.58}$$

となる．一方，

$$\Gamma[\mathrm{ACAA'}(-C_1)\mathrm{A'A}] = \left(\int_C + \int_{\mathrm{AA'}} - \int_{C_1} + \int_{\mathrm{A'A}}\right)\boldsymbol{v}\cdot d\boldsymbol{x} \tag{4.59}$$

$$= \left(\int_C - \int_{C_1}\right)\boldsymbol{v}\cdot d\boldsymbol{x} \tag{4.60}$$

$$= \Gamma(C) - \Gamma(C_1) \tag{4.61}$$

より，$\Gamma(C) = \Gamma(C_1)$ を得る．よって，任意の閉曲線 C の周りの循環は閉曲線 C_1 の周りの循環に等しく，$(x, y) = (\cos\theta, \sin\theta)$ とおくと，

$$\Gamma(C_1) = \int_{C_1} \boldsymbol{v}\cdot d\boldsymbol{x} = \int_{C_1} a(-y\,dx + x\,dy) \tag{4.62}$$

$$= \int_0^{2\pi} a\,d\theta = 2\pi a \tag{4.63}$$

となり，$\Gamma(C) = 2\pi a$ を得る．なお，原点 $r = 0$ が特異点で，rot $\boldsymbol{v}$ が評価できないため，閉曲線 C を境界とする曲面 S に対してはストークスの定理が適用できないことに注意しよう． □

4.3 ガウスの定理

本節では，次の定理を証明する．

定理 4.5（**ガウスの定理**） $\boldsymbol{v}(x, y, z)$ をベクトル場とし，$\boldsymbol{v}$ が定義された領域内にある領域 V を考える．V の境界面を S と書き，S の法線ベクトル $\boldsymbol{n}$ を V の外側に向けてとる．このとき，次の式が成り立つ．

$$\int_V \nabla\cdot\boldsymbol{v}\,dV = \int_S \boldsymbol{v}\cdot\boldsymbol{n}\,dS \tag{4.64}$$

証明は，ストークスの定理の場合と同様，2 段階に分けて行う．まず，次の補題 4.6 において，V が四面体の場合を考える．この場合，ベクトル場 $\boldsymbol{v}$ を四面体の重心の周りで 1 次近似すれば，式 (4.64) の左辺の体積積分，右辺の面積分をそれぞれ具体的に計算できる．この計算は補題 4.4 とほとんど並行な形で行える．その結果，四面体領域に対し，ガウスの定理を（誤差項を含んだ形で）証明できる．次に，この結果を複数の四面体を組み合わせてできる領域に拡張し，最後に，すべての四面体領域の大きさを十分に小さくとった極限として，領域 V に関する定理を示す．

補題 4.6 $\boldsymbol{v}(x, y, z)$ をベクトル場とし，$\boldsymbol{v}$ が定義された領域内にある四面体（三角錐）ABCD を考える．四面体 ABCD を V，その境界面を S と書き，S の法線ベクトル $\boldsymbol{n}$ を V の外側に向けてとる（図 4.10）．このとき，次の式が成り立つ．

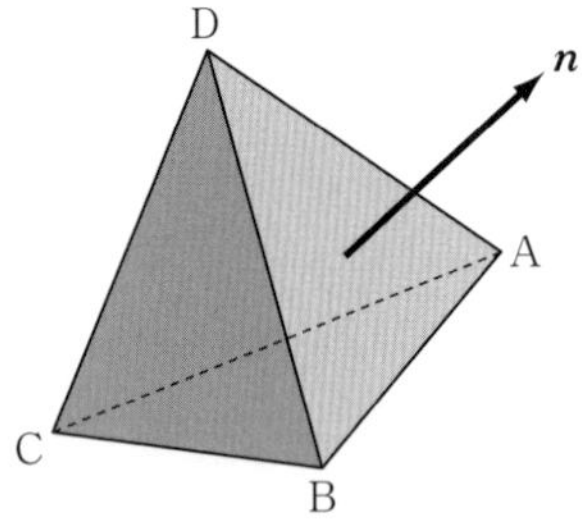

図 4.10

$$\int_V \nabla\cdot\boldsymbol{v}\,dV = \int_S \boldsymbol{v}\cdot\boldsymbol{n}\,dS + O(h^4) \tag{4.65}$$

ただし，四面体 ABCD の 6 辺のうち，最も長い辺の長さを h とする．

【証明】 頂点Dが原点Oとなるように座標をとり，頂点A, B, Cの位置ベクトルをそれぞれ$\boldsymbol{a}$, $\boldsymbol{b}$, $\boldsymbol{c}$とする．点(x, y, z)の位置ベクトルを$\boldsymbol{r} = x\boldsymbol{i} + y\boldsymbol{j} + z\boldsymbol{k}$とし，$\boldsymbol{v}(x, y, z)$を$\boldsymbol{v}(\boldsymbol{r})$と表す．

まず左辺について考える．四面体ABCOの重心の位置ベクトルを$\boldsymbol{g}_3$とし，$u = \nabla\cdot\boldsymbol{v}$とおく．関数$u$を$\boldsymbol{g}_3$の周りでテイラー展開すると，四面体ABCOの内部においては$|\boldsymbol{r} - \boldsymbol{g}_3| < h$であるから[7]，次の式が成り立つ．

$$u(\boldsymbol{r}) = u(\boldsymbol{g}_3) + (\nabla u)_{\boldsymbol{g}_3}\cdot(\boldsymbol{r} - \boldsymbol{g}_3) + O(h^2) \qquad (4.66)$$

ただし，$(\nabla u)_{\boldsymbol{g}_3}$は点$\boldsymbol{g}_3$における$u$の勾配である．ここで，四面体ABCOの体積は$V_0 \equiv \dfrac{1}{6}\boldsymbol{c}\cdot(\boldsymbol{a}\times\boldsymbol{b})$であるから，式(4.66)を式(4.65)の左辺に代入すると，

$$\begin{aligned}
&\int_V \nabla\cdot\boldsymbol{v}\,dV = \int_V u\,dV \\
&= u(\boldsymbol{g}_3)\int_V dV + \left\{(\nabla u)_{\boldsymbol{g}_3}\cdot\left(\int_V \boldsymbol{r}\,dV - \boldsymbol{g}_3\int_V dV\right)\right\} + O(h^2)\int_V dV \\
&= (\nabla\cdot\boldsymbol{v})_{\boldsymbol{g}_3}V_0 + O(h^2)\,V_0 \\
&= \frac{1}{6}(\nabla\cdot\boldsymbol{v})_{\boldsymbol{g}_3}\boldsymbol{c}\cdot(\boldsymbol{a}\times\boldsymbol{b}) + O(h^5)
\end{aligned} \qquad (4.67)$$

ただし，第3の等号では，重心の定義(4.9)により，{ }の中が消えることを用いた．第4の等号では，$V_0 \approx O(h^3)$であることを用いた．

次に式(4.65)の右辺の面積分は三角形ABC, OBA, OCB, OAC上での面積分の和であるから，まず三角形ABC上での面積分について考える．三角形ABCの重心を$\boldsymbol{g}_2$とし，$\boldsymbol{v}$を$\boldsymbol{g}_2$の周りで展開すると，三角形ABC上において次の式が成り立つ．

$$\boldsymbol{v}(\boldsymbol{r}) = \boldsymbol{v}(\boldsymbol{g}_2) + (\nabla\boldsymbol{v})_{\boldsymbol{g}_2}(\boldsymbol{r} - \boldsymbol{g}_2) + O(h^2) \qquad (4.68)$$

ただし，$(\nabla\boldsymbol{v})_{\boldsymbol{g}_2}$は点$\boldsymbol{g}_2$における$\boldsymbol{v}$の勾配である(式(2.43)参照)．ここで，三角形ABCの面積は$S_0 \equiv \dfrac{1}{2}|(\boldsymbol{b} - \boldsymbol{a})\times(\boldsymbol{c} - \boldsymbol{a})|$であり，単位法線ベクトルは$\boldsymbol{n} = \dfrac{(\boldsymbol{b} - \boldsymbol{a})\times(\boldsymbol{c} - \boldsymbol{a})}{|(\boldsymbol{b} - \boldsymbol{a})\times(\boldsymbol{c} - \boldsymbol{a})|}$であることに注意して，式(4.68)を三角形

7) 本証明直後の注意参照．

ABC 上における面積分の式に代入すると,

$$
\begin{aligned}
&\int_{\triangle ABC} \boldsymbol{v}\cdot\boldsymbol{n}\,dS \\
&= \boldsymbol{v}(\boldsymbol{g}_2)\cdot\boldsymbol{n}\int_{\triangle ABC} dS + \left\{(\nabla\boldsymbol{v})_{g_2}\left(\int_{\triangle ABC}\boldsymbol{r}\,dS - \boldsymbol{g}_2\int_{\triangle ABC} dS\right)\right\}\cdot\boldsymbol{n} \\
&\qquad + O(h^2)\int_{\triangle ABC} dS \\
&= \boldsymbol{v}(\boldsymbol{g}_2)\cdot\boldsymbol{n}\,S_0 + O(h^2)S_0 \\
&= \frac{1}{2}\boldsymbol{v}(\boldsymbol{g}_2)\cdot\{(\boldsymbol{b}-\boldsymbol{a})\times(\boldsymbol{c}-\boldsymbol{a})\} + O(h^4) \\
&= \frac{1}{2}\boldsymbol{v}(\boldsymbol{g}_2)\cdot(\boldsymbol{a}\times\boldsymbol{b} + \boldsymbol{b}\times\boldsymbol{c} + \boldsymbol{c}\times\boldsymbol{a}) + O(h^4)
\end{aligned}
\tag{4.69}
$$

ただし,第 2 の等号では,重心の定義 (4.8) により,{ } の中が消えることを用いた.第 3 の等号では,$S_0 \approx O(h^2)$ であることを用いた.ここで,

$$
\boldsymbol{v}(\boldsymbol{g}_2) = \boldsymbol{v}(\boldsymbol{g}_3) + (\nabla\boldsymbol{v})_{g_3}(\boldsymbol{g}_2 - \boldsymbol{g}_3) + O(h^2) \tag{4.70}
$$

$$
\boldsymbol{g}_2 - \boldsymbol{g}_3 = \frac{1}{3}(\boldsymbol{a}+\boldsymbol{b}+\boldsymbol{c}) - \frac{1}{4}(\boldsymbol{a}+\boldsymbol{b}+\boldsymbol{c}) = \frac{1}{12}(\boldsymbol{a}+\boldsymbol{b}+\boldsymbol{c}) \tag{4.71}
$$

に注意して,式 (4.69) の右辺を $\boldsymbol{g}_3$ の周りで展開し直すと,

$$
\begin{aligned}
\int_{\triangle ABC} \boldsymbol{v}\cdot\boldsymbol{n}\,dS &= \frac{1}{2}\boldsymbol{v}(\boldsymbol{g}_3)\cdot(\boldsymbol{a}\times\boldsymbol{b} + \boldsymbol{b}\times\boldsymbol{c} + \boldsymbol{c}\times\boldsymbol{a}) \\
&\quad + \left\{(\nabla\boldsymbol{v})_{g_3}\left(\frac{\boldsymbol{a}}{24} + \frac{\boldsymbol{b}}{24} + \frac{\boldsymbol{c}}{24}\right)\right\}\cdot(\boldsymbol{a}\times\boldsymbol{b} + \boldsymbol{b}\times\boldsymbol{c} + \boldsymbol{c}\times\boldsymbol{a}) \\
&\quad + O(h^4)
\end{aligned}
\tag{4.72}
$$

同様に計算すると,

$$
\begin{aligned}
\int_{\triangle OBA} \boldsymbol{v}\cdot\boldsymbol{n}\,dS &= \frac{1}{2}\boldsymbol{v}(\boldsymbol{g}_3)\cdot(\boldsymbol{b}\times\boldsymbol{a}) + \left\{(\nabla\boldsymbol{v})_{g_3}\left(\frac{\boldsymbol{a}}{24} + \frac{\boldsymbol{b}}{24} - \frac{\boldsymbol{c}}{8}\right)\right\}\cdot(\boldsymbol{b}\times\boldsymbol{a}) \\
&\quad + O(h^4)
\end{aligned}
\tag{4.73}
$$

$$\int_{\triangle \mathrm{OCB}} \boldsymbol{v}\cdot\boldsymbol{n}\,dS = \frac{1}{2}\boldsymbol{v}(\boldsymbol{g}_3)\cdot(\boldsymbol{c}\times\boldsymbol{b}) + \left\{(\nabla\boldsymbol{v})_{g_3}\left(-\frac{\boldsymbol{a}}{8}+\frac{\boldsymbol{b}}{24}+\frac{\boldsymbol{c}}{24}\right)\right\}\cdot(\boldsymbol{c}\times\boldsymbol{b}) + O(h^4) \tag{4.74}$$

$$\int_{\triangle \mathrm{OAC}} \boldsymbol{v}\cdot\boldsymbol{n}\,dS = \frac{1}{2}\boldsymbol{v}(\boldsymbol{g}_3)\cdot(\boldsymbol{a}\times\boldsymbol{c}) + \left\{(\nabla\boldsymbol{v})_{g_3}\left(\frac{\boldsymbol{a}}{24}-\frac{\boldsymbol{b}}{8}+\frac{\boldsymbol{c}}{24}\right)\right\}\cdot(\boldsymbol{a}\times\boldsymbol{c}) + O(h^4) \tag{4.75}$$

これらを足し合わせると,

$$\begin{aligned}\int_S \boldsymbol{v}\cdot\boldsymbol{n}\,dS &= \frac{1}{6}[\{(\nabla\boldsymbol{v})_{g_3}\boldsymbol{a}\}\cdot(\boldsymbol{b}\times\boldsymbol{c}) + \{(\nabla\boldsymbol{v})_{g_3}\boldsymbol{b}\}\cdot(\boldsymbol{c}\times\boldsymbol{a}) \\ &\qquad + \{(\nabla\boldsymbol{v})_{g_3}\boldsymbol{c}\}\cdot(\boldsymbol{a}\times\boldsymbol{b})] + O(h^4) \\ &= \frac{1}{6}[\{(\boldsymbol{a}\cdot\nabla)\boldsymbol{v}\}_{g_3}\cdot(\boldsymbol{b}\times\boldsymbol{c}) + \{(\boldsymbol{b}\cdot\nabla)\boldsymbol{v}\}_{g_3}\cdot(\boldsymbol{c}\times\boldsymbol{a}) \\ &\qquad + \{(\boldsymbol{c}\cdot\nabla)\boldsymbol{v}\}_{g_3}\cdot(\boldsymbol{a}\times\boldsymbol{b})] + O(h^4) \\ &= \frac{1}{6}(\nabla\cdot\boldsymbol{v})_{g_3}\boldsymbol{c}\cdot(\boldsymbol{a}\times\boldsymbol{b}) + O(h^4)\end{aligned} \tag{4.76}$$

ただし，第 2 の等号ではベクトル場の方向微分に関する表現 (2.42) を用いた．また，第 3 の等号では例題 2.10 の公式を利用した．

式 (4.67) と (4.76) とを比較して，式 (4.65) が得られる．□

注意 四面体 ABCO の内部の点について $|\boldsymbol{r}-\boldsymbol{g}_3|<h$ であることは，直観的には明らかであるが，次のようにして証明できる．四面体 ABCO の重心を G とすると，一般性を失わずに，点 (x, y, z) は四面体 ABCG の内部にあるとしてよい．したがって，ベクトル $\boldsymbol{r}-\boldsymbol{g}_3$ は $t\geq 0$, $u\geq 0$, $w\geq 0$, $0\leq t+u+w\leq 1$ を満たすパラメータ t, u, w を用いて $t(\boldsymbol{a}-\boldsymbol{g}_3)+u(\boldsymbol{b}-\boldsymbol{g}_3)+w(\boldsymbol{c}-\boldsymbol{g}_3)$ と書ける．ここで，$\boldsymbol{g}_3=\dfrac{1}{4}(\boldsymbol{a}+\boldsymbol{b}+\boldsymbol{c})$ を用いて変形すると，

$$\begin{aligned}|\boldsymbol{r}-\boldsymbol{g}_3| = \Bigl|&\frac{t}{4}\boldsymbol{a}+\frac{t}{4}(\boldsymbol{a}-\boldsymbol{b})+\frac{t}{4}(\boldsymbol{a}-\boldsymbol{c})+\frac{u}{4}\boldsymbol{b}+\frac{u}{4}(\boldsymbol{b}-\boldsymbol{a})+\frac{u}{4}(\boldsymbol{b}-\boldsymbol{c}) \\ &+\frac{w}{4}\boldsymbol{c}+\frac{w}{4}(\boldsymbol{c}-\boldsymbol{a})+\frac{w}{4}(\boldsymbol{c}-\boldsymbol{b})\Bigr|\end{aligned}$$

$$\leq \frac{t}{4}|\boldsymbol{a}| + \frac{t}{4}|\boldsymbol{a}-\boldsymbol{b}| + \frac{t}{4}|\boldsymbol{a}-\boldsymbol{c}| + \frac{u}{4}|\boldsymbol{b}| + \frac{u}{4}|\boldsymbol{b}-\boldsymbol{a}| + \frac{u}{4}|\boldsymbol{b}-\boldsymbol{c}| + \frac{w}{4}|\boldsymbol{c}| + \frac{w}{4}|\boldsymbol{c}-\boldsymbol{a}| + \frac{w}{4}|\boldsymbol{c}-\boldsymbol{b}|$$
$$\leq \frac{3}{4}(t+u+w)h \leq \frac{3}{4}h < h \tag{4.77}$$

補題 4.6 を用いて，ガウスの定理の証明を行う．ただし，V を一般の領域とすると証明が難しい．そこで，V が四面体分割[8)]で近似可能な領域の場合を考える．すなわち，任意の $h>0$ に対し，次の 3 つの性質を持つ四面体の集合 V_h が存在すると仮定する．

① V_h に属する任意の四面体について，その最大辺の長さは h 以下である．

② h によらないある定数 $\alpha>0$ が存在し，V_h に属する任意の四面体について，その最大辺の長さ h_1 と体積 V_1 との間に $h_1{}^3 \leq \alpha V_1$ が成り立つ．

③ 任意の C^2 級ベクトル場 $\boldsymbol{v}$ に対し，$h \to 0$ のとき，V_h での体積積分は V での体積積分に収束する．また，V_h の境界面 S_h 上での面積分は，S 上での面積分に収束する．

ここで，性質 ② は，$h \to 0$ のとき，無限につぶれる四面体が生じないという要請である．③ は，定理における両辺の積分が存在するための必要条件である．以上の仮定の下での証明を以下に示す．

【定理 4.5 の証明】 V_h を 1 つの四面体分割とし，V_h 中で面で隣接する四面体 P-QRT，U-TRQ を考える．以下，四面体 P-QRT，U-TRQ をそれぞれ Ω_1, Ω_2 と書き，その境界面をそれぞれ Σ_1, Σ_2 と書く（図 4.11）．また，領域

---

8) より正確には，四面体分割は単体分割とする．すなわち，2 個の四面体が接するのは，頂点，辺あるいは面を共有する場合のみとし，一方の四面体の辺上に他方の四面体の三角形の頂点が存在したり，一方の四面体の面上に他方の四面体の頂点や辺が存在することは認めない．なお，物理学などの応用で用いる領域は，基本的に単体分割可能であると考えてよい．

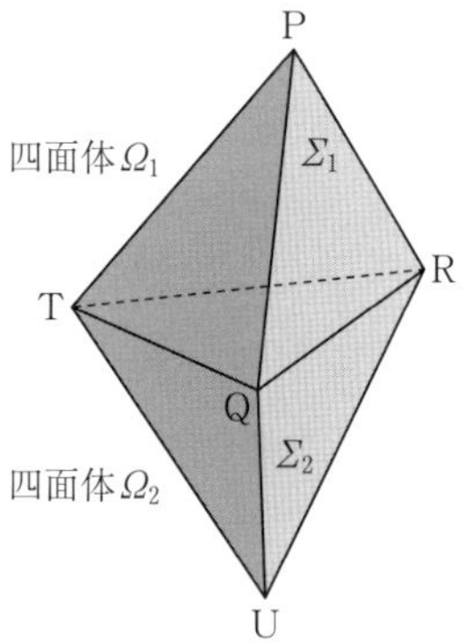

図 4.11

Ω に対し，その体積を $V(\Omega)$ と書くことにする．すると，補題 4.6 と V_h の性質①，②より，次の式が成り立つ．

$$\int_{\Omega_1} \nabla \cdot \boldsymbol{v}\, dV = \int_{\Sigma_1} \boldsymbol{v} \cdot \boldsymbol{n}\, dS + \alpha V(\Omega_1) O(h) \qquad (4.78)$$

$$\int_{\Omega_2} \nabla \cdot \boldsymbol{v}\, dV = \int_{\Sigma_2} \boldsymbol{v} \cdot \boldsymbol{n}\, dS + \alpha V(\Omega_2) O(h) \qquad (4.79)$$

これらを辺々加え合わせ，右辺において，式 (4.78) の三角形 QRT 上の面積分と式 (4.79) の三角形 TRQ 上の面積分とが互いに打ち消しあうことに注意すると，次の式が得られる．

$$\int_{\Omega_1+\Omega_2} \nabla \cdot \boldsymbol{v}\, dV = \int_{\Sigma_1'+\Sigma_2'} \boldsymbol{v} \cdot \boldsymbol{n}\, dS + \alpha V(\Omega_1 + \Omega_2) O(h) \qquad (4.80)$$

ただし，Σ_1' は Σ_1 から三角形 QRT を取り除いてできる面，Σ_2' は Σ_2 から三角形 TRQ を取り除いてできる面である．ここで，Ω_1 と Ω_2 とを面 QRT で連結して得られる領域を Ω_{12} と書き，その境界面を Σ_{12} と書くと，上式は次のようになる．

$$\int_{\Omega_{12}} \nabla \cdot \boldsymbol{v}\, dV = \int_{\Sigma_{12}} \boldsymbol{v} \cdot \boldsymbol{n}\, dS + \alpha V(\Omega_{12}) O(h) \qquad (4.81)$$

したがって，領域 Ω_{12} について，誤差項が付いた形のガウスの定理が成り立つことが分かる．このような連結手続きをV_hに属するすべての領域について繰り返し，連結する三角形上の面積分が打ち消しあうことに注意すると，最終的に次の式が得られる．

$$\int_{V_h} \nabla \cdot \boldsymbol{v}\, dV = \int_{S_h} \boldsymbol{v} \cdot \boldsymbol{n}\, dS + \alpha V(V_h) O(h) \tag{4.82}$$

ここで$h \to 0$とすると，V_hの性質③より，左辺は$\int_V \nabla \cdot \boldsymbol{v}\, dV$，右辺第1項は$\int_S \boldsymbol{v} \cdot \boldsymbol{n}\, dS$に収束する．また，$h \to 0$において，$V(V_h)$は領域$V$の体積に収束するから，右辺第2項は0に収束する．したがって，式(4.64)が得られる．□

ガウスの定理を用いると，面積分を体積積分に，あるいは逆に体積積分を面積分に変換したり，面積分を別の面積分に置き換えて計算を行うことができる．

例題 4.7

$\boldsymbol{v}$を全空間で定義されたベクトル場とする．このとき，$\boldsymbol{u} = \nabla \times \boldsymbol{v}$とすると，任意の閉曲面について，

$$\int_S \boldsymbol{u} \cdot \boldsymbol{n}\, dS = 0 \tag{4.83}$$

であることを示せ．

【解】 Sを境界に持つ領域をVとすると，ガウスの定理と$\nabla \cdot (\nabla \times \boldsymbol{v}) = 0$より，

$$\int_S \boldsymbol{u} \cdot \boldsymbol{n}\, dS = \int_V \nabla \cdot (\nabla \times \boldsymbol{v})\, dV = \int_V 0\, dV = 0 \tag{4.84}$$ □

例題 4.8

$\boldsymbol{r} = x\boldsymbol{i} + y\boldsymbol{j} + z\boldsymbol{k}$，$r = |\boldsymbol{r}|$とするとき，次の問に答えよ．

(1) Sを球面$x^2 + y^2 + z^2 = 1$，$\boldsymbol{v} = (x + y)\boldsymbol{i} + (y + z)\boldsymbol{j} + (z + x)\boldsymbol{k}$とするとき，面積分$\int_S \boldsymbol{v} \cdot \boldsymbol{n}\, dS$を求めよ．

(2) Sを放物面$z = 1 - x^2 - y^2$ $(0 \leq z \leq 1)$，$\boldsymbol{v} = xy^2\boldsymbol{i} + x^2y\boldsymbol{j} - (x^2$

$+ y^2)z\boldsymbol{k}$ とするとき，面積分 $\int_S \boldsymbol{v}\cdot\boldsymbol{n}\,dS$ を求めよ．ただし，S の法線ベクトルは原点と反対向きとする．

【解】 (1) S で囲まれる領域を V とすると，$\nabla\cdot\boldsymbol{v} = 3$ であるから，ガウスの定理より，

$$\int_S \boldsymbol{v}\cdot\boldsymbol{n}\,dS = \int_V \nabla\cdot\boldsymbol{v}\,dV = 3\int_V dV = 3\cdot\frac{4}{3}\pi = 4\pi \tag{4.85}$$

(2) 放物面上での面積分は計算しにくいので，放物面と円板 S' : $x^2 + y^2 \leq 1$, $z = 0$ とを合わせてできる閉曲面 $S + S'$ を考える．ただし，S' の法線は z 軸の負の向きとする．いま，$\nabla\cdot\boldsymbol{v} = y^2 + x^2 - (x^2 + y^2) = 0$ であるから，$S + S'$ で囲まれる領域 V にガウスの定理を適用すると，

$$\int_{S+S'} \boldsymbol{v}\cdot\boldsymbol{n}\,dS = \int_V \nabla\cdot\boldsymbol{v}\,dV = 0 \tag{4.86}$$

ところが，S' 上では $\boldsymbol{v}\cdot\boldsymbol{n} = -\boldsymbol{v}\cdot\boldsymbol{k} = (x^2 + y^2)\cdot 0 = 0$ だから，

$$\int_S \boldsymbol{v}\cdot\boldsymbol{n}\,dS = -\int_{S'} \boldsymbol{v}\cdot\boldsymbol{n}\,dS = 0 \tag{4.87}$$

となる．□

問題 1 $(\pm1, \pm1, \pm1)$ を 8 つの頂点とする立方体の表面を S とし，$\boldsymbol{v} = xz\boldsymbol{i} - y^2\boldsymbol{j} + yz\boldsymbol{k}$ とするとき，面積分 $\int_S \boldsymbol{v}\cdot\boldsymbol{n}\,dS$ を求めよ．

例題 4.9

領域 V の境界を S とし，S の法線ベクトルを $\boldsymbol{n}$ とする．このとき，スカラー場 ϕ, ψ について次の式を示せ．

(1) $\displaystyle\int_V (\phi\,\nabla^2\psi + \nabla\phi\cdot\nabla\psi)\,dV = \int_S \phi\,\nabla\psi\cdot\boldsymbol{n}\,dS$

(2) $\displaystyle\int_V (\phi\,\nabla^2\psi - \psi\,\nabla^2\phi)\,dV = \int_S (\phi\,\nabla\psi - \psi\,\nabla\phi)\cdot\boldsymbol{n}\,dS$

【解】 (1) $\nabla\cdot(\phi\,\nabla\psi) = \nabla\phi\cdot\nabla\psi + \phi\,\nabla^2\psi$ に注意すると，ガウスの定理より，

$$\int_V (\phi\,\nabla^2\psi + \nabla\phi\cdot\nabla\psi)\,dV = \int_V \nabla\cdot(\phi\,\nabla\psi)\,dV = \int_S \phi\,\nabla\psi\cdot\boldsymbol{n}\,dS \tag{4.88}$$

(2) 上の (1) の式で ϕ と ψ とを入れ替えると，

$$\int_V (\psi\,\nabla^2\phi + \nabla\psi\cdot\nabla\phi)\,dV = \int_S \psi\,\nabla\phi\cdot\boldsymbol{n}\,dS \tag{4.89}$$

上の (1) の式から (4.89) を引くと与式が得られる． □

面積分に基づく発散の定義　ガウスの定理において，曲面 S の囲む領域が微小な場合，式 (4.64) の左辺の積分中において，$\nabla\cdot\boldsymbol{v}$ はほとんど一定であると考えられる．このとき，式 (4.64) は次のように書き直せる．

$$(\nabla\cdot\boldsymbol{v})\Delta V = \int_S \boldsymbol{v}\cdot\boldsymbol{n}\,dS \tag{4.90}$$

ただし，ΔV は領域の体積である．これより，次の式が得られる．

$$\nabla\cdot\boldsymbol{v} = \lim_{\Delta V\to 0}\frac{1}{\Delta V}\int_S \boldsymbol{v}\cdot\boldsymbol{n}\,dS \tag{4.91}$$

この式は，面積分を通じた発散のもう 1 つの，より本質的な定義を与えている．

質量の保存則　密度が $\rho(\boldsymbol{x}, t)$ の流体の流れ $\boldsymbol{v}(\boldsymbol{x}, t)$ の中に固定した閉曲面 S を考える．S によって囲まれた領域を V としたとき，任意の時刻において，V の質量は，$\int_V \rho\,dV$ で与えられ，その時間変化率は

$$\frac{\partial}{\partial t}\int_V \rho\,dV \tag{4.92}$$

で与えられる．この質量変化は閉曲面 S を通じて単位時間当たりに流れ込むもしくは流れ出る流体の質量の総和によって起きる．閉曲面 S の外向き単位法線ベクトルを $\boldsymbol{n}$ とすると，閉曲面 S を通じて流れ出る流体の質量は単位時間当たり

$$\int_S \rho \boldsymbol{v} \cdot \boldsymbol{n} \, dS \tag{4.93}$$

となる．この積分が正のとき，領域 V の質量は減少する．以上を考慮すると，領域 V の質量の保存則は

$$\frac{\partial}{\partial t} \int_V \rho \, dV = -\int_S \rho \boldsymbol{v} \cdot \boldsymbol{n} \, dS \tag{4.94}$$

のように表されることが分かる．ガウスの定理（定理 4.5）を用いて，右辺を体積積分に変えると

$$\int_V \left(\frac{\partial \rho}{\partial t} + \operatorname{div} \rho \boldsymbol{v} \right) dV = 0 \tag{4.95}$$

となる．これが任意の領域で成り立つためには被積分関数が恒等的に 0 でなければならず，これより，流体力学の基礎方程式の 1 つである，オイラーの連続方程式，

$$\frac{\partial \rho}{\partial t} + \operatorname{div} \rho \boldsymbol{v} = 0 \tag{4.96}$$

が得られる．

$$\operatorname{div} \rho \boldsymbol{v} = \rho \operatorname{div} \boldsymbol{v} + \boldsymbol{v} \cdot \operatorname{grad} \rho$$

を用いると式 (4.96) は

$$\frac{\partial \rho}{\partial t} + \boldsymbol{v} \cdot \operatorname{grad} \rho + \rho \operatorname{div} \boldsymbol{v} = \frac{D\rho}{Dt} + \rho \operatorname{div} \boldsymbol{v} = 0 \tag{4.97}$$

となる．特に，縮まない流体（43 ページの「縮まない流体」の項参照）では，運動中密度が一定に保たれる，すなわち $\dfrac{D\rho}{Dt} = 0$ が成り立つため，式 (4.97) は単に

$$\operatorname{div} \boldsymbol{v} = 0 \tag{4.98}$$

となる．これが縮まない流体に対するオイラーの連続方程式である．

縮まない流体の 3 次元の流れの流量　$\operatorname{div} \boldsymbol{v} = 0$ を満たす縮まない流体の 3 次元の流れ場 $\boldsymbol{v}(\boldsymbol{x}, t)$ の領域において，任意の閉曲面 S_0 を考えた場合，

その閉曲面 S_0 を通過する流量の積分値は 0 である．すなわち

$$\int_{S_0} v_n \, dS = 0 \tag{4.99}$$

なぜなら，ガウスの定理の式 (4.64) の左辺に $\mathrm{div}\,\boldsymbol{v} = \nabla\cdot\boldsymbol{v} = 0$ を代入すると式 (4.99) が得られるからである．

流管の流量　定常流中の流管 (68 ページの「流管」の項参照) を考える．互いに交わらない 2 つの曲面でその流管を切り取り，できた 2 つの断面を S_1, S_2，切り取られた流管を S とする．速度と密度が時間的に変化しない定常流では面 S_1, S_2，および S で囲まれた体積内の流体の質量は変化しない．よって，これらの面を通過する質量の流出入は全体で 0 となる．すなわち

$$\left(\int_{S_1} + \int_{S} + \int_{S_2}\right)(\rho\boldsymbol{v}\cdot\boldsymbol{n})\, dS = 0 \tag{4.100}$$

ここで，$\boldsymbol{n}$ は面 S_1, S_2 および S 上の単位法線ベクトルで，その向きは囲まれた領域の外向きである．流管 S 上では $\boldsymbol{v}\cdot\boldsymbol{n} = 0$ より，式 (4.100) は

$$\left(\int_{S_1} + \int_{S_2}\right)(\rho\boldsymbol{v}\cdot\boldsymbol{n})\, dS = 0 \tag{4.101}$$

となる．これは S_1 と S_2 を各々外向きに単位時間に通過する流体の質量は符号が逆で絶対値は等しいことを示している．S_1 と S_2 の単位法線ベクトル $\boldsymbol{n}'$ の向きを $\boldsymbol{n}$ と平行で，$\rho\boldsymbol{v}\cdot\boldsymbol{n}'$ の面積分の値が正となるように定め直した場合，式 (4.101) は

$$\int_{S_1} \rho\boldsymbol{v}\cdot\boldsymbol{n}'\, dS = \int_{S_2} \rho\boldsymbol{v}\cdot\boldsymbol{n}'\, dS = \mathrm{const.} \tag{4.102}$$

となる．結局，式 (4.102) の面積分 (流管中を流れる流体の質量) が流管についての固有の量になっている．

特に，縮まない流体で $\rho = \rho_0 = \mathrm{const.}$ の場合，

$$\int_{S_1} \boldsymbol{v}\cdot\boldsymbol{n}\, dS = \int_{S_2} \boldsymbol{v}\cdot\boldsymbol{n}\, dS = \mathrm{const.} = Q \tag{4.103}$$

となり，縮まない流体の定常流では流管を単位時間内に通過する流体の体積，すなわち流管の流量 Q が各断面において一定，すなわち流管に固有の不変量であることが分かる．

縮まない流体の定常流中のきわめて細い流管を考えるとその垂直断面における流体の速度 u は断面上で一定と見なすことができる．垂直断面の面積を σ とすると，流管上で

$$u\sigma = \text{const.} \tag{4.104}$$

となる．これより流管は流れが速いところで細く，流れが遅いところで太くなっていることが分かる．縮まない流体の流れの場とはこのような無数の流管で隙間なく埋め尽くされたものであると見なすことができる．

また，縮まない流体の定常流の中で，閉曲線 C を描いたとき，閉曲線 C を通る流線によって形成される流管の流量 $Q(C)$ は，その流管を多数の細い流管に分割して考えることにより，

$$Q(C) = \int_S v_n \, dS = \sum u\sigma \tag{4.105}$$

のように，**閉曲線 C を通り抜ける流管の流量の総和**として与えられることが分かる．

湧き出し (特異点) による流量　速度場

$$\boldsymbol{v} = m\frac{\boldsymbol{r}}{r^3} = \left(\frac{mx}{r^3}, \frac{my}{r^3}, \frac{mz}{r^3}\right)^t, \qquad r = \sqrt{x^2 + y^2 + z^2} \tag{4.106}$$

は，原点 $(r = 0)$ を除いて $\operatorname{div}\boldsymbol{v} = 0$ を満たす．原点が特異点であり，そこでは $\operatorname{div}\boldsymbol{v}$ が評価できないため，原点を含む任意の閉曲面 Ω を通過して外向きに流れ出る流量 $Q(\Omega) = \int_\Omega \boldsymbol{v}\cdot\boldsymbol{n}\, dS$ を求めるのに，ガウスの定理をそのまま用いることはできない．一方，閉曲面 Ω が囲む領域から原点中心，半径 1 の球 (球面を Ω_1 とする) を取り除いた領域 V に対しては，ガウスの定理を用いることができ，

$$0 = \int_V \mathrm{div}\,\boldsymbol{v}\,dV = \int_\Omega \boldsymbol{v}\cdot\boldsymbol{n}\,dS - \int_{\Omega_1} \boldsymbol{v}\cdot\boldsymbol{n}\,dS \qquad (4.107)$$

が得られる（ただし，ここでは単位法線ベクトル $\boldsymbol{n}$ を原点から見て外向きにとっている）．これより

$$Q(\Omega) = \int_\Omega \boldsymbol{v}\cdot\boldsymbol{n}\,dS = \int_{\Omega_1} \boldsymbol{v}\cdot\boldsymbol{n}\,dS = Q(\Omega_1) \qquad (4.108)$$

となることが分かる．この $Q(\Omega_1)$ は式 (4.106) の湧き出しによる流量であり，$r=1$ の単位球面上で $\boldsymbol{n}=(x,\,y,\,z)^t$ であることを用いると

$$Q(\Omega_1) = \int_{\Omega_1} \boldsymbol{v}\cdot\boldsymbol{n}\,dS = \int_{\Omega_1} m\,dS = 4\pi m \qquad (4.109)$$

となる．

2 次元のガウスの定理　密度一定の縮まない流体の 2 次元の流れ $\boldsymbol{v}=(v_1,\,v_2)^t$ について，閉曲線 C を通して流出する流量は式 (3.44) で与えられる．これと閉曲線 C で囲まれた領域 S 内の湧き出し量の釣り合いを考えると,「2 次元のガウスの定理」

$$\int_S \mathrm{div}\,\boldsymbol{v}\,dS = \int_C (\boldsymbol{v}\cdot\boldsymbol{n})\,ds \qquad (4.110)$$

すなわち，

$$\int_S \left(\frac{\partial v_1}{\partial x} + \frac{\partial v_2}{\partial y}\right) dS = \int_C (-v_2\,dx + v_1\,dy) \qquad (4.111)$$

を得る．

例題 4.10

$\boldsymbol{v}=(v_1,\,v_2)^t=(kx,\,ky)^t$ で与えられるベクトル場について，以下の閉曲線を考え,「2 次元のガウスの定理」が成立することを確認せよ．

(1)　点 O (0, 0)，点 A (2, 0)，点 B (2, 1)，点 C (0, 1) を結んだ閉曲線 OABC．

(2)　原点中心，半径 3 の円 C.

【解】 (1)　閉曲線 OABC で囲まれた領域を S とする．

$$\operatorname{div}\boldsymbol{v} = \frac{\partial v_1}{\partial x} + \frac{\partial v_2}{\partial y} = 2k$$

より，$\int_S \operatorname{div}\boldsymbol{v}\,dS = 2k\int_S dS = 4k$ を得る．一方，

$$\begin{aligned}
&\text{OA 上}：(-v_2\,dx + v_1\,dy) = -ky\,dx = 0\\
&\text{AB 上}：(-v_2\,dx + v_1\,dy) = kx\,dy = 2k\,dy\\
&\text{BC 上}：(-v_2\,dx + v_1\,dy) = -ky\,dx = -k\,dx\\
&\text{CO 上}：(-v_2\,dx + v_1\,dy) = kx\,dy = 0
\end{aligned}$$

より，

$$\begin{aligned}
\int_{\text{OABC}}(-v_2\,dx + v_1\,dy) &= \left(\int_{\text{AB}} + \int_{\text{BC}}\right)(-v_2\,dx + v_1\,dy)\\
&= \int_0^1 2k\,dy + \int_2^0 (-k)\,dx\\
&= 2k + 2k = 4k
\end{aligned}$$

以上より，$\int_S \operatorname{div}\boldsymbol{v}\,dS = \int_{\text{OABC}}(-v_2\,dx + v_1\,dy)$ が成立する．

(2)　閉曲線 C で囲まれた領域を S とする．$\operatorname{div}\boldsymbol{v} = 2k$ より，以下を得る．

$$\int_S \operatorname{div}\boldsymbol{v}\,dS = 2k\int_S dS = 2k\cdot 3^2\pi = 18k\pi$$

一方，閉曲線 C 上の点を $(x,\ y) = (3\cos\theta,\ 3\sin\theta)$ とすると

$$(dx,\ dy) = (-3\sin\theta,\ 3\cos\theta)\,d\theta, \qquad (v_1,\ v_2)^t = (3k\cos\theta,\ 3k\sin\theta)^t$$

より，

$$\int_C(-v_2\,dx + v_1\,dy) = \int_0^{2\pi}(9k\sin^2\theta + 9k\cos^2\theta)\,d\theta = 9k\int_0^{2\pi}d\theta = 18k\pi$$

以上より，$\int_S \operatorname{div}\boldsymbol{v}\,dS = \int_C(-v_2\,dx + v_1\,dy)$ が成立する．□

4.4 ポテンシャル

本節では，第2章で述べた定理2.1，2.2の証明を行う．定理2.1は，全空間で定義された渦なしのベクトル場 $\boldsymbol{v}$ は，あるスカラー場 ϕ によって $\nabla\phi$ と書けることを主張している．一方，定理2.2は，全空間で定義された湧き出しなしのベクトル場 $\boldsymbol{u}$ は，あるベクトル場 $\boldsymbol{v}$ によって $\boldsymbol{u}=\nabla\times\boldsymbol{v}$ と書けることを主張している．前者の証明には，ストークスの定理が用いられる．

【定理2.1の証明】 3次元空間中に直交直線座標系 O-xyz をとる．また，P を任意の点とし，その位置ベクトルを $\boldsymbol{r}$ とする．いま，O と P を結ぶ任意の2本の曲線を C_1, C_2 とし，O から出発して C_1 をたどって P に至り，C_2 を逆にたどって O に戻ってくる閉曲線 $C_1+(-C_2)$ を考える．また，この閉曲線を境界とする曲面の1つを S とする．すると，ストークスの定理より，

$$\int_{C_1+(-C_2)}\boldsymbol{v}\cdot d\boldsymbol{r}=\int_S(\nabla\times\boldsymbol{v})\cdot\boldsymbol{n}\,dS=0 \tag{4.112}$$

ここで，第2の等号では，$\boldsymbol{v}$ が渦なし，すなわち $\nabla\times\boldsymbol{v}=\boldsymbol{0}$ という条件を用いた．式(4.112)より，

$$\int_{C_1}\boldsymbol{v}\cdot d\boldsymbol{r}=\int_{C_2}\boldsymbol{v}\cdot d\boldsymbol{r} \tag{4.113}$$

すなわち，O と P を結ぶ曲線上での $\boldsymbol{v}$ の線積分の値は，積分路によらないことがわかる．そこで，この値を $\phi(\boldsymbol{r})$ とおく．いま，積分路として，変数 u をパラメータとする任意の曲線 $\boldsymbol{r}(u)$ $(0\leq u\leq t)$ をとると，

$$\int_0^t\boldsymbol{v}(\boldsymbol{r}(u))\cdot\frac{d\boldsymbol{r}}{du}du=\phi(\boldsymbol{r}(t)) \tag{4.114}$$

であるから，両辺を t で微分すると，

$$\boldsymbol{v}(\boldsymbol{r}(t))\cdot\frac{d\boldsymbol{r}}{dt}=\nabla\phi\cdot\frac{d\boldsymbol{r}}{dt} \tag{4.115}$$

ここで，$\boldsymbol{r}(t)$ は任意であるから，

$$\boldsymbol{v} = \nabla\phi \tag{4.116}$$

が得られる. □

ϕ をベクトル場 $\boldsymbol{v}$ に対する**スカラーポテンシャル**と呼ぶ. スカラーポテンシャルは, 原点 O の取り方により, 定数の差だけの任意性がある.

例題 4.11

ベクトル場 $\boldsymbol{v}(x, y, z) = x\boldsymbol{i} + y\boldsymbol{j} + z\boldsymbol{k}\ (= \boldsymbol{r})$ について次の問に答えよ.

(1) $\boldsymbol{v}$ が渦なしであることを示せ.

(2) $\boldsymbol{v}$ に対するスカラーポテンシャルを 1 つ求めよ.

【解】 (1) $\nabla\times\boldsymbol{v}$ の x 成分は,

$$\frac{\partial z}{\partial y} - \frac{\partial y}{\partial z} = 0 \tag{4.117}$$

同様に y 成分, z 成分も 0 となるから, $\boldsymbol{v}$ は渦なしである.

(2) ポテンシャルは定数の差だけの不定性があるから, 一般性を失うことなく, 原点 O における値を 0 としてよい. 点 (x_0, y_0, z_0) におけるポテンシャルの値を求めるため, 原点とこの点とを結ぶ線分 L に沿って $\boldsymbol{v}$ を線積分する. $r_0 = \sqrt{{x_0}^2 + {y_0}^2 + {z_0}^2}$ とおくと, 原点から距離が s である L 上の点 (x, y, z) において, ベクトル場 $\boldsymbol{v}$ および L の単位接線ベクトル $\boldsymbol{t}$ はそれぞれ

$$\boldsymbol{v}(s) = s\frac{x_0}{r_0}\boldsymbol{i} + s\frac{y_0}{r_0}\boldsymbol{j} + s\frac{z_0}{r_0}\boldsymbol{k} \tag{4.118}$$

$$\boldsymbol{t}(s) = \frac{x_0}{r_0}\boldsymbol{i} + \frac{y_0}{r_0}\boldsymbol{j} + \frac{z_0}{r_0}\boldsymbol{k} \qquad (\text{定ベクトル}) \tag{4.119}$$

と表されるから,

$$\begin{aligned}\int_L \boldsymbol{v}\cdot d\boldsymbol{r} &= \int_0^{r_0} \boldsymbol{v}\cdot\boldsymbol{t}\,ds \\ &= \left\{\left(\frac{x_0}{r_0}\right)^2 + \left(\frac{y_0}{r_0}\right)^2 + \left(\frac{z_0}{r_0}\right)^2\right\}\int_0^{r_0} s\,ds \\ &= \frac{1}{2}{r_0}^2 \end{aligned} \tag{4.120}$$

よって, 一般の点 (x, y, z) におけるスカラーポテンシャル ϕ は

$$\phi(x, y, z) = \frac{1}{2}(x^2 + y^2 + z^2) \tag{4.121}$$

となる．なお，式 (4.113) より，線分 L 以外の積分路を用いても同じ結果が得られる． □

問題 1 ベクトル場 $\boldsymbol{v}(x, y, z) = y^2\boldsymbol{i} + \{2xy + z\sin(yz)\}\boldsymbol{j} + y\sin(yz)\boldsymbol{k}$ について次の問に答えよ．

(1) $\boldsymbol{v}$ が渦なしであることを示せ．

(2) $\boldsymbol{v}$ に対するスカラーポテンシャルを 1 つ求めよ．

【定理 2.2 の証明】 3 次元空間中に直交直線座標系 O-xyz をとる．また，P を任意の点とし，その位置ベクトルを $\boldsymbol{r}$ とする．さて，あるベクトル場 $\boldsymbol{v}$ に対して $\boldsymbol{u} = \nabla \times \boldsymbol{v}$ が成り立つならば，$\boldsymbol{v}$ に任意のスカラー場 ϕ の勾配を加えたベクトル場についても，

$$\nabla \times (\boldsymbol{v} + \nabla\phi) = \nabla \times \boldsymbol{v} + \nabla \times (\nabla\phi) = \nabla \times \boldsymbol{v} = \boldsymbol{u} \tag{4.122}$$

が成り立つことに注意する．ただし，第 2 の等号では，勾配 $\nabla\phi$ は渦なしであること (式 (2.100) 参照) を用いた．任意の $\boldsymbol{v}$ に対し，ϕ をうまく選べば $\boldsymbol{v} + \nabla\phi$ の z 成分を 0 にできるから，式 (4.122) より，$\boldsymbol{v}$ の z 成分は 0 であるとして一般性を失わない．そこで，$\boldsymbol{v} = v_1\boldsymbol{i} + v_2\boldsymbol{j}$ とおく．ただし，$\boldsymbol{i}, \boldsymbol{j}$ はそれぞれ x 方向，y 方向の基本ベクトルである．

いま，$\boldsymbol{u} = u_1\boldsymbol{i} + u_2\boldsymbol{j} + u_3\boldsymbol{k} = \nabla \times \boldsymbol{v}$ とおくと，v_1, v_2 を決める式は次のようになる．

$$u_1(x, y, z) = -\frac{\partial v_2}{\partial z} \tag{4.123}$$

$$u_2(x, y, z) = \frac{\partial v_1}{\partial z} \tag{4.124}$$

$$u_3(x, y, z) = \frac{\partial v_2}{\partial x} - \frac{\partial v_1}{\partial y} \tag{4.125}$$

式 (4.124)，(4.123) よりそれぞれ次の式が得られる[9]．

$$v_1(x, y, z) = \int_0^z u_2(x, y, z')dz' + f(x, y) \tag{4.126}$$

$$v_2(x, y, z) = -\int_0^z u_1(x, y, z')dz' + g(x, y) \tag{4.127}$$

ここで，$f(x, y)$，$g(x, y)$ は x, y のある関数である．式 (4.126)，(4.127) を式 (4.125) に代入し，$\nabla\cdot\boldsymbol{u} = 0$ を用いると，次のようになる[10]．

$$\begin{aligned} u_3(x, y, z) &= \int_0^z \left(-\frac{\partial u_1}{\partial x} - \frac{\partial u_2}{\partial y}\right)dz' + \frac{\partial g}{\partial x} - \frac{\partial f}{\partial y} \\ &= \int_0^z \frac{\partial u_3}{\partial z'}dz' + \frac{\partial g}{\partial x} - \frac{\partial f}{\partial y} \\ &= u_3(x, y, z) - u_3(x, y, 0) + \frac{\partial g}{\partial x} - \frac{\partial f}{\partial y} \end{aligned} \tag{4.128}$$

これより，

$$\frac{\partial g}{\partial x} - \frac{\partial f}{\partial y} = u_3(x, y, 0) \tag{4.129}$$

が任意の x, y に対して成り立てばよい．それには，たとえば

$$f(x, y) = 0, \quad g(x, y) = \int_0^x u_3(x', y, 0)dx' \tag{4.130}$$

とおけばよい．こうして，$\boldsymbol{u} = \nabla\times\boldsymbol{v}$ を満たす $\boldsymbol{v}$ が存在することが分かった．

□

$\boldsymbol{v}$ をベクトル場 $\boldsymbol{u}$ に対するベクトルポテンシャルと呼ぶ．式 (4.122) よ

---

9) 以下，本節で出てくる x', z' などは，微分ではなく，x, z とは別の変数を表すのに用いる．

10) 偏微分係数を被積分関数とする積分 $\int_0^z \frac{\partial u_3}{\partial z'}dz'$ の計算は見慣れないかもしれないが，x, y を固定して考えれば，これは 1 変数の場合における微積分学の基本定理 $\int_a^b \frac{du}{dz}dz = u(b) - u(a)$ そのものである．

り，ϕ を任意のスカラー場としたとき，$\boldsymbol{v}$ は $\nabla\phi$ だけの任意性がある．

例題 4.12

ベクトル場 $\boldsymbol{u}(x, y, z) = -y\boldsymbol{i} + x\boldsymbol{j}$ について次の問に答えよ．

(1) $\boldsymbol{u}$ の発散は 0 であることを示せ．

(2) $\boldsymbol{u}$ に対するベクトルポテンシャルを 1 つ求めよ．

【解】 (1) 発散を計算すると，

$$\nabla\cdot\boldsymbol{u} = \frac{\partial(-y)}{\partial x} + \frac{\partial x}{\partial y} = 0 \tag{4.131}$$

となる．

(2) ベクトルポテンシャルを $\boldsymbol{v}$ とすると，定理 2.2 の証明で述べたように，$\boldsymbol{v} = v_1\boldsymbol{i} + v_2\boldsymbol{j}$ とおける．このとき，式 (4.126)，(4.127)，(4.130) より，

$$v_1(x, y, z) = \int_0^z u_2(x, y, z')dz' \tag{4.132}$$

$$v_2(x, y, z) = -\int_0^z u_1(x, y, z')dz' + \int_0^x u_3(x', y, 0)dx' \tag{4.133}$$

とすればよい．$u_1 = -y$，$u_2 = x$ を代入して計算すると，

$$v_1 = \int_0^z x\,dz' = xz \tag{4.134}$$

$$v_2 = -\int_0^z (-y)dz' = yz \tag{4.135}$$

よって，ベクトルポテンシャルは $\boldsymbol{v}(x, y, z) = xz\boldsymbol{i} + yz\boldsymbol{j}$ となる． □

問題 2 ベクトル場 $\boldsymbol{u}(x, y, z) = x(y-z)e^{xyz}\boldsymbol{i} + y(z-x)e^{xyz}\boldsymbol{j} + z(x-y)e^{xyz}\boldsymbol{k}$ について次の問に答えよ．

(1) $\boldsymbol{u}$ の発散は 0 であることを示せ．

(2) $\boldsymbol{u}$ に対するベクトルポテンシャルを 1 つ求めよ．

ヘルムホルツの定理 定理 2.1，2.2 より，次の定理が成り立つ．

定理 4.7（ヘルムホルツの定理）　$\boldsymbol{u}$ を全空間で定義されたベクトル場とする．このとき，$\boldsymbol{u}$ は渦なしのベクトル場と無発散のベクトル場の和に分解できる．すなわち，

$$\boldsymbol{u} = \nabla\phi + \nabla\times\boldsymbol{v} \tag{4.136}$$

を満たすスカラー場 ϕ とベクトル場 $\boldsymbol{v}$ が存在する．

【証明】　スカラー場 ϕ を，次のポアソン方程式

$$\nabla^2\phi = \nabla\cdot\boldsymbol{u} \tag{4.137}$$

の解として定義する．このとき，

$$\nabla\cdot(\boldsymbol{u} - \nabla\phi) = \nabla\cdot\boldsymbol{u} - \nabla^2\phi = 0 \tag{4.138}$$

であるから，$\boldsymbol{u} - \nabla\phi$ は無発散のベクトル場となる．したがって，定理 2.2 より，あるベクトル場 $\boldsymbol{v}$ が存在して，

$$\boldsymbol{u} - \nabla\phi = \nabla\times\boldsymbol{v} \tag{4.139}$$

と書ける．これより定理が成り立つ．　□

定理 4.7 において，ϕ, $\boldsymbol{v}$ をそれぞれ $\boldsymbol{u}$ のスカラーポテンシャル，ベクトルポテンシャルという．なお，式 (4.136) の分解は，ϕ や $\boldsymbol{v}$ の境界条件を定めない限り，一意的に定まらない．実際，スカラーポテンシャルとベクトルポテンシャルの組の 1 つを $(\phi, \boldsymbol{v})$ とし，ψ を調和関数，すなわち $\nabla^2\psi = 0$ を満たす関数として $\phi' = \phi + \psi$ とおくと，

$$\nabla\cdot(\boldsymbol{u} - \nabla\phi') = \nabla\cdot\boldsymbol{u} - \nabla^2\phi - \nabla^2\psi = 0 \tag{4.140}$$

であるから，$\boldsymbol{u} - \nabla\phi'$ も無発散のベクトル場となる．よって定理 2.2 より，

$$\boldsymbol{u} - \nabla\phi' = \nabla\times\boldsymbol{v}' \tag{4.141}$$

を満たすベクトル場 $\boldsymbol{v}'$ が存在して，組 $(\phi', \boldsymbol{v}')$ も式 (4.136) を満たす．

組 $(\phi, \boldsymbol{v})$ と組 $(\phi', \boldsymbol{v})$ とでは，一般に $\boldsymbol{u}$ の渦なし成分と無発散成分への分解のしかたが異なるが，分解のしかたを固定した場合でも，$\boldsymbol{v}$ にはまだ任意性がある．実際，χ を任意のスカラー場とするとき，

$$\nabla\times(\boldsymbol{v} + \nabla\chi) = \nabla\times\boldsymbol{v} + \nabla\times(\nabla\chi) = \nabla\times\boldsymbol{v} \tag{4.142}$$

であるから，組 $(\phi, \boldsymbol{v})$ と組 $(\phi, \boldsymbol{v} + \nabla\chi)$ は，$\boldsymbol{u}$ の渦なし成分と無発散成分への同じ分解を与える．

例題 4.13

$\boldsymbol{u}$ を全空間で定義されたベクトル場とし，$\boldsymbol{u}$ の渦なし成分と無発散成分への分解 (4.136) を考える．このとき，次の問に答えよ．

(1) ベクトル場 $\boldsymbol{v}$ は $\nabla\cdot\boldsymbol{v} = 0$ を満たすようにとれることを示せ．

(2) 上の (1) の条件の下で，$\boldsymbol{v}$ は $-\nabla^2\boldsymbol{v} = \nabla\times\boldsymbol{u}$ を満たすことを示せ．

【解】 (1) $\boldsymbol{v}$ をベクトルポテンシャルの1つとし，χ をスカラー場とすると，$\boldsymbol{v}' \equiv \boldsymbol{v} + \nabla\chi$ も同じ無発散成分を与えるベクトルポテンシャルである．このとき，

$$\nabla\cdot\boldsymbol{v}' = \nabla\cdot\boldsymbol{v} + \nabla^2\chi \tag{4.143}$$

であるから，χ をポアソン方程式 $\nabla^2\chi = -\nabla\cdot\boldsymbol{v}$ の解にとれば，$\nabla\cdot\boldsymbol{v}' = 0$ とできる．なお，対応するスカラーポテンシャルは ϕ のままである．

(2) (4.136) で $\boldsymbol{v}$ を $\boldsymbol{v}'$ に置き換えて得られる式

$$\boldsymbol{u} = \nabla\phi + \nabla\times\boldsymbol{v}' \tag{4.144}$$

の両辺の回転をとり，$\nabla\times(\nabla\phi) = \boldsymbol{0}$ と公式 (2.102)，および $\nabla\cdot\boldsymbol{v}' = 0$ を使うと，

$$\nabla\times\boldsymbol{u} = \nabla\times(\nabla\times\boldsymbol{v}') = \nabla(\nabla\cdot\boldsymbol{v}') - \nabla^2\boldsymbol{v}' = -\nabla^2\boldsymbol{v}' \tag{4.145}$$

よって問題の式が成り立つ． □

ガウスの定理とストークスの定理の証明法

ガウスの定理とストークスの定理の証明には，いろいろな方法がある．ガウスの定理の証明法として，多くの教科書で用いられているのは，式 (4.64) 右辺の面積分を xy 平面に射影した形の式

$$\int_V \frac{\partial v_z}{\partial z}\,dV = \int_S v_z n_z\,dS \tag{4.146}$$

(ただし v_z, n_z はそれぞれ $\boldsymbol{v}$, $\boldsymbol{n}$ の z 成分) をまず証明し，同様の式を yz 平面，zx 平面への射影についても導いて，これらを足し合わせることで式 (4.64) を

得るという方法である．ストークスの定理も同様に，各平面に射影した形の式を考え，これを平面上の線積分と面積分を結ぶ**グリーンの定理**（第 3 章章末の練習問題 8）を用いて証明することが多い．

これらは非常にスマートな証明法であり，かつ，領域 V や曲面 S の形にあまり制限を付けることなく定理を証明できるという点で優れている．しかし，一方で，「発散の物理的意味」（2.3 節，40 ページ），「回転の物理的意味」（2.4 節，48 ページ）で述べた発散，回転に対する物理的なイメージとのつながりが分かりにくいという欠点がある．また，ガウスの定理の証明とストークスの定理の証明とが大きく違って見えてしまうという問題点もある．

そこで本書では，2 次元，3 次元においてそれぞれ最も基本的な図形である三角形，四面体に対し，線積分，面積分，体積積分などを具体的に（誤差項付きで）計算することで，ガウスの定理，ストークスの定理が成り立つことを直接示すという方針を採った．また，三角形，四面体に対して定理を示しておけば，それらを組み合わせた複雑な領域に対しても定理が成り立つことを示した．この方法は，計算はやや複雑になるが，方針は明快であり，かつ，両定理の類似性を明らかにすることができるのではないかと考えている．なお，第 4 章（本章）章末の練習問題 9 では，曲面 S が簡単な形の場合について，各平面への射影を用いたストークスの定理の証明法を取り上げている．興味のある読者は挑戦してみられたい．

第 4 章　練習問題

1.　$\boldsymbol{r} = x\boldsymbol{i} + y\boldsymbol{j}$，$r = |\boldsymbol{r}|$ とし，$\boldsymbol{v} = -\dfrac{2xy}{r^4}\boldsymbol{i} + \dfrac{x^2 - y^2}{r^4}\boldsymbol{j}$ とする．また，C をベクトル方程式 $\boldsymbol{r}(\theta) = 2\cos\theta\,\boldsymbol{i} + 3\sin\theta\,\boldsymbol{j}$ $(0 \leq \theta \leq 2\pi)$ で表される楕円とする．このとき，線積分 $\displaystyle\int_C \boldsymbol{v}\cdot d\boldsymbol{r}$ を求めよ．

2.　$\boldsymbol{r} = x\boldsymbol{i} + y\boldsymbol{j} + z\boldsymbol{k}$，$r = |\boldsymbol{r}|$ とし，$\boldsymbol{v} = \dfrac{\boldsymbol{r}}{r^3}$ とする．S が次のように定められる面であるとき，面積分 $\displaystyle\int_S \boldsymbol{v}\cdot d\boldsymbol{S}$ を求めよ．ただし，S の法線ベクトルは原点と反対方向を向いているとする．

(1)　$x = 1$，$-1 \leq y \leq 1$，$-1 \leq z \leq 1$ で定められる正方形．

(2)　$x+y+z=1,\ 0 \leq x, y, z \leq 1$ で定められる正三角形．

3.　S を曲面とし，$\boldsymbol{n}$ をその法線ベクトルとする．また，C を S の境界とし，$\boldsymbol{t}$ をその接線ベクトル，ds を線素とする．このとき，スカラー場 ϕ とベクトル場 $\boldsymbol{u}$ について次の式が成り立つことを示せ．

(1)　$\displaystyle\int_S \boldsymbol{n}\times\nabla\phi\, dS = \int_C \phi\, d\boldsymbol{r}$

ヒント　$\boldsymbol{c}$ を任意の定数ベクトルとし，ストークスの定理で $\boldsymbol{v}=\boldsymbol{c}\phi$ とおいてみよ．

(2)　$\displaystyle\int_S (\boldsymbol{n}\times\nabla)\times\boldsymbol{u}\, dS = \int_C \boldsymbol{t}\times\boldsymbol{u}\, ds$

ヒント　$\boldsymbol{c}$ を任意の定数ベクトルとし，ストークスの定理で $\boldsymbol{v}=\boldsymbol{u}\times\boldsymbol{c}$ とおいてみよ．また，第2章章末の練習問題5の結果を用いよ．

4.　$S, \boldsymbol{n}, C, \boldsymbol{t}, ds$ を上の問題3と同様とする．また，$\boldsymbol{r}=x\boldsymbol{i}+y\boldsymbol{j}+z\boldsymbol{k}$，$r=|\boldsymbol{r}|$ とする．このとき，次の式を示せ．

(1)　$\displaystyle\int_C \boldsymbol{r}\cdot d\boldsymbol{r} = 0$

(2)　$\displaystyle\frac{1}{2}\int_C r^2\, d\boldsymbol{r} = \int_S \boldsymbol{n}\times\boldsymbol{r}\, dS$

(3)　$\displaystyle\frac{1}{2}\int_C \boldsymbol{r}\times\boldsymbol{t}\, ds = \int_S \boldsymbol{n}\, dS$

5.　V を3次元空間中の領域とし，S をその境界，$\boldsymbol{n}$ を S の法線ベクトルとする．このとき，スカラー場 ϕ とベクトル場 $\boldsymbol{u}$ について次の式が成り立つことを示せ．

(1)　$\displaystyle\int_V \nabla\phi\, dV = \int_S \phi\boldsymbol{n}\, dS$

(2)　$\displaystyle\int_V \nabla\times\boldsymbol{u}\, dV = \int_S \boldsymbol{n}\times\boldsymbol{u}\, dS$

ヒント　第2章章末の練習問題4の結果を用いよ．

6.　V を3次元空間中の領域とし，S をその境界，$\boldsymbol{n}$ を S の法線ベクトルとする．また，$\boldsymbol{r}=x\boldsymbol{i}+y\boldsymbol{j}+z\boldsymbol{k}$，$r=|\boldsymbol{r}|$ とする．このとき，次の式を示せ．

(1)　$\displaystyle\int_S \boldsymbol{n}\, dS = \boldsymbol{0}$

(2)　$\displaystyle\int_S \boldsymbol{r}\times\boldsymbol{n}\, dS = \boldsymbol{0}$

(3)　$\displaystyle\int_S \boldsymbol{r}\cdot\boldsymbol{n}\, dS = 3\int_V dV$

7. 領域 V の境界を S とし，S の法線ベクトルを $\boldsymbol{n}$ とする．また，ϕ をスカラー場とする．このとき，次の問に答えよ．

(1) $\int_V (\phi\nabla^2\phi + |\nabla\phi|^2)dV = \int_S \phi\nabla\phi\cdot\boldsymbol{n}\,dS$ が成り立つことを示せ．

(2) ϕ が調和関数で S 上で $\phi = 0$ ならば，V 内で $\phi = 0$ であることを示せ．

(3) f, g をそれぞれ V 内，S 上で定義されたスカラー場とする．ポアソン方程式の境界値問題

$$\begin{aligned} \nabla^2\phi &= f \quad (V \text{ 内において}) \\ \phi &= g \quad (S \text{ 上において}) \end{aligned} \tag{4.147}$$

の解は一意的に定まることを示せ．

8. 3次元空間中の微小領域について，その体積を ΔV，境界を S とする．また，ϕ をスカラー場，$\boldsymbol{u}$ をベクトル場とする．このとき，勾配 $\nabla\phi$ と回転 $\nabla\times\boldsymbol{u}$ が次のように面積分で表せることを示せ．

$$\nabla\phi = \lim_{\Delta V\to 0}\frac{1}{\Delta V}\int_S \phi\boldsymbol{n}\,dS \tag{4.148}$$

$$\nabla\times\boldsymbol{u} = \lim_{\Delta V\to 0}\frac{1}{\Delta V}\int_S \boldsymbol{n}\times\boldsymbol{u}\,dS \tag{4.149}$$

9. ベクトル場 $\boldsymbol{u} = u_x\boldsymbol{i} + u_y\boldsymbol{j} + u_z\boldsymbol{k}$ が定義された領域内に存在する曲面 S を考え，その境界を C，S の単位法線ベクトルを $\boldsymbol{n} = n_x\boldsymbol{i} + n_y\boldsymbol{j} + n_z\boldsymbol{k}$ とする．また，S を z 軸に沿って xy 平面に射影してできる領域を S_1 とするとき，S の点と S_1 の点は1対1に対応するとし，yz 平面，zx 平面についても同様とする．この場合について，次の手順によりストークスの定理を証明せよ．

(1) 曲面 S の式を $z = f(x, y)$ $((x, y) \in S_1)$ とするとき，次の式を示せ．

$$-\frac{\partial f}{\partial y}n_z(x, y, f(x, y)) = n_y(x, y, f(x, y)) \tag{4.150}$$

(2) グリーンの定理 (3.84) において，$D = S_1$，$\boldsymbol{v} = v_x(x, y)\boldsymbol{i} = u_x(x, y, f(x, y))\boldsymbol{i}$ とおくことで，次の式を示せ．ただし dS は S 上の面積素である．

$$\int_C u_x\,dx = \int_S\left(\frac{\partial u_x}{\partial z}n_y - \frac{\partial u_x}{\partial y}n_z\right)dS \tag{4.151}$$

(3) ストークスの定理

$$\int_C \boldsymbol{u}\cdot d\boldsymbol{r} = \int_S (\nabla \times \boldsymbol{u})\cdot\boldsymbol{n}\, dS \tag{4.152}$$

を示せ.

第5章

直交曲線座標

　対象とする系が円対称，球対称など特別の性質を持つ場合には，それに応じた座標系を用いるほうが計算が簡単になり便利である．

　本章では，直交曲線座標と呼ばれる座標系において，勾配，回転，発散などの微分演算子がどのように表示されるかを調べる．また，具体例として，広く使われている円柱座標と極座標を取り上げ，これらの微分演算子の表示を導出する．

5.1 曲線座標

曲線座標　これまでの章では，ベクトルの成分表示を考える際に，直交直線座標系 O-xyz に基づいて考えてきた．しかし，対象とする系が円対称，球対称など特別な性質を持つ場合には，それに応じた座標系を用いるほうが計算が簡単になり便利である．本章では，直交直線座標系以外の座標系に対して，ベクトルの成分やその微分がどのように表されるかを調べる．

いま，x, y, z の関数として，

$$u_1 = u_1(x, y, z), \quad u_2 = u_2(x, y, z), \quad u_3 = u_3(x, y, z) \tag{5.1}$$

の3つが与えられているとする．これらの関数は必要な回数だけ偏微分可能であるとし，かつ，(x, y, z) と (u_1, u_2, u_3) との間に1対1対応があるとし，さらに，任意の点 (x, y, z) においてヤコビアン $J(x, y, z)$ が非零，すなわち

$$J(x, y, z) = \begin{vmatrix} \dfrac{\partial u_1}{\partial x} & \dfrac{\partial u_1}{\partial y} & \dfrac{\partial u_1}{\partial z} \\ \dfrac{\partial u_2}{\partial x} & \dfrac{\partial u_2}{\partial y} & \dfrac{\partial u_2}{\partial z} \\ \dfrac{\partial u_3}{\partial x} & \dfrac{\partial u_3}{\partial y} & \dfrac{\partial u_3}{\partial z} \end{vmatrix} \neq 0 \tag{5.2}$$

であるとする[1]．このとき，(u_1, u_2, u_3) を1つ定めれば点 (x, y, z) が1つ定まるから，(u_1, u_2, u_3) は1つの座標系となる．これを**曲線座標**という．以

---

1) 式(5.2)のヤコビアン(ヤコビ行列式ともいう) J は，重積分(2変数)における変数変換の際に現れてきたものと同じであり，条件 $J \neq 0$ は，変数変換において1対1対応を保証するための条件である．また，式(5.3)で与える (u_1, u_2, u_3) から (x, y, z) への変数変換のヤコビアンは，

$$J(u_1, u_2, u_3) = \begin{vmatrix} \dfrac{\partial x}{\partial u_1} & \dfrac{\partial x}{\partial u_2} & \dfrac{\partial x}{\partial u_3} \\ \dfrac{\partial y}{\partial u_1} & \dfrac{\partial y}{\partial u_2} & \dfrac{\partial y}{\partial u_3} \\ \dfrac{\partial z}{\partial u_1} & \dfrac{\partial z}{\partial u_2} & \dfrac{\partial z}{\partial u_3} \end{vmatrix} = (J(x, y, z))^{-1}$$

である．

下では，式 (5.1) を (x, y, z) について解いて得られる (u_1, u_2, u_3) から (x, y, z) への対応を

$$x = x(u_1, u_2, u_3), \quad y = y(u_1, u_2, u_3), \quad z = z(u_1, u_2, u_3) \tag{5.3}$$

と書くことにする．

式 (5.3) において，u_1 の値を一定にし，u_2, u_3 のみを変化させて得られる点 (x, y, z) の集合は，一般に曲面となる．これを u_1 **曲面**と呼ぶ．同様に，u_2 曲面，u_3 曲面も定義される．また，u_2 と u_3 の値を一定にし，u_1 のみを変化させて得られる点 (x, y, z) の集合は一般に曲線となる．これを u_1 **曲線**と呼ぶ．u_1 曲線は，ある u_2 曲面とある u_3 曲面との交わりとなっている．同様に，u_2 曲線，u_3 曲線も定義される (図 5.1)．

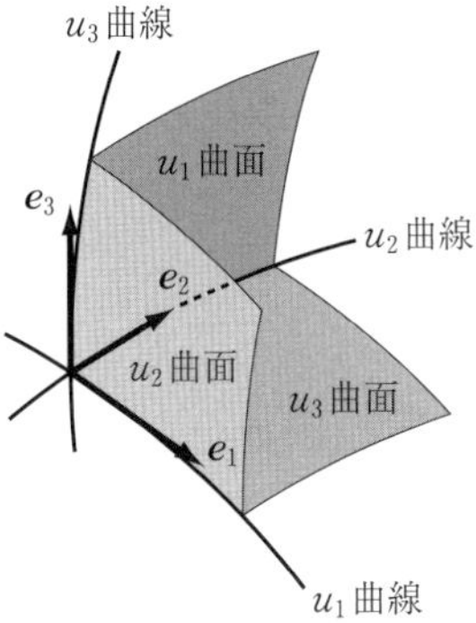

図 5.1　曲線座標

曲線座標における基本ベクトル　式 (5.3) は，ベクトル形式で

$$\boldsymbol{r}(u_1, u_2, u_3) = x(u_1, u_2, u_3)\boldsymbol{i} + y(u_1, u_2, u_3)\boldsymbol{j} + z(u_1, u_2, u_3)\boldsymbol{k} \tag{5.4}$$

と書ける．いま，点 (u_1, u_2, u_3) における u_1 曲線，u_2 曲線，u_3 曲線の接線を考えると[2)]，式 (2.12) より，接線ベクトルはそれぞれ

$$\frac{\partial \boldsymbol{r}}{\partial u_1}, \quad \frac{\partial \boldsymbol{r}}{\partial u_2}, \quad \frac{\partial \boldsymbol{r}}{\partial u_3} \tag{5.5}$$

となる．ここで，

$$\left| \frac{\partial \boldsymbol{r}}{\partial u_1} \ \frac{\partial \boldsymbol{r}}{\partial u_2} \ \frac{\partial \boldsymbol{r}}{\partial u_3} \right| = J^{-1} \neq 0 \tag{5.6}$$

2)　ここでは，曲線座標を用いて点を指定している．同じ点を直交直線座標系 O-xyz で書くと，$(x(u_1, u_2, u_3), y(u_1, u_2, u_3), z(u_1, u_2, u_3))$ となる．

であるから，これら3本の接線ベクトルは線形独立である．そこで，

$$h_1 = \left|\frac{\partial \boldsymbol{r}}{\partial u_1}\right|, \quad h_2 = \left|\frac{\partial \boldsymbol{r}}{\partial u_2}\right|, \quad h_3 = \left|\frac{\partial \boldsymbol{r}}{\partial u_3}\right| \tag{5.7}$$

とおくと，h_1, h_2, h_3 は非零で，単位接線ベクトルはそれぞれ

$$\boldsymbol{e}_1 = \frac{1}{h_1}\frac{\partial \boldsymbol{r}}{\partial u_1}, \quad \boldsymbol{e}_2 = \frac{1}{h_2}\frac{\partial \boldsymbol{r}}{\partial u_2}, \quad \boldsymbol{e}_3 = \frac{1}{h_3}\frac{\partial \boldsymbol{r}}{\partial u_3} \tag{5.8}$$

と書ける．$\boldsymbol{e}_1, \boldsymbol{e}_2, \boldsymbol{e}_3$ を点 (u_1, u_2, u_3) におけるこの曲線座標の**基本ベクトル**という．3本の基本ベクトルは線形独立であるから，任意のベクトル $\boldsymbol{a}$ は，これらの線形結合として

$$\boldsymbol{a} = a_1\boldsymbol{e}_1 + a_2\boldsymbol{e}_2 + a_3\boldsymbol{e}_3 \tag{5.9}$$

と書ける．このとき，$(a_1, a_2, a_3)^t$ をこの曲線座標に関する $\boldsymbol{a}$ の**成分表示**という．なお，式(5.8)の各式が一般に定ベクトルとは限らないことから，曲線座標内における基本ベクトル $\boldsymbol{e}_1, \boldsymbol{e}_2, \boldsymbol{e}_3$ の向きは，一般に各点ごとに異なることに注意する．

直交曲線座標　任意の点 (u_1, u_2, u_3) において3本の基本ベクトルが互いに直交する曲線座標を**直交曲線座標**と呼ぶ．これは，任意の点において u_1 曲線，u_2 曲線，u_3 曲線が互いに直交すること，あるいは，任意の点において u_1 曲面，u_2 曲面，u_3 曲面が互いに直交することと同値である．以下では，曲線座標といえば直交曲線座標を指すこととする．さらに，基本ベクトルは右手系をなす，すなわち，$\boldsymbol{e}_1$ から $\boldsymbol{e}_2$ の向きに右ねじを回すとき，ねじの進む向きが $\boldsymbol{e}_3$ の向きと一致すると仮定する．

直交曲線座標では，基本ベクトルの内積と外積について，直交直線座標系の基本ベクトルのときと同じ形の次の式が成り立つ．

$$\begin{gathered} \boldsymbol{e}_1\cdot\boldsymbol{e}_1 = \boldsymbol{e}_2\cdot\boldsymbol{e}_2 = \boldsymbol{e}_3\cdot\boldsymbol{e}_3 = 1 \\ \boldsymbol{e}_1\cdot\boldsymbol{e}_2 = \boldsymbol{e}_2\cdot\boldsymbol{e}_3 = \boldsymbol{e}_3\cdot\boldsymbol{e}_1 = 0 \end{gathered} \tag{5.10}$$

$$\boldsymbol{e}_1\times\boldsymbol{e}_1 = \boldsymbol{e}_2\times\boldsymbol{e}_2 = \boldsymbol{e}_3\times\boldsymbol{e}_3 = \boldsymbol{0}$$
$$\boldsymbol{e}_1\times\boldsymbol{e}_2 = \boldsymbol{e}_3, \quad \boldsymbol{e}_2\times\boldsymbol{e}_3 = \boldsymbol{e}_1, \quad \boldsymbol{e}_3\times\boldsymbol{e}_1 = \boldsymbol{e}_2 \tag{5.11}$$

これらは内積，外積の定義から直ちに導ける．これらを使うと，曲線座標で与えられた2本のベクトル $\boldsymbol{a} = (a_1, a_2, a_3)^t$，$\boldsymbol{b} = (b_1, b_2, b_3)^t$ に対し，

$$\boldsymbol{a}\cdot\boldsymbol{b} = a_1b_1 + a_2b_2 + a_3b_3 \tag{5.12}$$

$$\boldsymbol{a}\times\boldsymbol{b} = (a_2b_3 - a_3b_2)\boldsymbol{e}_1 + (a_3b_1 - a_1b_3)\boldsymbol{e}_2 + (a_1b_2 - a_2b_1)\boldsymbol{e}_3 \tag{5.13}$$

も，やはり直交直線座標のときと同じ形で成り立つことが分かる．

5.2　曲線座標におけるベクトルの微分

スカラー場の勾配　ϕ をスカラー場とするとき，その勾配 $\nabla\phi$ が曲線座標でどのように表されるかを考えよう．点 $\boldsymbol{r}(u_1, u_2, u_3)$ におけるスカラー場の値を ϕ，そこから微小距離だけ離れた点 $\boldsymbol{r} + d\boldsymbol{r} = \boldsymbol{r}(u_1 + du_1, u_2 + du_2, u_3 + du_3)$ におけるスカラー場の値を $\phi + d\phi$ とすると，式 (2.33) より，

$$d\phi = d\boldsymbol{r}\cdot\nabla\phi \tag{5.14}$$

ここで，式 (5.8) より，

$$d\boldsymbol{r} = \frac{\partial\boldsymbol{r}}{\partial u_1}du_1 + \frac{\partial\boldsymbol{r}}{\partial u_2}du_2 + \frac{\partial\boldsymbol{r}}{\partial u_3}du_3 = \boldsymbol{e}_1h_1du_1 + \boldsymbol{e}_2h_2du_2 + \boldsymbol{e}_3h_3du_3 \tag{5.15}$$

また，勾配が基本ベクトルの線形結合として

$$\nabla\phi = f_1\boldsymbol{e}_1 + f_2\boldsymbol{e}_2 + f_3\boldsymbol{e}_3 \tag{5.16}$$

のように書けるとする．これらを式 (5.14) に代入すれば，

$$d\phi = f_1h_1du_1 + f_2h_2du_2 + f_3h_3du_3 \tag{5.17}$$

一方，ϕ は (u_1, u_2, u_3) の関数であるから，$d\phi$ は次のようにも書ける．

$$d\phi = \frac{\partial \phi}{\partial u_1}du_1 + \frac{\partial \phi}{\partial u_2}du_2 + \frac{\partial \phi}{\partial u_3}du_3 \tag{5.18}$$

式 (5.17) と (5.18) とを比べて f_1, f_2, f_3 を求めれば，曲線座標における勾配の式が次のように導かれる．

$$\nabla\phi = \frac{1}{h_1}\frac{\partial \phi}{\partial u_1}\boldsymbol{e}_1 + \frac{1}{h_2}\frac{\partial \phi}{\partial u_2}\boldsymbol{e}_2 + \frac{1}{h_3}\frac{\partial \phi}{\partial u_3}\boldsymbol{e}_3 \tag{5.19}$$

ベクトル場の発散　次に，$\boldsymbol{v} = v_1\boldsymbol{e}_1 + v_2\boldsymbol{e}_2 + v_3\boldsymbol{e}_3$ をベクトル場とし，曲線座標における発散 $\nabla\cdot\boldsymbol{v}$ の式を導出する．そのため，4.3 節で導いた，面積分に基づく発散の定義 (4.91) を利用する．

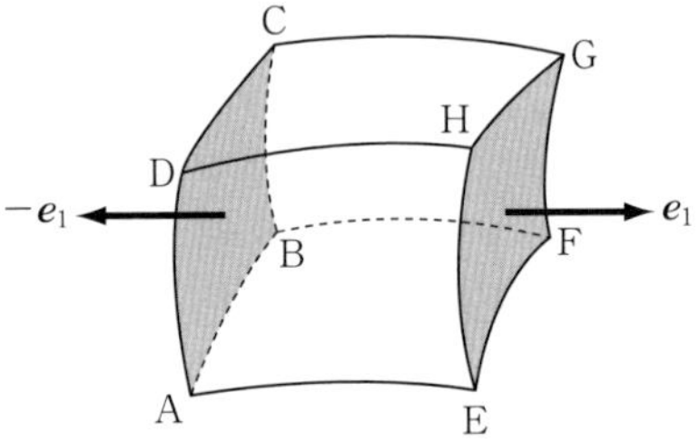

図 5.2

いま，du_1, du_2, du_3 を微小量とし，式 (4.91) 右辺の領域 ΔV として，u_1 座標，u_2 座標，u_3 座標がそれぞれ $\left[u_1 - \frac{du_1}{2}, u_1 + \frac{du_1}{2}\right]$, $\left[u_2 - \frac{du_2}{2}, u_2 + \frac{du_2}{2}\right]$, $\left[u_3 - \frac{du_3}{2}, u_3 + \frac{du_3}{2}\right]$ の範囲にある点の集合からなる図 5.2 のような領域 ABCD-EFGH を考える．このとき，面 ABCD の面積は，

$$\begin{aligned}&\left|\frac{\partial \boldsymbol{r}}{\partial u_2}\left(u_1 - \frac{du_1}{2}, u_2, u_3\right)\right| du_2 \left|\frac{\partial \boldsymbol{r}}{\partial u_3}\left(u_1 - \frac{du_1}{2}, u_2, u_3\right)\right| du_3 \\ &\quad = h_2\left(u_1 - \frac{du_1}{2}, u_2, u_3\right) \times h_3\left(u_1 - \frac{du_1}{2}, u_2, u_3\right) du_2 du_3\end{aligned} \tag{5.20}$$

と近似できる．ここで，式 (5.7) を用いた．また，面 ABCD の単位法線ベクトルは $-\boldsymbol{e}_1$ となる．したがって，面積分 $\int_S \boldsymbol{v}\cdot\boldsymbol{n}\,dS$ への面 ABCD からの寄与は，

$$-h_2\left(u_1-\frac{du_1}{2},\ u_2,\ u_3\right)\times h_3\left(u_1-\frac{du_1}{2},\ u_2,\ u_3\right)$$
$$\times v_1\left(u_1-\frac{du_1}{2},\ u_2,\ u_3\right)du_2du_3 \quad (5.21)$$

となる．同様にして，面 EFGH からの寄与は

$$h_2\left(u_1+\frac{du_1}{2},\ u_2,\ u_3\right)\times h_3\left(u_1+\frac{du_1}{2},\ u_2,\ u_3\right)$$
$$\times v_1\left(u_1+\frac{du_1}{2},\ u_2,\ u_3\right)du_2du_3 \quad (5.22)$$

となるから，これらを加え合わせ，テイラー展開の最低次の項のみを残すと，この 2 面からの面積分への寄与は

$$\frac{\partial}{\partial u_1}(h_2h_3v_1)du_1du_2du_3 \quad (5.23)$$

と近似される．同様に，残りの面からの寄与も計算すると，

$$\int_S \boldsymbol{v}\cdot\boldsymbol{n}\,dS \simeq \left\{\frac{\partial}{\partial u_1}(h_2h_3v_1)+\frac{\partial}{\partial u_2}(h_3h_1v_2)+\frac{\partial}{\partial u_3}(h_1h_2v_3)\right\}du_1du_2du_3 \quad (5.24)$$

となる．これを式 (4.91) に代入し，$\Delta V \simeq h_1h_2h_3du_1du_2du_3$ を用いると，曲線座標における発散の式

$$\nabla\cdot\boldsymbol{v}=\frac{1}{h_1h_2h_3}\left\{\frac{\partial}{\partial u_1}(h_2h_3v_1)+\frac{\partial}{\partial u_2}(h_3h_1v_2)+\frac{\partial}{\partial u_3}(h_1h_2v_3)\right\} \quad (5.25)$$

が得られる．

ベクトル場の回転　ベクトル場 $\boldsymbol{v}=v_1\boldsymbol{e}_1+v_2\boldsymbol{e}_2+v_3\boldsymbol{e}_3$ に対する回転の式を導出するため，4.2 節で導いた，線積分に基づく回転の定義 (4.48) を利用する．

いま，du_1, du_2 を微小量とし，式 (4.48) 右辺の領域 ΔS として，u_1 座標，

u_2 座標がそれぞれ

$$\left[u_1 - \frac{du_1}{2},\ u_1 + \frac{du_1}{2}\right],\ \left[u_2 - \frac{du_2}{2},\ u_2 + \frac{du_2}{2}\right]$$

の範囲にあり，u_3 座標が一定値をとる点の集合からなる図 5.3 のような面 ABCD を考える．このとき，辺 AB の長さは，

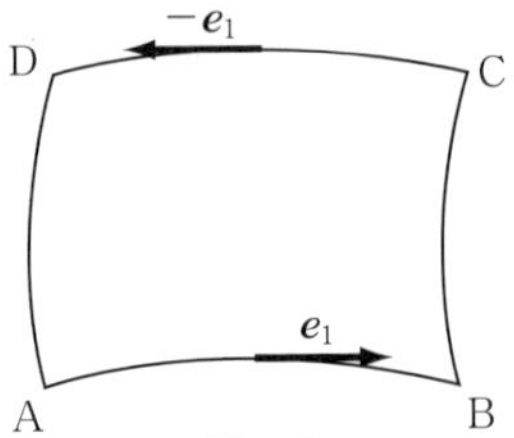

図 5.3

$$\left|\frac{\partial \boldsymbol{r}}{\partial u_1}\left(u_1,\ u_2 - \frac{du_2}{2},\ u_3\right)\right| du_1 = h_1\left(u_1,\ u_2 - \frac{du_2}{2},\ u_3\right) du_1 \tag{5.26}$$

と近似できる．また，辺 AB の単位接線ベクトルは $\boldsymbol{e}_1$ となる．したがって，線積分 $\int_C \boldsymbol{v}\cdot d\boldsymbol{r}$ への辺 AB からの寄与は，

$$h_1\left(u_1,\ u_2 - \frac{du_2}{2},\ u_3\right) \times v_1\left(u_1,\ u_2 - \frac{du_2}{2},\ u_3\right) du_1 \tag{5.27}$$

となる．同様にして，辺 CD からの寄与は

$$-h_1\left(u_1,\ u_2 + \frac{du_2}{2},\ u_3\right) \times v_1\left(u_1,\ u_2 + \frac{du_2}{2},\ u_3\right) du_1 \tag{5.28}$$

となるから，これらを加え合わせ，テイラー展開の最低次の項のみを残すと，この 2 辺からの線積分への寄与は

$$-\frac{\partial}{\partial u_2}(h_1 v_1)\, du_1 du_2 \tag{5.29}$$

と近似される．同様に，辺 BC，辺 DA からの寄与も計算すると，

$$\int_C \boldsymbol{v}\cdot d\boldsymbol{r} \simeq \left\{\frac{\partial}{\partial u_1}(h_2 v_2) - \frac{\partial}{\partial u_2}(h_1 v_1)\right\} du_1 du_2 \tag{5.30}$$

となる．これを式 (4.48) に代入し，$\Delta S \simeq h_1 h_2 du_1 du_2$ であることと，領域 ABCD の単位法線ベクトルが $\boldsymbol{n} = \boldsymbol{e}_3$ であることを用いると，回転 $\nabla \times \boldsymbol{v}$ の $\boldsymbol{e}_3$ 方向の成分が

$$(\nabla \times \boldsymbol{v})\cdot \boldsymbol{e}_3 = \frac{1}{h_1 h_2}\left\{\frac{\partial}{\partial u_1}(h_2 v_2) - \frac{\partial}{\partial u_2}(h_1 v_1)\right\} \tag{5.31}$$

と得られる．同様にして，$\boldsymbol{e}_1$，$\boldsymbol{e}_2$ 方向の成分も計算すると，最終的に曲線座標における回転の式が次のように得られる．

$$\begin{aligned}\nabla\times\boldsymbol{v} &= \frac{1}{h_2h_3}\left\{\frac{\partial}{\partial u_2}(h_3v_3)-\frac{\partial}{\partial u_3}(h_2v_2)\right\}\boldsymbol{e}_1\\ &\quad+\frac{1}{h_3h_1}\left\{\frac{\partial}{\partial u_3}(h_1v_1)-\frac{\partial}{\partial u_1}(h_3v_3)\right\}\boldsymbol{e}_2\\ &\quad+\frac{1}{h_1h_2}\left\{\frac{\partial}{\partial u_1}(h_2v_2)-\frac{\partial}{\partial u_2}(h_1v_1)\right\}\boldsymbol{e}_3 \qquad (5.32)\end{aligned}$$

スカラー場のラプラシアン　　スカラー場 ϕ に対して，そのラプラシアン $\nabla^2\phi$ は $\nabla\cdot\nabla\phi$ により定義される．曲線座標の場合，勾配 $\nabla\phi$ は式 (5.19) のように書けるから，これを発散の式 (5.25) に代入することにより，

$$\nabla^2\phi=\frac{1}{h_1h_2h_3}\left\{\frac{\partial}{\partial u_1}\left(\frac{h_2h_3}{h_1}\frac{\partial\phi}{\partial u_1}\right)+\frac{\partial}{\partial u_2}\left(\frac{h_3h_1}{h_2}\frac{\partial\phi}{\partial u_2}\right)+\frac{\partial}{\partial u_3}\left(\frac{h_1h_2}{h_3}\frac{\partial\phi}{\partial u_3}\right)\right\} \qquad (5.33)$$

が得られる．

5.3　円柱座標と極座標

本節では直交曲線座標の代表的な例として円柱座標と極座標を取り上げ，ベクトルの微分に関する公式を導出する．

円柱座標　　考えている系（場など）が円対称の場合には，**円柱座標**の利用が便利である．円柱座標では，xy 平面上にある点 P′ の位置を，原点 O からの距離 $r(>0)$[3] と，線分 OP′ が x 軸となす角度 θ $(0\leq\theta<2\pi)$ によって表

3)　$r=0$ となる点（z 軸上の点）では θ の値が一意に定まらず，1 対 1 対応が崩れるため，定義域から除く．

す．これに高さ方向の座標 z を付け加えることにより，空間内の任意の点 P の位置を (r, θ, z) により表せる（図 5.4）．(r, θ, z) から (x, y, z) への 1 対 1 対応は次のようになる．

$$x = r\cos\theta,\quad y = r\sin\theta,\quad z = z \qquad (5.34)$$

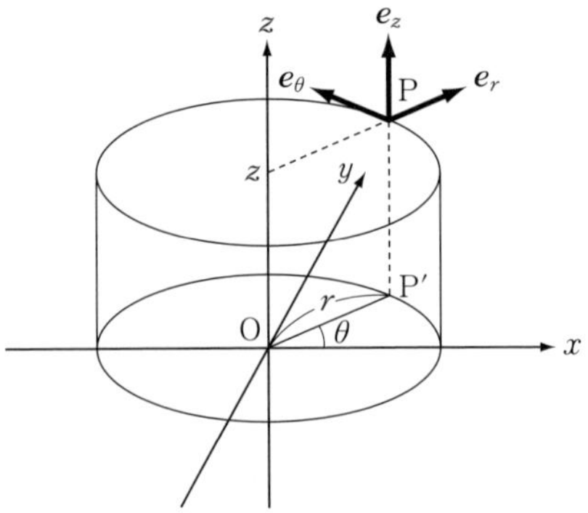

図 5.4 円柱座標

これより，直交直線座標系での基本ベクトルを用いて $\boldsymbol{r} = x\boldsymbol{i} + y\boldsymbol{j} + z\boldsymbol{k}$ とおくと，

$$\frac{\partial \boldsymbol{r}}{\partial r} = \cos\theta\,\boldsymbol{i} + \sin\theta\,\boldsymbol{j},\quad \frac{\partial \boldsymbol{r}}{\partial \theta} = -r\sin\theta\,\boldsymbol{i} + r\cos\theta\,\boldsymbol{j},\quad \frac{\partial \boldsymbol{r}}{\partial z} = \boldsymbol{k} \qquad (5.35)$$

となるから，式 (5.7)，(5.8) より，

$$h_r = 1,\quad h_\theta = r,\quad h_z = 1 \qquad (5.36)$$

$$\boldsymbol{e}_r = \cos\theta\,\boldsymbol{i} + \sin\theta\,\boldsymbol{j},\quad \boldsymbol{e}_\theta = -\sin\theta\,\boldsymbol{i} + \cos\theta\,\boldsymbol{j},\quad \boldsymbol{e}_z = \boldsymbol{k} \qquad (5.37)$$

となる．3 本の基本ベクトルが互いに直交することは容易に確かめられるから，円柱座標は直交曲線座標である．また，$\boldsymbol{e}_r \times \boldsymbol{e}_\theta = \boldsymbol{e}_z$ などが成り立つから，この座標系は右手系をなす．

ϕ をスカラー場，$\boldsymbol{v} = v_r\boldsymbol{e}_r + v_\theta\boldsymbol{e}_\theta + v_z\boldsymbol{e}_z$ をベクトル場とするとき，円柱座標における勾配，回転，発散，ラプラシアンの式は，式 (5.19)，(5.32)，(5.25)，(5.33) から次のように求められる．

$$\nabla\phi = \frac{\partial \phi}{\partial r}\boldsymbol{e}_r + \frac{1}{r}\frac{\partial \phi}{\partial \theta}\boldsymbol{e}_\theta + \frac{\partial \phi}{\partial z}\boldsymbol{e}_z \qquad (5.38)$$

$$\nabla\times\boldsymbol{v}=\frac{1}{r}\left\{\frac{\partial v_z}{\partial\theta}-\frac{\partial}{\partial z}(rv_\theta)\right\}\boldsymbol{e}_r+\left\{\frac{\partial v_r}{\partial z}-\frac{\partial v_z}{\partial r}\right\}\boldsymbol{e}_\theta+\frac{1}{r}\left\{\frac{\partial}{\partial r}(rv_\theta)-\frac{\partial v_r}{\partial\theta}\right\}\boldsymbol{e}_z \tag{5.39}$$

$$\nabla\cdot\boldsymbol{v}=\frac{1}{r}\left\{\frac{\partial}{\partial r}(rv_r)+\frac{\partial v_\theta}{\partial\theta}+\frac{\partial}{\partial z}(rv_z)\right\} \tag{5.40}$$

$$\begin{aligned}\nabla^2\phi&=\frac{1}{r}\left\{\frac{\partial}{\partial r}\left(r\frac{\partial\phi}{\partial r}\right)+\frac{\partial}{\partial\theta}\left(\frac{1}{r}\frac{\partial\phi}{\partial\theta}\right)+\frac{\partial}{\partial z}\left(r\frac{\partial\phi}{\partial z}\right)\right\}\\&=\frac{1}{r}\frac{\partial}{\partial r}\left(r\frac{\partial\phi}{\partial r}\right)+\frac{1}{r^2}\frac{\partial^2\phi}{\partial\theta^2}+\frac{\partial^2\phi}{\partial z^2}\end{aligned} \tag{5.41}$$

例題 5.1

(1) 円柱座標系の基本ベクトル $\boldsymbol{e}_r$, $\boldsymbol{e}_\theta$, $\boldsymbol{e}_z$ を用いて直交直線座標系の基本ベクトル $\boldsymbol{i}$, $\boldsymbol{j}$, $\boldsymbol{k}$ を表せ.

(2) 直交直線座標系で $\boldsymbol{v}(x,y,z)=v_1(x,y,z)\boldsymbol{i}+v_2(x,y,z)\boldsymbol{j}+v_3(x,y,z)\boldsymbol{k}$ と表されるベクトル場を，円柱座標系で表せ.

【解】 (1) 式 (5.37) より,

$$\boldsymbol{i}=\cos\theta\,\boldsymbol{e}_r-\sin\theta\,\boldsymbol{e}_\theta,\quad \boldsymbol{j}=\sin\theta\,\boldsymbol{e}_r+\cos\theta\,\boldsymbol{e}_\theta,\quad \boldsymbol{k}=\boldsymbol{e}_z \tag{5.42}$$

(2) $\boldsymbol{v}(x,y,z)$ の x, y, z に式 (5.34) を代入し，基本ベクトルを $\boldsymbol{e}_r$, $\boldsymbol{e}_\theta$, $\boldsymbol{e}_z$ で書き換えると，求めるベクトル場は次のようになる.

$$\begin{aligned}\tilde{\boldsymbol{v}}(r,\theta,z)&\equiv\boldsymbol{v}(r\cos\theta,r\sin\theta,z)\\&=v_1(r\cos\theta,r\sin\theta,z)(\cos\theta\,\boldsymbol{e}_r-\sin\theta\,\boldsymbol{e}_\theta)\\&\quad+v_2(r\cos\theta,r\sin\theta,z)(\sin\theta\,\boldsymbol{e}_r+\cos\theta\,\boldsymbol{e}_\theta)\\&\quad+v_3(r\cos\theta,r\sin\theta,z)\boldsymbol{e}_z\\&=\{v_1(r\cos\theta,r\sin\theta,z)\cos\theta+v_2(r\cos\theta,r\sin\theta,z)\sin\theta\}\boldsymbol{e}_r\\&\quad+\{-v_1(r\cos\theta,r\sin\theta,z)\sin\theta+v_2(r\cos\theta,r\sin\theta,z)\cos\theta\}\boldsymbol{e}_\theta\\&\quad+v_3(r\cos\theta,r\sin\theta,z)\boldsymbol{e}_z\end{aligned} \tag{5.43}$$

□

例題 5.2

円柱座標系で $\boldsymbol{v}(r, \theta, z) = r\boldsymbol{e}_\theta$ と表されるベクトル場に対し，回転 $\nabla\times\boldsymbol{v}$ を求めよ．

【解】 円柱座標系での成分は $v_r = 0$，$v_\theta = r$，$v_z = 0$ であり，これらの成分は θ, z に依存しないから，回転の公式 (5.39) より，

$$\nabla\times\boldsymbol{v} = \frac{1}{r}\left(\frac{\partial}{\partial r}(r\cdot r)\right)\boldsymbol{e}_z = 2\boldsymbol{e}_z \qquad (5.44)$$ □

問題 1 円柱座標系で $\boldsymbol{v}(r) = r^n\boldsymbol{e}_r$ ($r \neq 0$, n は定数) と表されるベクトル場 $\boldsymbol{v}$ が無発散，すなわち $\nabla\cdot\boldsymbol{v} = 0$ を満たすとする．このとき n の値を求めよ．

極座標　球対称の系に対しては，**極座標**の利用が便利である．極座標では，空間中の点 P の位置を，原点 O からの距離 $r\,(>0)$ と，線分 OP が z 軸となす角度 θ $(0<\theta<\pi)$，P を z 軸に沿って xy 平面に射影した点を P′ とするとき，線分 OP′ が x 軸となす角度 φ $(0<\varphi<2\pi)$ によって表す（図 5.5）[4]．(r, θ, φ) から (x, y, z) への1対1対応は次のようになる．

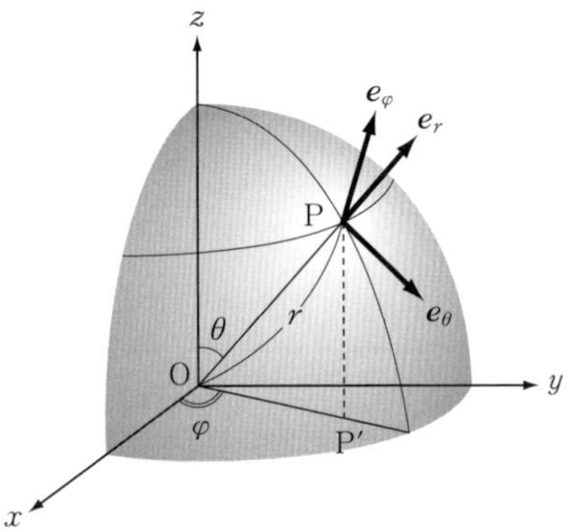

図 5.5　極座標

$$x = r\sin\theta\cos\varphi, \quad y = r\sin\theta\sin\varphi, \quad z = r\cos\theta \qquad (5.45)$$

これより，

4) $r = 0$ となる点（原点）では θ, φ の値が一意に定まらず，$\theta = 0, \pi$ となる点では φ の値が一意に定まらない．これらの点では1対1対応が崩れるため，それぞれ定義域から除く．

$$\frac{\partial \boldsymbol{r}}{\partial r} = \sin\theta\cos\varphi\,\boldsymbol{i} + \sin\theta\sin\varphi\,\boldsymbol{j} + \cos\theta\,\boldsymbol{k} \tag{5.46}$$

$$\frac{\partial \boldsymbol{r}}{\partial \theta} = r\cos\theta\cos\varphi\,\boldsymbol{i} + r\cos\theta\sin\varphi\,\boldsymbol{j} - r\sin\theta\,\boldsymbol{k} \tag{5.47}$$

$$\frac{\partial \boldsymbol{r}}{\partial \varphi} = -r\sin\theta\sin\varphi\,\boldsymbol{i} + r\sin\theta\cos\varphi\,\boldsymbol{j} \tag{5.48}$$

となるから，式 (5.7)，(5.8) より，

$$h_r = 1, \qquad h_\theta = r, \qquad h_\varphi = r\sin\theta \tag{5.49}$$

$$\boldsymbol{e}_r = \sin\theta\cos\varphi\,\boldsymbol{i} + \sin\theta\sin\varphi\,\boldsymbol{j} + \cos\theta\,\boldsymbol{k} \tag{5.50}$$

$$\boldsymbol{e}_\theta = \cos\theta\cos\varphi\,\boldsymbol{i} + \cos\theta\sin\varphi\,\boldsymbol{j} - \sin\theta\,\boldsymbol{k} \tag{5.51}$$

$$\boldsymbol{e}_\varphi = -\sin\varphi\,\boldsymbol{i} + \cos\varphi\,\boldsymbol{j} \tag{5.52}$$

となる．3 本の基本ベクトルが互いに直交することは容易に確かめられるから，極座標は直交曲線座標である．また，$\boldsymbol{e}_r \times \boldsymbol{e}_\theta = \boldsymbol{e}_\varphi$ などが成り立つから，この座標系は右手系をなす．

スカラー場 ϕ，ベクトル場 $\boldsymbol{v} = v_r\boldsymbol{e}_r + v_\theta\boldsymbol{e}_\theta + v_\varphi\boldsymbol{e}_\varphi$ に対する勾配，回転，発散，ラプラシアンの式は，式 (5.19)，(5.32)，(5.25)，(5.33) から次のように求められる．

$$\nabla\phi = \frac{\partial\phi}{\partial r}\boldsymbol{e}_r + \frac{1}{r}\frac{\partial\phi}{\partial\theta}\boldsymbol{e}_\theta + \frac{1}{r\sin\theta}\frac{\partial\phi}{\partial\varphi}\boldsymbol{e}_\varphi \tag{5.53}$$

$$\begin{aligned}\nabla\times\boldsymbol{v} &= \frac{1}{r^2\sin\theta}\left\{\frac{\partial}{\partial\theta}(r\sin\theta\,v_\varphi) - \frac{\partial}{\partial\varphi}(rv_\theta)\right\}\boldsymbol{e}_r \\ &\quad + \frac{1}{r\sin\theta}\left\{\frac{\partial v_r}{\partial\varphi} - \frac{\partial}{\partial r}(r\sin\theta\,v_\varphi)\right\}\boldsymbol{e}_\theta + \frac{1}{r}\left\{\frac{\partial}{\partial r}(rv_\theta) - \frac{\partial v_r}{\partial\theta}\right\}\boldsymbol{e}_\varphi\end{aligned} \tag{5.54}$$

$$\nabla\cdot\boldsymbol{v} = \frac{1}{r^2\sin\theta}\left\{\frac{\partial}{\partial r}(r^2\sin\theta\,v_r) + \frac{\partial}{\partial\theta}(r\sin\theta\,v_\theta) + \frac{\partial}{\partial\varphi}(rv_\varphi)\right\} \tag{5.55}$$

$$\nabla^2\phi = \frac{1}{r^2\sin\theta}\left\{\frac{\partial}{\partial r}\left(r^2\sin\theta\frac{\partial\phi}{\partial r}\right)+\frac{\partial}{\partial\theta}\left(\sin\theta\frac{\partial\phi}{\partial\theta}\right)+\frac{\partial}{\partial\varphi}\left(\frac{1}{\sin\theta}\frac{\partial\phi}{\partial\varphi}\right)\right\}$$
$$=\frac{1}{r^2}\frac{\partial}{\partial r}\left(r^2\frac{\partial\phi}{\partial r}\right)+\frac{1}{r^2\sin\theta}\frac{\partial}{\partial\theta}\left(\sin\theta\frac{\partial\phi}{\partial\theta}\right)+\frac{1}{r^2\sin^2\theta}\frac{\partial^2\phi}{\partial\varphi^2}\tag{5.56}$$

例題 5.3

極座標系の基本ベクトル $\boldsymbol{e}_r$, $\boldsymbol{e}_\theta$, $\boldsymbol{e}_\varphi$ を用いて直交直線座標系の基本ベクトル $\boldsymbol{i}$, $\boldsymbol{j}$, $\boldsymbol{k}$ を表せ.

【解】 式 (5.50), (5.51) より,

$$\sin\theta\,\boldsymbol{e}_r+\cos\theta\,\boldsymbol{e}_\theta=\cos\varphi\,\boldsymbol{i}+\sin\varphi\,\boldsymbol{j}\tag{5.57}$$

これと式 (5.52) より,

$$\boldsymbol{i}=\sin\theta\cos\varphi\,\boldsymbol{e}_r+\cos\theta\cos\varphi\,\boldsymbol{e}_\theta-\sin\varphi\,\boldsymbol{e}_\varphi\tag{5.58}$$

$$\boldsymbol{j}=\sin\theta\sin\varphi\,\boldsymbol{e}_r+\cos\theta\sin\varphi\,\boldsymbol{e}_\theta+\cos\varphi\,\boldsymbol{e}_\varphi\tag{5.59}$$

これらを式 (5.50) に代入して,

$$\boldsymbol{k}=\cos\theta\,\boldsymbol{e}_r-\sin\theta\,\boldsymbol{e}_\theta\tag{5.60}$$ □

【別解】 式 (5.50) ～ (5.52) をまとめて $(\boldsymbol{e}_r\ \ \boldsymbol{e}_\theta\ \ \boldsymbol{e}_\varphi)=(\boldsymbol{i}\ \ \boldsymbol{j}\ \ \boldsymbol{k})A$ と書くと, A は (ある点における) 正規直交基底を別の正規直交基底に移す行列だから, 直交行列となる. したがって $A^{-1}=A^t$ であり, $(\boldsymbol{i}\ \ \boldsymbol{j}\ \ \boldsymbol{k})=(\boldsymbol{e}_r\ \ \boldsymbol{e}_\theta\ \ \boldsymbol{e}_\varphi)A^t$ となる. 式 (5.58) ～ (5.60) はこれから直ちに得られる. □

例題 5.4

極座標系で $\boldsymbol{v}(r,\theta,\varphi)=r\sin\theta\,\boldsymbol{e}_\varphi$ と表されるベクトル場に対し, 回転 $\nabla\times\boldsymbol{v}$ を求めよ.

【解】 極座標系での成分は $v_r=0$, $v_\theta=0$, $v_\varphi=r\sin\theta$ であるから, 回転の公式 (5.54) より,

$$\nabla\times\boldsymbol{v}=\frac{1}{r^2\sin\theta}\frac{\partial}{\partial\theta}(r\sin\theta\cdot r\sin\theta)\boldsymbol{e}_r-\frac{1}{r\sin\theta}\frac{\partial}{\partial r}(r\sin\theta\cdot r\sin\theta)\boldsymbol{e}_\theta$$
$$=2(\cos\theta\,\boldsymbol{e}_r-\sin\theta\,\boldsymbol{e}_\theta)$$
$$=2\boldsymbol{k} \tag{5.61}$$

ただし，最後の等号では式 (5.60) を用いた．□

問題 2　極座標系の基本ベクトル $\boldsymbol{e}_r$, $\boldsymbol{e}_\theta$, $\boldsymbol{e}_\varphi$ について次式が成り立つことを示せ．

$$\begin{aligned}
&\frac{\partial\boldsymbol{e}_r}{\partial r}=\boldsymbol{0}, \quad \frac{\partial\boldsymbol{e}_r}{\partial\theta}=\boldsymbol{e}_\theta, \quad \frac{\partial\boldsymbol{e}_r}{\partial\varphi}=\sin\theta\,\boldsymbol{e}_\varphi\\
&\frac{\partial\boldsymbol{e}_\theta}{\partial r}=\boldsymbol{0}, \quad \frac{\partial\boldsymbol{e}_\theta}{\partial\theta}=-\boldsymbol{e}_r, \quad \frac{\partial\boldsymbol{e}_\theta}{\partial\varphi}=\cos\theta\,\boldsymbol{e}_\varphi\\
&\frac{\partial\boldsymbol{e}_\varphi}{\partial r}=\boldsymbol{0}, \quad \frac{\partial\boldsymbol{e}_\varphi}{\partial\theta}=\boldsymbol{0}, \quad \frac{\partial\boldsymbol{e}_\varphi}{\partial\varphi}=-\sin\theta\,\boldsymbol{e}_r-\cos\theta\,\boldsymbol{e}_\theta
\end{aligned} \tag{5.62}$$

問題 3　$f(r)$ を 2 回連続微分可能な関数，$\boldsymbol{e}_r$ を極座標系の r 方向の基本ベクトルとして，$\boldsymbol{v}(r)=f(r)\boldsymbol{e}_r$ とおく．このとき，次の式が成り立つことを示せ．

$$\nabla f(r)=\frac{df}{dr}\boldsymbol{e}_r$$
$$\nabla\times\boldsymbol{v}(r)=\boldsymbol{0}$$
$$\nabla\cdot\boldsymbol{v}(r)=\frac{2}{r}f(r)+\frac{df}{dr}$$
$$\nabla^2 f(r)=\frac{2}{r}\frac{df}{dr}+\frac{d^2f}{dr^2}$$

第 5 章　練習問題

1.　$\phi(r,\theta,z)$，$\boldsymbol{v}(r,\theta,z)$ をそれぞれ円柱座標系におけるスカラー場，ベクトル場とするとき，次の問に答えよ．

(1)　$\nabla\times(\nabla\phi)=\boldsymbol{0}$ が成り立つことを示せ．

(2)　$\nabla\cdot(\nabla\times\boldsymbol{v})=0$ が成り立つことを示せ．

2.　ベクトル場 $\boldsymbol{v}$ に対し，そのラプラシアン $\nabla^2\boldsymbol{v}$ は

$$\nabla^2\boldsymbol{v} = \nabla(\nabla\cdot\boldsymbol{v}) - \nabla\times(\nabla\times\boldsymbol{v}) \tag{5.63}$$

と定義される（式 (2.106) 参照）．$\boldsymbol{v}$ が円柱座標系により $\boldsymbol{v} = v_r\boldsymbol{e}_r + v_\theta\boldsymbol{e}_\theta + v_z\boldsymbol{e}_z$ と表されるとき，$\nabla^2\boldsymbol{v}$ を求めよ．

3.　時刻 t での位置が極座標により $(r(t), \theta(t), \varphi(t))$ と表される点があるとする．この点の速度 $\boldsymbol{v}(t)$ が極座標により次のように表されることを示せ．ただし，上付きのドットは t による微分を表す．

$$\boldsymbol{v}(t) = \dot{r}\boldsymbol{e}_r + r\dot{\theta}\boldsymbol{e}_\theta + r\dot{\varphi}\sin\theta\,\boldsymbol{e}_\varphi \tag{5.64}$$

4.　次の問に答えよ．

(1)　円柱座標で $\phi(r, \theta) = r^n\cos\theta\ (r \neq 0)$ と表示される関数 ϕ が調和関数となるための n に関する条件を求めよ．

(2)　極座標で $\phi(r, \theta, \varphi) = r^n\sin\theta\cos\varphi\ (r\sin\theta \neq 0)$ と表示される関数 ϕ が調和関数となるための n に関する条件を求めよ．

5.　円柱座標で $\boldsymbol{v} = f(r)\,\boldsymbol{e}_z$（ただし f は C^2 級関数）と表されるベクトル場について，次の式が成り立つことを示せ．

(1)　$\nabla\times\boldsymbol{v} = -\dfrac{df}{dr}\boldsymbol{e}_\theta$

(2)　$\boldsymbol{v}\times(\nabla\times\boldsymbol{v}) = f\dfrac{df}{dr}\boldsymbol{e}_r$

(3)　$\nabla\times\{\boldsymbol{v}\times(\nabla\times\boldsymbol{v})\} = \boldsymbol{0}$

6.　ベクトル微分演算子 $\boldsymbol{L}$ を $\boldsymbol{L} = \boldsymbol{r}\times\nabla$ と定義する．$\boldsymbol{L}$ は任意のスカラー場 $\phi(\boldsymbol{r})$ に作用し，ベクトル場 $\boldsymbol{L}\phi \equiv \boldsymbol{r}\times\nabla\phi$ を生じさせる演算子である．このとき，次の問に答えよ．

(1)　$\boldsymbol{L}$ が極座標により $\boldsymbol{L} = -\boldsymbol{e}_\theta\dfrac{1}{\sin\theta}\dfrac{\partial}{\partial\varphi} + \boldsymbol{e}_\varphi\dfrac{\partial}{\partial\theta}$ と書けることを示せ．

(2)　任意のスカラー場 $\phi(\boldsymbol{r})$ に対し，$\boldsymbol{L}\times(\boldsymbol{L}\phi) = -\boldsymbol{L}\phi$ が成り立つことを示せ．

(3)　任意のスカラー場 $\phi(\boldsymbol{r})$ に対し，$\boldsymbol{L}\cdot(\boldsymbol{L}\phi) = r^2\nabla^2\phi - \dfrac{\partial}{\partial r}\left(r^2\dfrac{\partial\phi}{\partial r}\right)$ が成り立つことを示せ．

練習問題解答

第1章

1. (1) 「$c_1\boldsymbol{y}_1 + c_2\boldsymbol{y}_2 + c_3\boldsymbol{y}_3 = \boldsymbol{0} \Longrightarrow c_1 = c_2 = c_3 = 0$」を示せばよい．つまり，$\boldsymbol{c} = (c_1, c_2, c_3)^t$ として行列形式で書くと，「$(\boldsymbol{y}_1 \ \ \boldsymbol{y}_2 \ \ \boldsymbol{y}_3)\boldsymbol{c} = \boldsymbol{0} \Longrightarrow \boldsymbol{c} = \boldsymbol{0}$」を示せばよい．いま，式 (1.74) が $(\boldsymbol{y}_1 \ \ \boldsymbol{y}_2 \ \ \boldsymbol{y}_3) = (\boldsymbol{x}_1 \ \ \boldsymbol{x}_2 \ \ \boldsymbol{x}_3)A$ と書けることに注意すると，

$$(\boldsymbol{y}_1 \ \ \boldsymbol{y}_2 \ \ \boldsymbol{y}_3)\boldsymbol{c} = \boldsymbol{0} \Longrightarrow (\boldsymbol{x}_1 \ \ \boldsymbol{x}_2 \ \ \boldsymbol{x}_3)A\boldsymbol{c} = \boldsymbol{0} \Longrightarrow A\boldsymbol{c} = \boldsymbol{0} \Longrightarrow \boldsymbol{c} = 0 \tag{A.1}$$

ここで，第2の矢印は $\boldsymbol{x}_1, \boldsymbol{x}_2, \boldsymbol{x}_3$ の線形独立性から成り立つ．また，第3の矢印は A の正則性から成り立つ．式 (A.1) より，$\boldsymbol{y}_1, \boldsymbol{y}_2, \boldsymbol{y}_3$ の線形独立性がいえた．

(2) $(\boldsymbol{y}_1 \ \ \boldsymbol{y}_2 \ \ \boldsymbol{y}_3) = (\boldsymbol{x}_1 \ \ \boldsymbol{x}_2 \ \ \boldsymbol{x}_3)A$ より，

$$\begin{aligned}
\begin{pmatrix} \boldsymbol{y}_1\cdot\boldsymbol{y}_1 & \boldsymbol{y}_1\cdot\boldsymbol{y}_2 & \boldsymbol{y}_1\cdot\boldsymbol{y}_3 \\ \boldsymbol{y}_2\cdot\boldsymbol{y}_1 & \boldsymbol{y}_2\cdot\boldsymbol{y}_2 & \boldsymbol{y}_2\cdot\boldsymbol{y}_3 \\ \boldsymbol{y}_3\cdot\boldsymbol{y}_1 & \boldsymbol{y}_3\cdot\boldsymbol{y}_2 & \boldsymbol{y}_3\cdot\boldsymbol{y}_3 \end{pmatrix} &= \begin{pmatrix} \boldsymbol{y}_1{}^t \\ \boldsymbol{y}_2{}^t \\ \boldsymbol{y}_3{}^t \end{pmatrix} (\boldsymbol{y}_1 \ \ \boldsymbol{y}_2 \ \ \boldsymbol{y}_3) \\
&= A^t \begin{pmatrix} \boldsymbol{x}_1{}^t \\ \boldsymbol{x}_2{}^t \\ \boldsymbol{x}_3{}^t \end{pmatrix} (\boldsymbol{x}_1 \ \ \boldsymbol{x}_2 \ \ \boldsymbol{x}_3)A \\
&= A^t A = I
\end{aligned}$$

(I は単位行列) となるから，$\boldsymbol{y}_1, \boldsymbol{y}_2, \boldsymbol{y}_3$ は正規直交系をなす．ここで，第3の等号では $\boldsymbol{x}_1, \boldsymbol{x}_2, \boldsymbol{x}_3$ が正規直交系をなすこと，第4の等号では A が直交行列であることを用いた．

(3) $(\boldsymbol{x}_1 \ \ \boldsymbol{x}_2 \ \ \boldsymbol{x}_3)$ が 3×3 行列と見なせることに注意すると，

$$|\boldsymbol{y}_1 \ \ \boldsymbol{y}_2 \ \ \boldsymbol{y}_3| = |(\boldsymbol{x}_1 \ \ \boldsymbol{x}_2 \ \ \boldsymbol{x}_3)A| = |(\boldsymbol{x}_1 \ \ \boldsymbol{x}_2 \ \ \boldsymbol{x}_3)||A| = \det A\,|(\boldsymbol{x}_1 \ \ \boldsymbol{x}_2 \ \ \boldsymbol{x}_3)|$$

ここで第2の等号では，行列式の乗法性 $|AB| = |A||B|$ (ただし A, B は同じ大きさの正方行列) を用いた．

2. ∠AOB の 2 等分線 l 上の任意の点の位置ベクトルは，適当な実数 λ を用いて $\lambda\left(\dfrac{\boldsymbol{a}}{|\boldsymbol{a}|} + \dfrac{\boldsymbol{b}}{|\boldsymbol{b}|}\right)$ と書ける．また，∠OBA の 2 等分線 m 上の任意の点の位置ベクトルは，適当な実数 μ を用いて $\boldsymbol{b} + \mu\left(-\dfrac{\boldsymbol{b}}{|\boldsymbol{b}|} + \dfrac{\boldsymbol{a}-\boldsymbol{b}}{|\boldsymbol{a}-\boldsymbol{b}|}\right)$ と書ける．内心 P は両方の直線の上に

あるから，その位置ベクトル $\overrightarrow{\mathrm{OP}}$ を2通りに書いて，両者を等しいとおくと，

$$\lambda\left(\frac{\boldsymbol{a}}{|\boldsymbol{a}|}+\frac{\boldsymbol{b}}{|\boldsymbol{b}|}\right)=\boldsymbol{b}+\mu\left(-\frac{\boldsymbol{b}}{|\boldsymbol{b}|}+\frac{\boldsymbol{a}-\boldsymbol{b}}{|\boldsymbol{a}-\boldsymbol{b}|}\right) \tag{A.2}$$

整理すると，

$$\left(\frac{\lambda}{|\boldsymbol{a}|}-\frac{\mu}{|\boldsymbol{a}-\boldsymbol{b}|}\right)\boldsymbol{a}+\left(\frac{\lambda}{|\boldsymbol{b}|}-1+\frac{\mu}{|\boldsymbol{b}|}+\frac{\mu}{|\boldsymbol{a}-\boldsymbol{b}|}\right)\boldsymbol{b}=\boldsymbol{0}$$

ここで，$\boldsymbol{a}$ と $\boldsymbol{b}$ は線形独立であるから，上式が成り立つためには，

$$\begin{cases}\dfrac{\lambda}{|\boldsymbol{a}|}-\dfrac{\mu}{|\boldsymbol{a}-\boldsymbol{b}|}=0\\[2ex] \dfrac{\lambda}{|\boldsymbol{b}|}-1+\dfrac{\mu}{|\boldsymbol{b}|}+\dfrac{\mu}{|\boldsymbol{a}-\boldsymbol{b}|}=0\end{cases}$$

でなければならない．これは λ と μ に関する連立1次方程式であり，これを解いて λ を求めると，

$$\lambda=\frac{|\boldsymbol{a}||\boldsymbol{b}|}{|\boldsymbol{a}|+|\boldsymbol{b}|+|\boldsymbol{a}-\boldsymbol{b}|}$$

これを式(A.2)の左辺に代入すると，

$$\overrightarrow{\mathrm{OP}}=\frac{|\boldsymbol{b}|\boldsymbol{a}+|\boldsymbol{a}|\boldsymbol{b}}{|\boldsymbol{a}|+|\boldsymbol{b}|+|\boldsymbol{a}-\boldsymbol{b}|}$$

が得られる．

3.　(1)　スカラー3重積に関する公式 $\boldsymbol{A}\cdot(\boldsymbol{B}\times\boldsymbol{C})=\boldsymbol{B}\cdot(\boldsymbol{C}\times\boldsymbol{A})$ において $\boldsymbol{A}=\boldsymbol{a}\times\boldsymbol{b}$，$\boldsymbol{B}=\boldsymbol{c}$，$\boldsymbol{C}=\boldsymbol{d}$ とおき，さらにベクトル3重積の公式を使うと，

$$\begin{aligned}(\boldsymbol{a}\times\boldsymbol{b})\cdot(\boldsymbol{c}\times\boldsymbol{d})&=\boldsymbol{c}\cdot\{\boldsymbol{d}\times(\boldsymbol{a}\times\boldsymbol{b})\}\\&=\boldsymbol{c}\cdot\{\boldsymbol{a}(\boldsymbol{d}\cdot\boldsymbol{b})-\boldsymbol{b}(\boldsymbol{d}\cdot\boldsymbol{a})\}\\&=(\boldsymbol{a}\cdot\boldsymbol{c})(\boldsymbol{b}\cdot\boldsymbol{d})-(\boldsymbol{a}\cdot\boldsymbol{d})(\boldsymbol{b}\cdot\boldsymbol{c})\\&=\begin{vmatrix}\boldsymbol{a}\cdot\boldsymbol{c}&\boldsymbol{b}\cdot\boldsymbol{c}\\\boldsymbol{a}\cdot\boldsymbol{d}&\boldsymbol{b}\cdot\boldsymbol{d}\end{vmatrix}\end{aligned}$$

(2)　ベクトル3重積に関する公式 $\boldsymbol{A}\times(\boldsymbol{B}\times\boldsymbol{C})=\boldsymbol{B}(\boldsymbol{A}\cdot\boldsymbol{C})-\boldsymbol{C}(\boldsymbol{A}\cdot\boldsymbol{B})$ において $\boldsymbol{A}=\boldsymbol{a}\times\boldsymbol{b}$，$\boldsymbol{B}=\boldsymbol{c}$，$\boldsymbol{C}=\boldsymbol{d}$ とすると，

$$\begin{aligned}(\boldsymbol{a}\times\boldsymbol{b})\times(\boldsymbol{c}\times\boldsymbol{d})&=\boldsymbol{c}\{(\boldsymbol{a}\times\boldsymbol{b})\cdot\boldsymbol{d}\}-\boldsymbol{d}\{(\boldsymbol{a}\times\boldsymbol{b})\cdot\boldsymbol{c}\}\\&=\boldsymbol{c}\,|\boldsymbol{d}\ \ \boldsymbol{a}\ \ \boldsymbol{b}|-\boldsymbol{d}\,|\boldsymbol{c}\ \ \boldsymbol{a}\ \ \boldsymbol{b}|\\&=|\boldsymbol{a}\ \ \boldsymbol{b}\ \ \boldsymbol{d}|\,\boldsymbol{c}-|\boldsymbol{a}\ \ \boldsymbol{b}\ \ \boldsymbol{c}|\,\boldsymbol{d}\end{aligned}$$

ただし，最後の等号では，スカラー3重積における変数の入れ替えの公式(1.51)を用いた．

4. (1) 式 (1.75) の両辺と $\boldsymbol{a}$ との内積をとると，$\boldsymbol{a}\cdot(\boldsymbol{a}\times\boldsymbol{x}) = \boldsymbol{a}\cdot\boldsymbol{b}$．ここで，左辺はスカラー 3 重積における変数の入れ替えの公式 (1.51) を用いると，$\boldsymbol{a}\cdot(\boldsymbol{a}\times\boldsymbol{x}) = \boldsymbol{x}\cdot(\boldsymbol{a}\times\boldsymbol{a}) = \boldsymbol{x}\cdot\boldsymbol{0} = 0$ となる．したがって，右辺の $\boldsymbol{a}\cdot\boldsymbol{b}$ が 0 でなければ矛盾となり，この方程式は解を持たない．

(2) まず $\boldsymbol{b} = \boldsymbol{0}$ の場合を考える．このとき，$\boldsymbol{a}\times\boldsymbol{x} = \boldsymbol{0}$ であるから，$\boldsymbol{x}$ は $\boldsymbol{a}$ に平行，すなわち，λ を任意の実数として，$\boldsymbol{x} = \lambda\boldsymbol{a}$ が一般解となる．$\boldsymbol{b} \neq \boldsymbol{0}$ のとき，条件 $\boldsymbol{a}\cdot\boldsymbol{b} = 0$ より，$\boldsymbol{a}$，$\boldsymbol{b}$ は互いに直交する非零ベクトルであるから，$\boldsymbol{a}$，$\boldsymbol{b}$，$\boldsymbol{a}\times\boldsymbol{b}$ は互いに直交する 3 本の非零ベクトルとなり，任意のベクトルはこれらの線形結合で表せる．そこで，

$$\boldsymbol{x} = \lambda\boldsymbol{a} + \mu\boldsymbol{b} + \nu(\boldsymbol{a}\times\boldsymbol{b})$$

とおき，式 (1.75) に代入すると，

$$\lambda(\boldsymbol{a}\times\boldsymbol{a}) + \mu(\boldsymbol{a}\times\boldsymbol{b}) + \nu\{\boldsymbol{a}\times(\boldsymbol{a}\times\boldsymbol{b})\} = \boldsymbol{b}$$

$\boldsymbol{a}\times\boldsymbol{a} = \boldsymbol{0}$ に注意し，$\boldsymbol{a}\times(\boldsymbol{a}\times\boldsymbol{b})$ の項にベクトル 3 重積の公式を適用して整理すると，

$$\mu(\boldsymbol{a}\times\boldsymbol{b}) - \nu|\boldsymbol{a}|^2\boldsymbol{b} = \boldsymbol{b}$$

この両辺と $\boldsymbol{a}\times\boldsymbol{b}$，$\boldsymbol{b}$ との内積をとると，それぞれ $\mu = 0$，$\nu = -\dfrac{1}{|\boldsymbol{a}|^2}$ が得られる．したがって一般解は，λ を任意の実数として，

$$\boldsymbol{x} = -\frac{\boldsymbol{a}\times\boldsymbol{b}}{|\boldsymbol{a}|^2} + \lambda\boldsymbol{a}$$

となる．この式は $\boldsymbol{b} = \boldsymbol{0}$ の場合の解も含んでいる．

5. 式 (1.76) と $\boldsymbol{b}\times\boldsymbol{c}$ との内積をとると，$\boldsymbol{b}\times\boldsymbol{c}$ が $\boldsymbol{b}$，$\boldsymbol{c}$ と直交することより，

$$\boldsymbol{p}\cdot(\boldsymbol{b}\times\boldsymbol{c}) = \lambda\boldsymbol{a}\cdot(\boldsymbol{b}\times\boldsymbol{c}) = \lambda|\boldsymbol{a}\ \ \boldsymbol{b}\ \ \boldsymbol{c}|$$

となる．同様に，$\boldsymbol{c}\times\boldsymbol{a}$，$\boldsymbol{a}\times\boldsymbol{b}$ との内積を考えることにより，

$$\lambda = \frac{\boldsymbol{p}\cdot(\boldsymbol{b}\times\boldsymbol{c})}{|\boldsymbol{a}\ \ \boldsymbol{b}\ \ \boldsymbol{c}|},\qquad \mu = \frac{\boldsymbol{p}\cdot(\boldsymbol{c}\times\boldsymbol{a})}{|\boldsymbol{a}\ \ \boldsymbol{b}\ \ \boldsymbol{c}|},\qquad \nu = \frac{\boldsymbol{p}\cdot(\boldsymbol{a}\times\boldsymbol{b})}{|\boldsymbol{a}\ \ \boldsymbol{b}\ \ \boldsymbol{c}|}$$

と係数が得られる．

6. (1) 上の問題 3 (2) の結果を用いると，

$$\begin{aligned}\boldsymbol{B}\times\boldsymbol{C} &= \frac{1}{|\boldsymbol{a}\ \ \boldsymbol{b}\ \ \boldsymbol{c}|^2}\{(\boldsymbol{c}\times\boldsymbol{a})\times(\boldsymbol{a}\times\boldsymbol{b})\}\\ &= \frac{1}{|\boldsymbol{a}\ \ \boldsymbol{b}\ \ \boldsymbol{c}|^2}\{|\boldsymbol{c}\ \ \boldsymbol{a}\ \ \boldsymbol{b}|\boldsymbol{a} - |\boldsymbol{c}\ \ \boldsymbol{a}\ \ \boldsymbol{a}|\boldsymbol{b}\} = \frac{\boldsymbol{a}}{|\boldsymbol{a}\ \ \boldsymbol{b}\ \ \boldsymbol{c}|}\end{aligned}\tag{A.3}$$

ここで，$\boldsymbol{A}\cdot\boldsymbol{a} = 1$ より，

$$|\boldsymbol{A}\ \ \boldsymbol{B}\ \ \boldsymbol{C}| = \boldsymbol{A}\cdot(\boldsymbol{B}\times\boldsymbol{C}) = \frac{\boldsymbol{A}\cdot\boldsymbol{a}}{|\boldsymbol{a}\ \ \boldsymbol{b}\ \ \boldsymbol{c}|} = \frac{1}{|\boldsymbol{a}\ \ \boldsymbol{b}\ \ \boldsymbol{c}|}\tag{A.4}$$

(2) 式 (A.3), (A.4) より,

$$\frac{\boldsymbol{B}\times\boldsymbol{C}}{|\boldsymbol{A}\ \ \boldsymbol{B}\ \ \boldsymbol{C}|}=\frac{\boldsymbol{a}}{|\boldsymbol{a}\ \ \boldsymbol{b}\ \ \boldsymbol{c}|}|\boldsymbol{a}\ \ \boldsymbol{b}\ \ \boldsymbol{c}|=\boldsymbol{a}$$

7. $\boldsymbol{a}=a_1\boldsymbol{i}+a_2\boldsymbol{j}+a_3\boldsymbol{k}$, $\boldsymbol{b}=b_1\boldsymbol{i}+b_2\boldsymbol{j}+b_3\boldsymbol{k}$ とおくと,

$$\begin{aligned}\boldsymbol{a}\times\boldsymbol{b}&=(a_1\boldsymbol{i}+a_2\boldsymbol{j}+a_3\boldsymbol{k})\times(b_1\boldsymbol{i}+b_2\boldsymbol{j}+b_3\boldsymbol{k})\\&=a_1b_1(\boldsymbol{i}\times\boldsymbol{i})+a_1b_2(\boldsymbol{i}\times\boldsymbol{j})+a_1b_3(\boldsymbol{i}\times\boldsymbol{k})\\&\qquad+a_2b_1(\boldsymbol{j}\times\boldsymbol{i})+a_2b_2(\boldsymbol{j}\times\boldsymbol{j})+a_2b_3(\boldsymbol{j}\times\boldsymbol{k})\\&\qquad+a_3b_1(\boldsymbol{k}\times\boldsymbol{i})+a_3b_2(\boldsymbol{k}\times\boldsymbol{j})+a_3b_3(\boldsymbol{k}\times\boldsymbol{k})\\&=a_1b_2\boldsymbol{k}-a_1b_3\boldsymbol{j}-a_2b_1\boldsymbol{k}+a_2b_3\boldsymbol{i}+a_3b_1\boldsymbol{j}-a_3b_2\boldsymbol{i}\\&=(a_2b_3-a_3b_2)\boldsymbol{i}+(a_3b_1-a_1b_3)\boldsymbol{j}+(a_1b_2-a_2b_1)\boldsymbol{k}\end{aligned}$$

ただし,第2の等号では性質 ③, ④ を用い,第3の等号では性質 ⑤ を用いた.

8. (1) 式 (1.77) はまとめて

$$(\boldsymbol{c}_1{}'\ \ \boldsymbol{c}_2{}'\ \ \boldsymbol{c}_3{}')=(\boldsymbol{c}_1\ \ \boldsymbol{c}_2\ \ \boldsymbol{c}_3)A \tag{A.5}$$

と書ける.一方,$\boldsymbol{c}_1{}'$, $\boldsymbol{c}_2{}'$, $\boldsymbol{c}_3{}'$ も線形独立であるから,$\boldsymbol{c}_1$, $\boldsymbol{c}_2$, $\boldsymbol{c}_3$ はこれらの線形結合により,

$$(\boldsymbol{c}_1\ \ \boldsymbol{c}_2\ \ \boldsymbol{c}_3)=(\boldsymbol{c}_1{}'\ \ \boldsymbol{c}_2{}'\ \ \boldsymbol{c}_3{}')B \tag{A.6}$$

と書ける.ただし,B はある 3×3 行列である.式 (A.5), (A.6) より,

$$(\boldsymbol{c}_1\ \ \boldsymbol{c}_2\ \ \boldsymbol{c}_3)=(\boldsymbol{c}_1\ \ \boldsymbol{c}_2\ \ \boldsymbol{c}_3)AB$$

ところが,$\boldsymbol{c}_1$, $\boldsymbol{c}_2$, $\boldsymbol{c}_3$ は線形独立であるから,AB は単位行列でなければならない.したがって A には逆行列が存在するから,A は正則である.

(2) 式 (A.6) を用いると,

$$\begin{aligned}\boldsymbol{v}&=(\boldsymbol{c}_1\ \ \boldsymbol{c}_2\ \ \boldsymbol{c}_3)(v_1,\ v_2,\ v_3)^t\\&=(\boldsymbol{c}_1{}'\ \ \boldsymbol{c}_2{}'\ \ \boldsymbol{c}_3{}')B(v_1,\ v_2,\ v_3)^t\\&=(\boldsymbol{c}_1{}'\ \ \boldsymbol{c}_2{}'\ \ \boldsymbol{c}_3{}')A^{-1}(v_1,\ v_2,\ v_3)^t\end{aligned}$$

よって,$\boldsymbol{c}_1{}'$, $\boldsymbol{c}_2{}'$, $\boldsymbol{c}_3{}'$ に関する $\boldsymbol{v}$ の成分表示は $A^{-1}(v_1,\ v_2,\ v_3)^t$ となる.すなわち,基底ベクトルが行列 A によって移り変わるとき,その基底に関する成分表示は A^{-1} によって移り変わる.

第 2 章

1.　(1)

$$\nabla^2\phi = \frac{\partial^2}{\partial x^2}(e^{kx}\cos(ky)) + \frac{\partial^2}{\partial y^2}(e^{kx}\cos(ky))$$
$$= k^2e^{kx}\cos(ky) - k^2e^{kx}\cos(ky) = 0$$

よって $\phi(x, y)$ は調和関数である．

(2)　$\varphi = x^2 + y^2 + z^2 - xy - yz - zx$ とおくと，

$$\frac{\partial\phi}{\partial x} = \frac{1}{\varphi}(2x - y - z)$$
$$\frac{\partial^2\phi}{\partial x^2} = \frac{1}{\varphi^2}\left\{\varphi\frac{\partial}{\partial x}(2x - y - z) - \frac{\partial\varphi}{\partial x}(2x - y - z)\right\}$$
$$= \frac{1}{\varphi^2}(-2x^2 + y^2 + z^2 + 2xy + 2zx - 4yz)$$

同様に，

$$\frac{\partial^2\phi}{\partial y^2} = \frac{1}{\varphi^2}(x^2 - 2y^2 + z^2 + 2xy - 4zx + 2yz)$$
$$\frac{\partial^2\phi}{\partial z^2} = \frac{1}{\varphi^2}(x^2 + y^2 - 2z^2 - 4xy + 2zx + 2yz)$$

これらを加えると，$\nabla^2\phi = \dfrac{\partial^2\phi}{\partial x^2} + \dfrac{\partial^2\phi}{\partial y^2} + \dfrac{\partial^2\phi}{\partial z^2} = 0$ となる．

2.　(1)　以下，r に関する微分を $'$ で表す．$\nabla r = \dfrac{\boldsymbol{r}}{r}$ に注意すると，勾配に関する公式 (2.27) より，

$$\nabla\phi(r) = \phi'\,\nabla r = \frac{\phi'}{r}\boldsymbol{r}$$

したがって，発散に関する公式 (2.66) より，

$$\nabla^2\phi(r) = \nabla\cdot\left(\frac{\phi'}{r}\boldsymbol{r}\right)$$
$$= \nabla\left(\frac{\phi'}{r}\right)\cdot\boldsymbol{r} + \frac{\phi'}{r}\nabla\cdot\boldsymbol{r}$$
$$= \frac{d}{dr}\left(\frac{\phi'}{r}\right)\nabla r\cdot\boldsymbol{r} + \frac{3\phi'}{r}$$
$$= \frac{r\phi'' - \phi'}{r^2}\frac{\boldsymbol{r}}{r}\cdot\boldsymbol{r} + \frac{3\phi'}{r} = \phi'' + \frac{2}{r}\phi'$$

(2)　$\varphi = \phi'$ とおくと，$\nabla^2\phi = 0$ は $\varphi' + \dfrac{2}{r}\varphi = 0$ と書ける．これより $\dfrac{\varphi'}{\varphi} = -\dfrac{2}{r}$ であるから，両辺を積分して $\log|\varphi| = -2\log r + C$（$C$ は定数），すなわち $\varphi = \dfrac{A}{r^2}$（A は定数）．これをもう一度積分して，$\phi = \dfrac{A}{r} + B$ が一般解となる．

3.　以下，t に関する微分を $\dot{\boldsymbol{r}}\left(=\dfrac{d\boldsymbol{r}}{dt}\right)$ のように上付きのドットで表す．

(1)　角運動量の定義と運動方程式より，

$$\dot{\boldsymbol{L}} = \dot{\boldsymbol{r}}\times\boldsymbol{p} + \boldsymbol{r}\times\dot{\boldsymbol{p}} = \frac{\boldsymbol{p}}{m}\times\boldsymbol{p} + \boldsymbol{r}\times\left(-\frac{k\boldsymbol{r}}{r^3}\right) = \boldsymbol{0}$$

よって $\boldsymbol{L}$ は時間に関して不変である．

(2)　ルンゲ-レンツベクトルの定義より，

$$\begin{aligned}\dot{\boldsymbol{A}} &= \dot{\boldsymbol{p}}\times\boldsymbol{L} + \boldsymbol{p}\times\dot{\boldsymbol{L}} - mk\frac{\dot{\boldsymbol{r}}}{r} + mk\frac{\boldsymbol{r}\dot{r}}{r^2}\\ &= -\frac{k\boldsymbol{r}}{r^3}\times(\boldsymbol{r}\times\boldsymbol{p}) - k\frac{\boldsymbol{p}}{r} + mk\frac{(\boldsymbol{r}\cdot\dot{\boldsymbol{r}})\boldsymbol{r}}{r^3}\\ &= -\frac{k}{r^3}\{(\boldsymbol{r}\cdot\boldsymbol{p})\boldsymbol{r} - r^2\boldsymbol{p}\} - k\frac{\boldsymbol{p}}{r} + k\frac{(\boldsymbol{r}\cdot\boldsymbol{p})\boldsymbol{r}}{r^3} = \boldsymbol{0}\end{aligned}$$

ただし，第2の等号では，第1行の式の右辺第1項で運動方程式，第2項で $\dot{\boldsymbol{L}} = \boldsymbol{0}$ を使うとともに，第4項で $r^2 = \boldsymbol{r}\cdot\boldsymbol{r}$ の両辺を微分して得られる式 $\dot{r} = \dfrac{\boldsymbol{r}\cdot\dot{\boldsymbol{r}}}{r}$ を使った．第3の等号ではベクトル3重積の公式 (1.59) を使った．

4.　機械的な計算で示せるため省略．

5.　機械的な計算で示せるため省略．

6.　式 (2.95) より，

$$\nabla\times\boldsymbol{u} = \nabla\times(\phi\,\nabla\psi) = \nabla\phi\times\nabla\psi + \phi(\nabla\times(\nabla\psi)) = \nabla\phi\times\nabla\psi$$

ここで，最後の等号では式 (2.100) を用いた．これより，

$$\boldsymbol{u}\cdot(\nabla\times\boldsymbol{u}) = \phi\,\nabla\psi\cdot(\nabla\phi\times\nabla\psi) = \phi\,|\nabla\psi\ \ \nabla\phi\ \ \nabla\psi| = 0$$

7.　式 (2.136) の両辺の rot をとり，左辺に公式 (2.102) を用いると，

$$\mathrm{grad}\,\mathrm{div}\,\boldsymbol{E} - \nabla^2\boldsymbol{E} = -\mathrm{rot}\,\frac{\partial\boldsymbol{B}}{\partial t}$$

左辺に式 (2.135) を代入し，右辺で rot と時間微分の順序を交換して式 (2.138) を用いると，式 (2.139) が得られる．同様に，式 (2.138) の両辺の rot をとって左辺に公式

(2.102) を用い，右辺に (2.136) を用いると，式 (2.140) が得られる．

8. (1)　式 (2.141) の両辺と $\boldsymbol{m}$ の内積をとると，$\boldsymbol{a}\cdot(\boldsymbol{a}\times\boldsymbol{b})=0$ より右辺は 0 になるので，

$$\frac{d\boldsymbol{m}}{dt}\cdot\boldsymbol{m}=0$$

これより，

$$\frac{d}{dt}|\boldsymbol{m}|^2=\frac{d}{dt}(\boldsymbol{m}\cdot\boldsymbol{m})=2\frac{d\boldsymbol{m}}{dt}\cdot\boldsymbol{m}=0$$

となるから，$|\boldsymbol{m}(t)|$ は時間に関して不変である．

(2)　式 (2.141) の両辺と $C\boldsymbol{m}+\alpha\dfrac{d\boldsymbol{m}}{dt}$ の内積をとると，$\boldsymbol{b}\cdot(\boldsymbol{a}\times\boldsymbol{b})=0$ より右辺は 0 になるので，

$$\frac{d\boldsymbol{m}}{dt}\cdot\left(C\boldsymbol{m}+\alpha\frac{d\boldsymbol{m}}{dt}\right)=0$$

すなわち，

$$\left(\frac{d\boldsymbol{m}}{dt}\right)^t C\boldsymbol{m}=-\alpha\left|\frac{d\boldsymbol{m}}{dt}\right|^2\leq 0$$

これより，

$$\begin{aligned}\frac{d}{dt}\left(\frac{1}{2}\boldsymbol{m}^tC\boldsymbol{m}\right)&=\frac{1}{2}\left\{\left(\frac{d\boldsymbol{m}}{dt}\right)^t C\boldsymbol{m}+\boldsymbol{m}^tC\frac{d\boldsymbol{m}}{dt}\right\}\\&=\frac{1}{2}\left\{\left(\frac{d\boldsymbol{m}}{dt}\right)^t C\boldsymbol{m}+\left(\frac{d\boldsymbol{m}}{dt}\right)^t C^t\boldsymbol{m}\right\}\\&=\left(\frac{d\boldsymbol{m}}{dt}\right)^t C\boldsymbol{m}\leq 0\end{aligned}$$

となる．ただし，最後の等号では C が実対称行列であることを使った．したがって，$\dfrac{1}{2}(\boldsymbol{m}(t))^tC\boldsymbol{m}(t)$ は時間に関して単調非増加である．

9.　ある点の位置ベクトルが元の斜交座標系で $\boldsymbol{r}=x_1\boldsymbol{c}_1+x_2\boldsymbol{c}_2+x_3\boldsymbol{c}_3$，新しい斜交座標系で $\boldsymbol{r}=x_1'\boldsymbol{c}_1'+x_2'\boldsymbol{c}_2'+x_3'\boldsymbol{c}_3'$ と表されたとすると，第1章章末の練習問題8より，

$$(x_1',\ x_2',\ x_3')^t=A^{-1}(x_1,\ x_2,\ x_3)^t$$

が成り立つ．したがって，

$$(x_1,\ x_2,\ x_3)^t=A(x_1',\ x_2',\ x_3')^t$$

である．そこで，合成関数の微分法より，

$$\frac{\partial\phi}{\partial x_j{}'} = \sum_{i=1}^{3}\frac{\partial x_i}{\partial x_j{}'}\frac{\partial\phi}{\partial x_i} = \sum_{i=1}^{3}a_{ij}\frac{\partial\phi}{\partial x_i}$$

すなわち，

$$\left(\frac{\partial\phi}{\partial x_1{}'},\ \frac{\partial\phi}{\partial x_2{}'},\ \frac{\partial\phi}{\partial x_3{}'}\right) = \left(\frac{\partial\phi}{\partial x_1},\ \frac{\partial\phi}{\partial x_2},\ \frac{\partial\phi}{\partial x_3}\right)A$$

となる．これは基底ベクトルと同じ変換規則である．

10. (1) $\boldsymbol{e}_1,\ \boldsymbol{e}_2,\ \boldsymbol{e}_3$ をある直交座標系の基本ベクトル，$\boldsymbol{e}_1{}',\ \boldsymbol{e}_2{}',\ \boldsymbol{e}_3{}'$ を別の直交座標系の基本ベクトルとし，それらが 3×3 行列 A により，

$$(\boldsymbol{e}_1{}',\ \boldsymbol{e}_2{}',\ \boldsymbol{e}_3{}') = (\boldsymbol{e}_1,\ \boldsymbol{e}_2,\ \boldsymbol{e}_3)A \tag{A.7}$$

のように結ばれているとする．このとき，

$$\begin{aligned}\delta_{ij} = \boldsymbol{e}_i{}'\cdot\boldsymbol{e}_j{}' &= \left(\sum_{k=1}^{3}a_{ki}\boldsymbol{e}_k\right)\cdot\left(\sum_{l=1}^{3}a_{lj}\boldsymbol{e}_l\right)\\ &= \sum_{k=1}^{3}\sum_{l=1}^{3}a_{ki}a_{lj}(\boldsymbol{e}_k\cdot\boldsymbol{e}_l) = \sum_{k=1}^{3}a_{ki}a_{kj}\end{aligned}$$

であるから，A は直交行列となる．また，上の問題 9 の結果より，任意のスカラー場 ϕ について，

$$\left(\frac{\partial\phi}{\partial x_1{}'},\ \frac{\partial\phi}{\partial x_2{}'},\ \frac{\partial\phi}{\partial x_3{}'}\right) = \left(\frac{\partial\phi}{\partial x_1},\ \frac{\partial\phi}{\partial x_2},\ \frac{\partial\phi}{\partial x_3}\right)A \tag{A.8}$$

が成り立つ．そこで $'$ の付いた座標系での勾配を $\nabla'\phi$ と書くと，

$$\begin{aligned}\nabla'\phi &= \frac{\partial\phi}{\partial x_1{}'}\boldsymbol{e}_1{}' + \frac{\partial\phi}{\partial x_2{}'}\boldsymbol{e}_2{}' + \frac{\partial\phi}{\partial x_3{}'}\boldsymbol{e}_3{}'\\ &= (\boldsymbol{e}_1{}',\ \boldsymbol{e}_2{}',\ \boldsymbol{e}_3{}')\left(\frac{\partial\phi}{\partial x_1{}'},\ \frac{\partial\phi}{\partial x_2{}'},\ \frac{\partial\phi}{\partial x_3{}'}\right)^t\\ &= (\boldsymbol{e}_1,\ \boldsymbol{e}_2,\ \boldsymbol{e}_3)AA^t\left(\frac{\partial\phi}{\partial x_1},\ \frac{\partial\phi}{\partial x_2},\ \frac{\partial\phi}{\partial x_3}\right)^t\\ &= (\boldsymbol{e}_1,\ \boldsymbol{e}_2,\ \boldsymbol{e}_3)\left(\frac{\partial\phi}{\partial x_1},\ \frac{\partial\phi}{\partial x_2},\ \frac{\partial\phi}{\partial x_3}\right)^t = \nabla\phi\end{aligned}$$

したがって，勾配 $\nabla\phi$ はどちらの座標系で計算しても同じとなる．

(2) 元の座標系での $\boldsymbol{v}$ の第 i 成分 v_i をスカラー関数と見ると[1]，式 (A.8) で ϕ を v_i に代えた式が成り立つ．さらに，これを $i = 1,\ 2,\ 3$ について縦に並べて書くと，

---

1) v_i は本来，用いる座標系によって変化するのでスカラー関数ではないが，ここでは元の座標系での v_i を固定してスカラー関数と見なす．

$$\begin{pmatrix} \dfrac{\partial v_1}{\partial x_1'} & \dfrac{\partial v_1}{\partial x_2'} & \dfrac{\partial v_1}{\partial x_3'} \\ \dfrac{\partial v_2}{\partial x_1'} & \dfrac{\partial v_2}{\partial x_2'} & \dfrac{\partial v_2}{\partial x_3'} \\ \dfrac{\partial v_3}{\partial x_1'} & \dfrac{\partial v_3}{\partial x_2'} & \dfrac{\partial v_3}{\partial x_3'} \end{pmatrix} = \begin{pmatrix} \dfrac{\partial v_1}{\partial x_1} & \dfrac{\partial v_1}{\partial x_2} & \dfrac{\partial v_1}{\partial x_3} \\ \dfrac{\partial v_2}{\partial x_1} & \dfrac{\partial v_2}{\partial x_2} & \dfrac{\partial v_2}{\partial x_3} \\ \dfrac{\partial v_3}{\partial x_1} & \dfrac{\partial v_3}{\partial x_2} & \dfrac{\partial v_3}{\partial x_3} \end{pmatrix} A \tag{A.9}$$

さて $'$ の付いた座標系での $\boldsymbol{v}$ の第 i 成分を v_i' と書くと，第 1 章章末の練習問題 8 の結果より，任意の点において，

$$(v_1', v_2', v_3')^t = A^{-1}(v_1, v_2, v_3)^t \tag{A.10}$$

が成り立つ．この両辺を x_j' で微分すると，

$$\left(\frac{\partial v_1'}{\partial x_j'}, \frac{\partial v_2'}{\partial x_j'}, \frac{\partial v_3'}{\partial x_j'}\right)^t = A^{-1}\left(\frac{\partial v_1}{\partial x_j'}, \frac{\partial v_2}{\partial x_j'}, \frac{\partial v_3}{\partial x_j'}\right)^t \tag{A.11}$$

となる．そこで，式 (A.9) の両辺に左から A^{-1} を掛けて左辺に式 (A.11) を用いると，

$$\begin{pmatrix} \dfrac{\partial v_1'}{\partial x_1'} & \dfrac{\partial v_1'}{\partial x_2'} & \dfrac{\partial v_1'}{\partial x_3'} \\ \dfrac{\partial v_2'}{\partial x_1'} & \dfrac{\partial v_2'}{\partial x_2'} & \dfrac{\partial v_2'}{\partial x_3'} \\ \dfrac{\partial v_3'}{\partial x_1'} & \dfrac{\partial v_3'}{\partial x_2'} & \dfrac{\partial v_3'}{\partial x_3'} \end{pmatrix} = A^{-1} \begin{pmatrix} \dfrac{\partial v_1}{\partial x_1} & \dfrac{\partial v_1}{\partial x_2} & \dfrac{\partial v_1}{\partial x_3} \\ \dfrac{\partial v_2}{\partial x_1} & \dfrac{\partial v_2}{\partial x_2} & \dfrac{\partial v_2}{\partial x_3} \\ \dfrac{\partial v_3}{\partial x_1} & \dfrac{\partial v_3}{\partial x_2} & \dfrac{\partial v_3}{\partial x_3} \end{pmatrix} A$$

ここで，両辺の行列の対角要素の和，すなわちトレースをとり，トレースについての恒等式 $\mathrm{Tr}(A^{-1}BA) = \mathrm{Tr}(B)$ を用いると，

$$\frac{\partial v_1'}{\partial x_1'} + \frac{\partial v_2'}{\partial x_2'} + \frac{\partial v_3'}{\partial x_3'} = \frac{\partial v_1}{\partial x_1} + \frac{\partial v_2}{\partial x_2} + \frac{\partial v_3}{\partial x_3}$$

これは，発散がどちらの座標系で計算しても同じであることを表す．

(3)　式 (2.85) より，$'$ の付いた座標系での回転は行列式で

$$\nabla' \times \boldsymbol{v} = \begin{vmatrix} \boldsymbol{e}_1' & \boldsymbol{e}_2' & \boldsymbol{e}_3' \\ \dfrac{\partial}{\partial x_1'} & \dfrac{\partial}{\partial x_2'} & \dfrac{\partial}{\partial x_3'} \\ v_1' & v_2' & v_3' \end{vmatrix} \tag{A.12}$$

と書くことができる．ここで，式 (A.7) より，

$$(\boldsymbol{e}_1', \boldsymbol{e}_2', \boldsymbol{e}_3') = (\boldsymbol{e}_1, \boldsymbol{e}_2, \boldsymbol{e}_3)A \tag{A.13}$$

また，式 (A.8) より，

$$\left(\frac{\partial}{\partial x_1'}, \frac{\partial}{\partial x_2'}, \frac{\partial}{\partial x_3'}\right) = \left(\frac{\partial}{\partial x_1}, \frac{\partial}{\partial x_2}, \frac{\partial}{\partial x_3}\right)A \tag{A.14}$$

ただし，これは両辺の微分演算子を任意の関数に作用させた場合に結果が等しくなると

いう意味の式である．さらに，式 (A.10) より $(v_1{}', v_2{}', v_3{}') = (v_1, v_2, v_3)(A^{-1})^t$ であるが，A は直交行列で $(A^{-1})^t = A$ なので，結局，

$$(v_1{}', v_2{}', v_3{}') = (v_1, v_2, v_3)A \tag{A.15}$$

となる．式 (A.13) ～ (A.15) を式 (A.12) に代入すると，

$$\begin{aligned}\nabla' \times \boldsymbol{v} &= \left| \begin{pmatrix} \boldsymbol{e}_1 & \boldsymbol{e}_2 & \boldsymbol{e}_3 \\ \dfrac{\partial}{\partial x_1} & \dfrac{\partial}{\partial x_2} & \dfrac{\partial}{\partial x_3} \\ v_1 & v_2 & v_3 \end{pmatrix} A \right| \\ &= \begin{vmatrix} \boldsymbol{e}_1 & \boldsymbol{e}_2 & \boldsymbol{e}_3 \\ \dfrac{\partial}{\partial x_1} & \dfrac{\partial}{\partial x_2} & \dfrac{\partial}{\partial x_3} \\ v_1 & v_2 & v_3 \end{vmatrix} \det A = \nabla \times \boldsymbol{v}\end{aligned}$$

ここで，第2の等号では行列式の乗法性 $\det(BA) = \det B \det A$ を用い，第3の等号では，両方の座標系が右手系であることから，$\det A = 1$ となることを用いた．これより，回転はどちらの座標系で計算しても同じであることが示された．なお，元の座標系が右手系で $'$ の付いた座標系が左手系の場合，$\det A = -1$ となるので，回転は符号のみ反転する．

第3章

1. (1) 求める長さを $s(a)$ と書くと，曲線の長さの公式 (3.24)，(3.26) より，

$$\begin{aligned}s(a) &= \int_0^a \sqrt{\left(\frac{dx}{dt}\right)^2 + \left(\frac{dy}{dt}\right)^2 + \left(\frac{dz}{dt}\right)^2}\ dt \\ &= \int_0^a \sqrt{(\cos t - t\sin t)^2 + (\sin t + t\cos t)^2 + (\sqrt{2}\, t^{\frac{1}{2}})^2}\ dt \\ &= \int_0^a \sqrt{(1+t)^2}\, dt = \frac{a^2}{2} + a\end{aligned}$$

(2) 弧長は $s(t) = \dfrac{t^2}{2} + t$ と書けるから，これを t について解いて $t = \sqrt{2s+1} - 1$. これを曲線の式に代入すると，弧長をパラメータとする表示 $\tilde{\boldsymbol{r}}(s)$ は次のようになる．

$$\tilde{\boldsymbol{r}}(s) = (\sqrt{2s+1}-1)\cos(\sqrt{2s+1}-1)\boldsymbol{i} + (\sqrt{2s+1}-1)\sin(\sqrt{2s+1}-1)\boldsymbol{j} + \frac{2\sqrt{2}}{3}(\sqrt{2s+1}-1)^{\frac{3}{2}}\boldsymbol{k}$$

2. パラメータ t の区間 $a \leq t \leq b$ に対応する曲線の部分が，パラメータ u の区間 $\alpha \leq u \leq \beta$ に対応するとする．また，パラメータ u を用いた曲線の表示を $\tilde{\boldsymbol{r}}(u)$ とする．このとき，$\tilde{\boldsymbol{r}}(u) = \boldsymbol{r}(t(u))$ であるから，パラメータ u を用いて計算した曲線の長さは，

$$\int_\alpha^\beta \left|\frac{d\tilde{\boldsymbol{r}}}{du}\right| du = \int_\alpha^\beta \left|\frac{d\boldsymbol{r}}{dt}\frac{dt}{du}\right| du = \int_\alpha^\beta \left|\frac{d\boldsymbol{r}}{dt}\right| \frac{dt}{du} du = \int_a^b \left|\frac{d\boldsymbol{r}}{dt}\right| dt$$

となり，t を用いて計算した長さと等しくなる．

3. (1)　$\boldsymbol{r}(u, v) = a \sin u \sin v\,\boldsymbol{i} + b \cos u \sin v\,\boldsymbol{j} + c \cos v\,\boldsymbol{k}$ $(0 \leq u < 2\pi,\ 0 \leq v \leq \pi)$ とすればよい．

(2)　まず，(u, v) における 2 本の接線ベクトルは次のように与えられる．

$$\frac{d\boldsymbol{r}}{du} = a \cos u \sin v\,\boldsymbol{i} - b \sin u \sin v\,\boldsymbol{j}$$

$$\frac{d\boldsymbol{r}}{dv} = a \sin u \cos v\,\boldsymbol{i} + b \cos u \cos v\,\boldsymbol{j} - c \sin v\,\boldsymbol{k}$$

これより，法線ベクトルは，

$$\frac{d\boldsymbol{r}}{du} \times \frac{d\boldsymbol{r}}{dv} = bc \sin u \sin^2 v\,\boldsymbol{i} + ca \cos u \sin^2 v\,\boldsymbol{j} + ab \sin v \cos v\,\boldsymbol{k}$$

これを規格化して，単位法線ベクトルは，

$$\frac{\dfrac{\partial \boldsymbol{r}}{\partial r} \times \dfrac{\partial \boldsymbol{r}}{\partial \theta}}{\left|\dfrac{\partial \boldsymbol{r}}{\partial r} \times \dfrac{\partial \boldsymbol{r}}{\partial \theta}\right|} = \frac{bc \sin u \sin v\,\boldsymbol{i} + ca \cos u \sin v\,\boldsymbol{j} + ab \cos v\,\boldsymbol{k}}{\sqrt{b^2c^2 \sin^2 u \sin^2 v + c^2a^2 \cos^2 u \sin^2 v + a^2b^2 \cos^2 v}}$$

となる．

4. (1)　xz 平面上の点 $(f(\theta), 0, g(\theta))$ を z 軸周りに角度 φ だけ回転させた点は $(f(\theta) \cos\varphi, f(\theta)\sin\varphi, g(\theta))$ であるから，ベクトル方程式は次のようになる．

$$\boldsymbol{r}(\theta, \varphi) = f(\theta)\cos\varphi\,\boldsymbol{i} + f(\theta)\sin\varphi\,\boldsymbol{j} + g(\theta)\boldsymbol{k}$$

(2)　まず，(θ, φ) における 2 本の接線ベクトルは次のように与えられる．

$$\frac{d\boldsymbol{r}}{d\theta} = f'(\theta)\cos\varphi\,\boldsymbol{i} + f'(\theta)\sin\varphi\,\boldsymbol{j} + g'(\theta)\boldsymbol{k}$$

$$\frac{d\boldsymbol{r}}{d\varphi} = -f(\theta)\sin\varphi\,\boldsymbol{i} + f(\theta)\cos\varphi\,\boldsymbol{j}$$

ただし $'$ は θ による微分を表す．これより，法線ベクトルは，

$$\frac{d\boldsymbol{r}}{d\theta}\times\frac{d\boldsymbol{r}}{d\varphi} = -f(\theta)g'(\theta)\cos\varphi\,\boldsymbol{i} - f(\theta)g'(\theta)\sin\varphi\,\boldsymbol{j} + f(\theta)f'(\theta)\,\boldsymbol{k}$$

となる[2)]．

（3） 求める面積は，

$$\int_0^{2\pi} d\theta \int_0^{2\pi} d\varphi \left|\frac{d\boldsymbol{r}}{d\theta}\times\frac{d\boldsymbol{r}}{d\varphi}\right| = \int_0^{2\pi} d\theta \int_0^{2\pi} d\varphi \sqrt{(f(\theta))^2\{(f'(\theta))^2 + (g'(\theta))^2\}}$$
$$= 2\pi \int_0^{2\pi} d\theta |f(\theta)| \sqrt{(f'(\theta))^2 + (g'(\theta))^2}. \qquad \text{(A.16)}$$

5. 前問において $f(\theta) = a + b\cos\theta$，$g(\theta) = b\sin\theta$ とすればよい．このとき，式（A.16）より表面積は次のように計算される．

$$2\pi \int_0^{2\pi} d\theta (a + b\cos\theta)\sqrt{(-b\sin\theta)^2 + (b\cos\theta)^2} = 2\pi b \int_0^{2\pi} d\theta (a + b\cos\theta)$$
$$= 4\pi^2 ab$$

6. u, v 平面の領域 D が，s, t 平面の領域 D' に対応するとする．また，パラメータ s, t を用いた曲面のベクトル方程式を $\boldsymbol{r} = \tilde{\boldsymbol{r}}(s, t)$ とする．このとき，$\tilde{\boldsymbol{r}}(s, t) = \boldsymbol{r}(u(s, t), v(s, t))$ であるから，パラメータ s, t を用いて計算した S の面積は，

$$\iint_{D'} \left|\frac{\partial\tilde{\boldsymbol{r}}}{\partial s}\times\frac{\partial\tilde{\boldsymbol{r}}}{\partial t}\right| dsdt = \iint_{D'} \left|\frac{\partial\boldsymbol{r}(u(s, t), v(s, t))}{\partial s}\times\frac{\partial\boldsymbol{r}(u(s, t), v(s, t))}{\partial t}\right| dsdt$$
$$= \iint_{D'} \left|\left(\frac{\partial\boldsymbol{r}}{\partial u}\frac{\partial u}{\partial s} + \frac{\partial\boldsymbol{r}}{\partial v}\frac{\partial v}{\partial s}\right)\times\left(\frac{\partial\boldsymbol{r}}{\partial u}\frac{\partial u}{\partial t} + \frac{\partial\boldsymbol{r}}{\partial v}\frac{\partial v}{\partial t}\right)\right| dsdt$$
$$= \iint_{D'} \left|\frac{\partial\boldsymbol{r}}{\partial u}\times\frac{\partial\boldsymbol{r}}{\partial v}\right| \left|\begin{vmatrix} \dfrac{\partial u}{\partial s} & \dfrac{\partial u}{\partial t} \\ \dfrac{\partial v}{\partial s} & \dfrac{\partial v}{\partial t} \end{vmatrix}\right| dsdt$$
$$= \iint_{D} \left|\frac{\partial\boldsymbol{r}}{\partial u}\times\frac{\partial\boldsymbol{r}}{\partial v}\right| dudv$$

となり，u, v を用いて計算した面積と等しくなる．ただし，3 番目の等号では外積の性質 $\dfrac{\partial\boldsymbol{r}}{\partial u}\times\dfrac{\partial\boldsymbol{r}}{\partial u} = \boldsymbol{0}$，$\dfrac{\partial\boldsymbol{r}}{\partial v}\times\dfrac{\partial\boldsymbol{r}}{\partial u} = -\dfrac{\partial\boldsymbol{r}}{\partial u}\times\dfrac{\partial\boldsymbol{r}}{\partial v}$ を用いた．また，最後の等号では重積分の変数変換の公式を用いた．

2） なお，ここで求めた法線ベクトルは，最初の閉曲線が反時計回りのとき，ドーナツの内側を向いている．外向きの法線ベクトルにするには，符号を反転させる必要がある．

7. S 上では $x=1$ であり，S の単位法線ベクトルは $\boldsymbol{n}=\boldsymbol{i}$ であるから，

$$\boldsymbol{v}\cdot\boldsymbol{n}=\frac{\boldsymbol{i}+y\boldsymbol{j}+z\boldsymbol{k}}{(1+y^2+z^2)^{\frac{3}{2}}}\cdot\boldsymbol{i}=\frac{1}{(1+y^2+z^2)^{\frac{3}{2}}}$$

S の面積素は $dS=dydz$ であるから，求める面積分は次のように計算できる．

$$\begin{aligned}\int_S \boldsymbol{v}\cdot\boldsymbol{n}\,dS &= \int_{-1}^{1}dy\int_{-1}^{1}dz\,\frac{1}{(1+y^2+z^2)^{\frac{3}{2}}}\\
&=\int_{-1}^{1}dy\int_{-\theta_1}^{\theta_1}d\theta\,\frac{1}{\{(1+y^2)(1+\tan^2\theta)\}^{\frac{3}{2}}}\cdot\frac{\sqrt{1+y^2}}{\cos^2\theta}d\theta\\
&=\int_{-1}^{1}dy\,\frac{1}{1+y^2}\int_{-\theta_1}^{\theta_1}d\theta\cos\theta\\
&=\int_{-1}^{1}dy\,\frac{1}{1+y^2}\cdot\frac{2}{\sqrt{2+y^2}}\\
&=\int_{-\phi_1}^{\phi_1}\frac{1}{1+2\tan^2\phi}\cdot\frac{2}{\sqrt{2+2\tan^2\phi}}\cdot\frac{\sqrt{2}}{\cos^2\phi}d\phi\\
&=\int_{-\phi_1}^{\phi_1}\frac{2\cos\phi}{1+\sin^2\phi}d\phi\\
&=\int_{-1/\sqrt{3}}^{1/\sqrt{3}}\frac{2}{1+t^2}dt=\frac{2}{3}\pi\end{aligned}$$

ただし，第2の等号では $z=\sqrt{1+y^2}\tan\theta$ とおいた．また，θ_1 は $\sqrt{1+y^2}\tan\theta_1=1$，$0\le\theta_1<\dfrac{\pi}{2}$ を満たす角度である．第4の等号では，$\sin\theta_1=\dfrac{1}{\sqrt{2+y^2}}$ となることを用いて，θ に関する積分を計算した．第5の等号では $y=\sqrt{2}\tan\phi$ とおいた．また，ϕ_1 は $\sqrt{2}\tan\phi_1=1$，$0\le\phi_1<\dfrac{\pi}{2}$ を満たす角度である．第7の等号では $\sin\phi=t$ とおき，$\sin\phi_1=\dfrac{1}{\sqrt{3}}$ となることを用いた．最後の等号では $t=\tan\theta$ とおいて置換積分を行った．

8. (1) C のうち，A から B に向かう下側の弧を C_1，B から A に向かう上側の弧を C_2 とすると，C 上での線積分は C_1 上と C_2 上での線積分に分割できる．C_1 上での線積分は，パラメータを x にとると次のように書ける．

$$\begin{aligned}\int_{C_1}\boldsymbol{v}\cdot d\boldsymbol{r}&=\int_a^b\{v_x(x,f_1(x))\boldsymbol{i}+v_y(x,f_1(x))\boldsymbol{j}\}\cdot\left(\boldsymbol{i}+\frac{df_1}{dx}\boldsymbol{j}\right)dx\\
&=\int_a^b\left\{v_x(x,f_1(x))+v_y(x,f_1(x))\frac{df_1}{dx}\right\}dx\end{aligned}$$

よって，v_x に依存する項は $\int_a^b v_x(x,\, f_1(x))\,dx$ である．同様に，C_2 上での線積分は $\int_b^a v_x(x,\, f_2(x))\,dx$ と書けるから，これらを合わせて式 (3.82) が成り立つ．

(2)
$$\int_a^b \{v_x(x,\, f_1(x)) - v_x(x,\, f_2(x))\}\,dx = -\int_a^b dx \int_{f_1(x)}^{f_2(x)} dy\,\frac{\partial v_x}{\partial y} = -\iint_D \frac{\partial v_x}{\partial y}\,dxdy \tag{A.17}$$

(3) C 上で y 座標が最小，最大の点をそれぞれ E，F とし，E，F の y 座標をそれぞれ e，f とする．C のうち，E と F を結ぶ右側の弧が $x = g_1(y)$，左側の弧が $x = g_2(y)$ と表されるとする．すると，上の (1)，(2) と同様にして，線積分 $\int_C \boldsymbol{v}\cdot d\boldsymbol{r}$ のうち v_y に依存する項は次のように書ける．

$$\int_e^f \{v_y(g_1(y),\, y) - v_y(g_2(y),\, y)\}\,dy = \iint_D \frac{\partial v_y}{\partial x}\,dxdy$$

これと式 (A.17) とを合わせることにより，式 (3.84) を得る．

第 4 章

1. 楕円上での線積分は計算しにくいので，まず円 $C' : \boldsymbol{r}(\theta) = \cos\theta\,\boldsymbol{i} + \sin\theta\,\boldsymbol{j}$ $(0 \leq \theta \leq 2\pi)$ 上での線積分を考える．C' 上では

$$\boldsymbol{v} = -2\cos\theta\sin\theta\,\boldsymbol{i} + (\cos^2\theta - \sin^2\theta)\boldsymbol{j} = -\sin 2\theta\,\boldsymbol{i} + \cos 2\theta\,\boldsymbol{j}$$
$$d\boldsymbol{r} = (-\sin\theta\,\boldsymbol{i} + \cos\theta\,\boldsymbol{j})\,d\theta$$

であるから，線積分は，

$$\int_{C'} \boldsymbol{v}\cdot d\boldsymbol{r} = \int_{C'} (\sin 2\theta\sin\theta + \cos 2\theta\cos\theta)\,d\theta = \int_0^{2\pi} \cos\theta\,d\theta = 0 \tag{A.18}$$

さて，C を境界とする楕円板を S，C' を境界とする円板を S' とすると，S および S' の法線ベクトルは $\boldsymbol{n} = \boldsymbol{k}$ である．そこで $(\nabla\times\boldsymbol{v})\cdot\boldsymbol{n}$ を計算してみると，$\boldsymbol{r} \neq \boldsymbol{0}$ のとき，

$$(\nabla\times\boldsymbol{v})\cdot\boldsymbol{n}=\frac{\partial}{\partial x}\left(\frac{x^2-y^2}{r^4}\right)-\frac{\partial}{\partial y}\left(-\frac{2xy}{r^4}\right)$$
$$=2x\cdot\frac{1}{r^4}+(x^2-y^2)\cdot\frac{\partial r}{\partial x}\frac{\partial}{\partial r}\left(\frac{1}{r^4}\right)+2x\cdot\frac{1}{r^4}+2xy\cdot\frac{\partial r}{\partial y}\frac{\partial}{\partial r}\left(\frac{1}{r^4}\right)$$
$$=\frac{4x}{r^4}+\left\{(x^2-y^2)\cdot\frac{x}{r}+2xy\cdot\frac{y}{r}\right\}\left(-\frac{4}{r^5}\right)=0$$

そこで，下の図のように S から S' を切り取った領域 $S-S'$ にストークスの定理を適用すると，点 $(1,0,0)$ と点 $(2,0,0)$ とを結ぶ互いに逆向きの線分上での線積分の寄与は打ち消しあって消えるから，

$$0=\int_{S-S'}(\nabla\times\boldsymbol{v})\cdot\boldsymbol{n}\,dS=\int_C\boldsymbol{v}\cdot d\boldsymbol{r}-\int_{C'}\boldsymbol{v}\cdot d\boldsymbol{r}$$

これと式 (A.18) より，求める線積分は次のようになる．

$$\int_C\boldsymbol{v}\cdot d\boldsymbol{r}=0$$

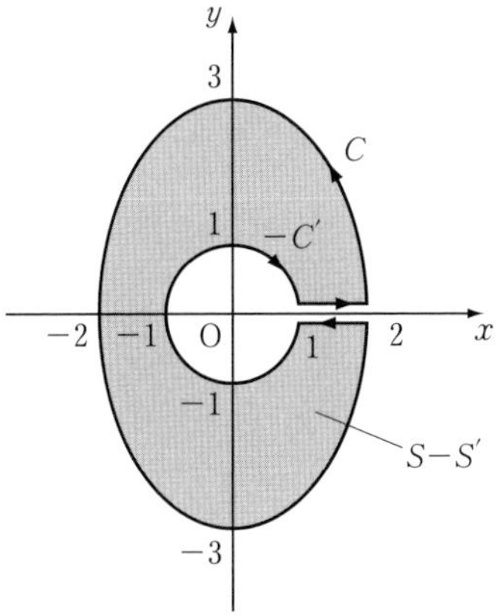

2. (1)　まず，原点を中心とする半径 a の球面 S_a 上での $\boldsymbol{v}$ の面積分を求めてみる．S_a 上の点 $\boldsymbol{r}$ では $|\boldsymbol{r}|=a$ で単位法線ベクトルは $\boldsymbol{n}=\dfrac{\boldsymbol{r}}{a}$ だから，

$$\int_{S_a}\boldsymbol{v}\cdot\boldsymbol{n}\,dS=\int_{S_a}\frac{\boldsymbol{r}}{a^3}\cdot\frac{\boldsymbol{r}}{a}\,dS=\frac{1}{a^2}\int_{S_a}dS=\frac{1}{a^2}\cdot4\pi a^2=4\pi$$

さて，$a<1$ とし，8個の頂点 $(\pm1,\pm1,\pm1)$ で定義される立方体から原点を中心とする半径 a の球をくり抜いた領域にガウスの定理を適用すると，例題 2.6 (2) より，この

領域では $\nabla\cdot\boldsymbol{v}=0$ だから，この領域の境界上での面積分の値は0である．一方，この面積分は立方体上での面積分に球面 S_a 上での面積分の -1 倍を加えた値となる．したがって，立方体上での面積分は球面 S_a 上での面積分に等しく，その値は 4π となる．さらに，対称性より立方体の6枚の面上での面積分の値はすべて等しいから，そのうちの1枚である S 上での面積分の値は $\dfrac{4\pi}{6}=\dfrac{2}{3}\pi$ となる．なお，本問で求めた面積分は，第3章章末の練習問題7の面積分と同じものである．ガウスの定理を用いた場合の計算の簡単さに注意せよ．

(2)　$(\pm1,0,0)$，$(0,\pm1,0)$，$(0,0,\pm1)$ を6つの頂点とする正八面体を考えると，上の (1) と同様に，その表面上での面積分の値は 4π に等しく，かつ対称性より，8枚の面上での面積分の値はすべて等しい．よって，そのうちの1枚である S 上での面積分の値は $\dfrac{4\pi}{8}=\dfrac{\pi}{2}$ となる．

3.　(1)　$\boldsymbol{c}$ を任意の定数ベクトルとするとき，成分計算により，$\nabla\times(\boldsymbol{c}\phi)=(\nabla\phi)\times\boldsymbol{c}$ が成り立つ．さらに，スカラー3重積の公式を用いると，

$$\{\nabla\times(\boldsymbol{c}\phi)\}\cdot\boldsymbol{n}=\{(\nabla\phi)\times\boldsymbol{c}\}\cdot\boldsymbol{n}=(\boldsymbol{n}\times\nabla\phi)\cdot\boldsymbol{c}$$

$\boldsymbol{c}$ は定数ベクトルであり，積分の外に出せることに注意すると，ストークスの定理より，

$$\begin{aligned}\boldsymbol{c}\cdot\int_S\boldsymbol{n}\times\nabla\phi\,dS&=\int_S\{\nabla\times(\boldsymbol{c}\phi)\}\cdot\boldsymbol{n}\,dS\\&=\int_C(\boldsymbol{c}\phi)\cdot d\boldsymbol{r}=\boldsymbol{c}\cdot\int_C\phi\,d\boldsymbol{r}\end{aligned}$$

ここで $\boldsymbol{c}$ は任意であるから，与式が成り立つ．

(2)　$\boldsymbol{c}$ を任意の定数ベクトルとする．ストークスの定理で $\boldsymbol{v}=\boldsymbol{u}\times\boldsymbol{c}$ とおき，$d\boldsymbol{r}=\boldsymbol{t}\,ds$ と書けることに注意すると，

$$\int_S\{\nabla\times(\boldsymbol{u}\times\boldsymbol{c})\}\cdot\boldsymbol{n}\,dS=\int_C(\boldsymbol{u}\times\boldsymbol{c})\cdot\boldsymbol{t}\,ds \tag{A.19}$$

ここで，成分計算により $\{\nabla\times(\boldsymbol{u}\times\boldsymbol{c})\}\cdot\boldsymbol{n}=\boldsymbol{c}\cdot\{(\boldsymbol{n}\times\nabla)\times\boldsymbol{u}\}$ が示せる（第2章章末の練習問題5）．また，スカラー3重積の公式より $(\boldsymbol{u}\times\boldsymbol{c})\cdot\boldsymbol{t}=\boldsymbol{c}\cdot(\boldsymbol{t}\times\boldsymbol{u})$ が成り立つ．これらを式 (A.19) に代入し，定数ベクトル $\boldsymbol{c}$ を積分の外に出すと，

$$\boldsymbol{c}\cdot\int_S(\boldsymbol{n}\times\nabla)\times\boldsymbol{u}\,dS=\boldsymbol{c}\cdot\int_C\boldsymbol{t}\times\boldsymbol{u}\,ds$$

ここで $\boldsymbol{c}$ は任意であるから，与式が成り立つ．

4.　(1)　$\nabla\times\boldsymbol{r}=\boldsymbol{0}$ に注意すると，ストークスの定理より，

$$\int_C \boldsymbol{r}\cdot d\boldsymbol{r} = \int_S (\nabla\times\boldsymbol{r})\cdot\boldsymbol{n}\,dS = 0$$

(2)　まず，

$$\nabla\left(\frac{r^2}{2}\right) = \frac{d}{dr}\left(\frac{r^2}{2}\right)\nabla r = r\frac{\boldsymbol{r}}{r} = \boldsymbol{r}$$

よって，上の問題3 (1) の式より，

$$\int_C \frac{r^2}{2}d\boldsymbol{r} = \int_S \left\{\boldsymbol{n}\times\nabla\left(\frac{r^2}{2}\right)\right\}dS = \int_S \boldsymbol{n}\times\boldsymbol{r}\,dS$$

(3)　まず，単純計算より $(\boldsymbol{n}\times\nabla)\times\boldsymbol{r} = -2\boldsymbol{n}$ が成り立つ．そこで，上の問題3 (2) の式で $\boldsymbol{u} = \boldsymbol{r}$ とおくと，

$$-\int_C \boldsymbol{r}\times\boldsymbol{t}\,ds = \int_S (\boldsymbol{n}\times\nabla)\times\boldsymbol{r}\,dS = -2\int_S \boldsymbol{n}\,dS$$

よって与式が成り立つ．

5.　(1)　$\boldsymbol{c}$ を任意の定数ベクトルとして，$\phi\boldsymbol{c}$ にガウスの定理を適用すると，

$$\int_V \nabla\cdot(\phi\boldsymbol{c})\,dV = \int_S (\phi\boldsymbol{c})\cdot\boldsymbol{n}\,dS$$

ここで，左辺に $\nabla\cdot(\phi\boldsymbol{c}) = \boldsymbol{c}\cdot\nabla\phi$ を代入し，$\boldsymbol{c}$ を積分の外に出すと，

$$\boldsymbol{c}\cdot\int_V \nabla\phi\,dV = \boldsymbol{c}\cdot\int_S \phi\boldsymbol{n}\,dS$$

ここで $\boldsymbol{c}$ は任意であるから，与式が成り立つ．

(2)　$\boldsymbol{c}$ を任意の定数ベクトルとして，$\boldsymbol{u}\times\boldsymbol{c}$ にガウスの定理を適用すると，

$$\int_V \nabla\cdot(\boldsymbol{u}\times\boldsymbol{c})\,dV = \int_S (\boldsymbol{u}\times\boldsymbol{c})\cdot\boldsymbol{n}\,dS \tag{A.20}$$

ここで，第2章章末の練習問題4 (2) で $\boldsymbol{v}$ を定数ベクトル $\boldsymbol{c}$ とおくと，$\nabla\cdot(\boldsymbol{u}\times\boldsymbol{c}) = \boldsymbol{c}\cdot(\nabla\times\boldsymbol{u})$ である．また，スカラー3重積の公式より，$(\boldsymbol{u}\times\boldsymbol{c})\cdot\boldsymbol{n} = \boldsymbol{c}\cdot(\boldsymbol{n}\times\boldsymbol{u})$ である．これらを式 (A.20) に代入し，定数ベクトル $\boldsymbol{c}$ を積分の外に出すと，

$$\boldsymbol{c}\cdot\int_V \nabla\times\boldsymbol{u}\,dV = \boldsymbol{c}\cdot\int_S \boldsymbol{n}\times\boldsymbol{u}\,dS$$

ここで $\boldsymbol{c}$ は任意であるから，与式が成り立つ．

6.　(1)　上の問題5 (1) の式で $\phi = 1$ とおけばよい．

(2)　上の問題5 (2) の式で $\boldsymbol{u} = \boldsymbol{r}$ とおき，$\nabla\times\boldsymbol{r} = \boldsymbol{0}$ を用いればよい．

(3)　ガウスの定理で $\boldsymbol{v} = \boldsymbol{r}$ とおき，$\nabla\cdot\boldsymbol{r} = 3$ を用いればよい．

7.　(1)　例題4.9 (1) の式で $\psi = \phi$ とすればよい．

(2) ϕ は調和関数だから $\nabla^2\phi=0$．これと S 上で $\phi=0$ であることより，上の (1) の式の左辺第1項と右辺は消えて $\int_V |\nabla\phi|^2 dV=0$ となる．$|\nabla\phi|\geq 0$ であるから，これは V 内で常に $\nabla\phi=\mathbf{0}$ であること，すなわち V 内で ϕ が定数であることを意味する．V の境界上で $\phi=0$ だから，V 内で $\phi=0$ となる．

(3) 2つの解 ϕ, ϕ' が存在するとすると，その差 $\varphi\equiv\phi-\phi'$ は V 内で $\nabla^2\varphi=0$ を満たすから調和関数であり，かつ S 上で $\varphi=0$ を満たす．よって，上の (2) の結果より V 内で $\varphi=0$ となる．したがって $\phi'=\phi$ となるから，解は一意的である．

8. 上の問題5 (1) の式において，領域が微小なとき，左辺の積分中の $\nabla\phi$ はほとんど一定であると考えられるから，これを $(\nabla\phi)\Delta V$ で置き換え，両辺を ΔV で割って $\Delta V\to 0$ の極限をとると式 (4.148) が得られる．

同様に，上の問題5 (2) の式において，領域が微小なとき，左辺の積分中の $\nabla\times\boldsymbol{u}$ はほとんど一定であると考えられるから，これを $(\nabla\times\boldsymbol{u})\Delta V$ で置き換え，両辺を ΔV で割って $\Delta V\to 0$ の極限をとると式 (4.149) が得られる．

9. (1) S のベクトル方程式は $\boldsymbol{r}=x\boldsymbol{i}+y\boldsymbol{j}+f(x,y)\boldsymbol{k}$ であるから，点 $(x,y,f(x,y))$ における法線ベクトルは

$$\frac{\partial\boldsymbol{r}}{\partial x}\times\frac{\partial\boldsymbol{r}}{\partial y}=-\frac{\partial f}{\partial x}\boldsymbol{i}-\frac{\partial f}{\partial y}\boldsymbol{j}+\boldsymbol{k} \tag{A.21}$$

これが $\boldsymbol{n}(x,y,f(x,y))$ に平行であるから，$\left(\frac{\partial\boldsymbol{r}}{\partial x}\times\frac{\partial\boldsymbol{r}}{\partial y}\right)\times\boldsymbol{n}=\mathbf{0}$．この式の $\boldsymbol{i}$ 方向成分より，式 (4.150) が得られる．

(2) S_1 の境界を C_1 とすると，$\boldsymbol{v}\cdot d\boldsymbol{r}=u_x dx$ であるから，グリーンの定理より，

$$\int_{C_1} v_x(x,y)\,dx=-\iint_{S_1}\frac{\partial}{\partial y}v_x(x,y)\,dxdy \tag{A.22}$$

ここで，左辺は $\int_{C_1} u_x(x,y,f(x,y))\,dx$ と書けるが，点 (x,y) が C_1 上を動くとき点 $(x,y,f(x,y))$ は C 上を動き，前者において変位の x 方向成分が dx であるとき，後者においても変位の x 方向成分は dx である．したがって，左辺は u_x の C 上での線積分 $\int_C u_x\,dx$ に等しい．

一方，右辺の被積分関数は，

$$\frac{\partial v_x}{\partial y}=\frac{\partial u_x}{\partial y}+\frac{\partial u_x}{\partial z}\frac{\partial f}{\partial y}$$

と書ける．さらに，曲面 S 上の面積素は

$$dS = \left|\frac{\partial \boldsymbol{r}}{\partial x}\times\frac{\partial \boldsymbol{r}}{\partial y}\right| dxdy = \sqrt{\left(\frac{\partial f}{\partial x}\right)^2 + \left(\frac{\partial f}{\partial y}\right)^2 + 1}\ dxdy$$

と書けるから，これを用いて領域 S_1 上の積分を曲面 S 上の積分に書き換えると，右辺は，

$$-\int_S \left(\frac{\partial u_x}{\partial y} + \frac{\partial u_x}{\partial z}\frac{\partial f}{\partial y}\right)\frac{dS}{\sqrt{\left(\frac{\partial f}{\partial x}\right)^2 + \left(\frac{\partial f}{\partial y}\right)^2 + 1}} = -\int_S \left(\frac{\partial u_x}{\partial y} + \frac{\partial u_x}{\partial z}\frac{\partial f}{\partial y}\right) n_z dS$$

$$= \int_S \left(-\frac{\partial u_x}{\partial y} n_z + \frac{\partial u_x}{\partial z} n_y\right) dS$$

ただし第 1 の等号では $\boldsymbol{n} = \left(\frac{\partial \boldsymbol{r}}{\partial x}\times\frac{\partial \boldsymbol{r}}{\partial y}\right)\Big/\left|\frac{\partial \boldsymbol{r}}{\partial x}\times\frac{\partial \boldsymbol{r}}{\partial y}\right|$ と式 (A.21) を用い，第 2 の等号では式 (4.150) を用いた．以上のように書き換えた左辺と右辺を式 (A.22) に代入すると，式 (4.151) が得られる．

(3)　S の xy 平面への射影を考えることで式 (4.151) を導いたが，同様に yz 平面，zx 平面への射影を考えることで，次の式が得られる．

$$\int_C u_y dy = \int_S \left(\frac{\partial u_y}{\partial x} n_z - \frac{\partial u_y}{\partial z} n_x\right) dS \qquad \text{(A.23)}$$

$$\int_C u_z dz = \int_S \left(\frac{\partial u_z}{\partial y} n_x - \frac{\partial u_z}{\partial x} n_y\right) dS \qquad \text{(A.24)}$$

式 (4.151)，(A.23)，(A.24) を辺々足すと，式 (4.152) が得られる．

第 5 章

1.　(1)　式 (5.38)，(5.39) より，

$$\begin{aligned}\nabla\times(\nabla\phi) &= \frac{1}{r}\left\{\frac{\partial}{\partial\theta}\left(\frac{\partial\phi}{\partial z}\right) - \frac{\partial}{\partial z}\left(r\cdot\frac{1}{r}\frac{\partial\phi}{\partial\theta}\right)\right\}\boldsymbol{e}_r \\ &\quad + \left\{\frac{\partial}{\partial z}\left(\frac{\partial\phi}{\partial r}\right) - \frac{\partial}{\partial r}\left(\frac{\partial\phi}{\partial z}\right)\right\}\boldsymbol{e}_\theta \\ &\quad + \frac{1}{r}\left\{\frac{\partial}{\partial r}\left(r\cdot\frac{1}{r}\frac{\partial\phi}{\partial\theta}\right) - \frac{\partial}{\partial\theta}\left(\frac{\partial\phi}{\partial r}\right)\right\}\boldsymbol{e}_z = \boldsymbol{0}\end{aligned}$$

(2)　式 (5.39)，(5.40) より，

$$\nabla\cdot(\nabla\times\boldsymbol{v}) = \frac{1}{r}\frac{\partial}{\partial r}\left[r\cdot\frac{1}{r}\left\{\frac{\partial v_z}{\partial\theta} - \frac{\partial}{\partial z}(rv_\theta)\right\}\right] + \frac{1}{r}\frac{\partial}{\partial\theta}\left(\frac{\partial v_r}{\partial z} - \frac{\partial v_z}{\partial r}\right) + \frac{1}{r}\frac{\partial}{\partial z}\left[r\cdot\frac{1}{r}\left\{\frac{\partial}{\partial r}(rv_\theta) - \frac{\partial v_r}{\partial\theta}\right\}\right] = 0$$

2. まず，式 (5.40)，(5.39) より，

$$f \equiv \nabla\cdot\boldsymbol{v} = \frac{v_r}{r} + \frac{\partial v_r}{\partial r} + \frac{1}{r}\frac{\partial v_\theta}{\partial\theta} + \frac{\partial v_z}{\partial z}$$

$$\boldsymbol{u} \equiv \nabla\times\boldsymbol{v} = \left(\frac{1}{r}\frac{\partial v_z}{\partial\theta} - \frac{\partial v_\theta}{\partial z}\right)\boldsymbol{e}_r + \left(\frac{\partial v_r}{\partial z} - \frac{\partial v_z}{\partial r}\right)\boldsymbol{e}_\theta + \left(\frac{v_\theta}{r} + \frac{\partial v_\theta}{\partial r} - \frac{1}{r}\frac{\partial v_r}{\partial\theta}\right)\boldsymbol{e}_z$$

これらを式 (5.63) に代入して微分を実行し，最後に式 (5.41) を用いて整理すると，次のようになる．

$$\nabla^2\boldsymbol{v} = \nabla f - \nabla\times\boldsymbol{u} = \left(\nabla^2 v_r - \frac{2}{r^2}\frac{\partial v_\theta}{\partial\theta} - \frac{v_r}{r^2}\right)\boldsymbol{e}_r + \left(\nabla^2 v_\theta + \frac{2}{r^2}\frac{\partial v_r}{\partial\theta} - \frac{v_\theta}{r^2}\right)\boldsymbol{e}_\theta + (\nabla^2 v_z)\boldsymbol{e}_z$$

3. 直交直線座標での点の位置を (x, y, z) とすると，(x, y, z) と (r, θ, φ) との関係は式 (5.45) により表される．ここで，各式の両辺を t で微分すると，

$$\dot{x} = \sin\theta\cos\varphi\frac{dr}{dt} + r\cos\theta\cos\varphi\frac{d\theta}{dt} - r\sin\theta\sin\varphi\frac{d\varphi}{dt}$$

$$\dot{y} = \sin\theta\sin\varphi\frac{dr}{dt} + r\cos\theta\sin\varphi\frac{d\theta}{dt} + r\sin\theta\cos\varphi\frac{d\varphi}{dt}$$

$$\dot{z} = \cos\theta\frac{dr}{dt} - r\sin\theta\frac{d\theta}{dt}$$

これらを $\boldsymbol{v} = \dot{x}\boldsymbol{i} + \dot{y}\boldsymbol{j} + \dot{z}\boldsymbol{k}$ に代入し，式 (5.58) ～ (5.60) を用いて $\boldsymbol{i}, \boldsymbol{j}, \boldsymbol{k}$ を $\boldsymbol{e}_r, \boldsymbol{e}_\theta, \boldsymbol{e}_\varphi$ に書き換えると式 (5.64) が得られる．

4. (1) 式 (5.41) に ϕ を代入すると，

$$\nabla^2\phi = \frac{1}{r}\frac{\partial}{\partial r}\left\{r\frac{\partial}{\partial r}(r^n\cos\theta)\right\} + \frac{1}{r^2}\frac{\partial^2}{\partial\theta^2}(r^n\cos\theta) = (n^2-1)r^{n-2}\cos\theta = 0$$

これより $n = \pm 1$ となる．

(2) 式 (5.56) に ϕ を代入すると，

$$\nabla^2\phi = \frac{1}{r^2}\frac{\partial}{\partial r}\left\{r^2\frac{\partial}{\partial r}(r^n\sin\theta\cos\varphi)\right\} + \frac{1}{r^2\sin\theta}\frac{\partial}{\partial\theta}\left\{\sin\theta\frac{\partial}{\partial\theta}(r^n\sin\theta\cos\varphi)\right\} + \frac{1}{r^2\sin^2\theta}\frac{\partial^2}{\partial\varphi^2}(r^n\sin\theta\cos\varphi) = (n^2+n-2)r^{n-2}\sin\theta\cos\varphi$$

これより $n = 1,\ -2$ となる.

5. (1) 式 (5.39) で $v_r = 0$, $v_\theta = 0$, $v_z = f(r)$ とおくことにより得られる.

(2) 上の (1) の結果より,

$$\boldsymbol{v}\times(\nabla\times\boldsymbol{v}) = f(r)\boldsymbol{e}_z\times\left(-\frac{df}{dr}\boldsymbol{e}_\theta\right) = f\frac{df}{dr}\boldsymbol{e}_r$$

(3) 上の (2) の結果を用いて, 式 (5.39) で $v_r = f\dfrac{df}{dr}$, $v_\theta = 0$, $v_z = 0$ とおくことにより得られる.

6. (1) 極座標では $\boldsymbol{r} = r\boldsymbol{e}_r$ と書けることに注意し, 式(5.53)を用いると, 任意のスカラー場 ϕ に対して,

$$\boldsymbol{L}\phi = r\boldsymbol{e}_r\times\left(\frac{\partial\phi}{\partial r}\boldsymbol{e}_r + \frac{1}{r}\frac{\partial\phi}{\partial\theta}\boldsymbol{e}_\theta + \frac{1}{r\sin\theta}\frac{\partial\phi}{\partial\varphi}\boldsymbol{e}_\varphi\right) = -\boldsymbol{e}_\theta\frac{1}{\sin\theta}\frac{\partial\phi}{\partial\varphi} + \boldsymbol{e}_\varphi\frac{\partial\phi}{\partial\theta}$$

ただし, 第 2 の等号では, $\boldsymbol{e}_r$, $\boldsymbol{e}_\theta$, $\boldsymbol{e}_\varphi$ が右手系の直交座標系をなすことを用いた. これより, $\boldsymbol{L}$ は $\boldsymbol{L} = -\boldsymbol{e}_\theta\dfrac{1}{\sin\theta}\dfrac{\partial}{\partial\varphi} + \boldsymbol{e}_\varphi\dfrac{\partial}{\partial\theta}$ と書ける.

(2) 上の (1) の式に, さらに $\boldsymbol{L}$ をベクトル積により作用させる. その際, $\boldsymbol{L}$ 中の微分演算子 $\dfrac{\partial}{\partial\theta}$, $\dfrac{\partial}{\partial\varphi}$ はスカラーと考えてベクトル積の記号 × の右側に移してよいこと, 基本ベクトル $\boldsymbol{e}_\theta$, $\boldsymbol{e}_\varphi$ は θ, φ に依存するので, 式 (5.62) のように $\boldsymbol{0}$ でない微分値を持つことに注意する. これより,

$$\boldsymbol{L}\times(\boldsymbol{L}\phi) = (\boldsymbol{r}\times\nabla)\times(\boldsymbol{r}\times\nabla\phi) = \left(-\boldsymbol{e}_\theta\frac{1}{\sin\theta}\frac{\partial}{\partial\varphi}\right)\times\left(-\boldsymbol{e}_\theta\frac{1}{\sin\theta}\frac{\partial\phi}{\partial\varphi} + \boldsymbol{e}_\varphi\frac{\partial\phi}{\partial\theta}\right) + \left(\boldsymbol{e}_\varphi\frac{\partial}{\partial\theta}\right)\times\left(-\boldsymbol{e}_\theta\frac{1}{\sin\theta}\frac{\partial\phi}{\partial\varphi} + \boldsymbol{e}_\varphi\frac{\partial\phi}{\partial\theta}\right)$$

$$= -\frac{1}{\sin\theta}\boldsymbol{e}_\theta \times \left\{-\boldsymbol{e}_\varphi \frac{\cos\theta}{\sin\theta}\frac{\partial\phi}{\partial\varphi} - \boldsymbol{e}_\theta \frac{1}{\sin\theta}\frac{\partial^2\phi}{\partial\varphi^2}\right.$$

$$\left. + (-\boldsymbol{e}_r \sin\theta - \boldsymbol{e}_\theta \cos\theta)\frac{\partial\phi}{\partial\theta} + \boldsymbol{e}_\varphi \frac{\partial^2\phi}{\partial\theta\partial\varphi}\right\}$$

$$+ \boldsymbol{e}_\varphi \times \left(\boldsymbol{e}_r \frac{1}{\sin\theta}\frac{\partial\phi}{\partial\varphi} + \boldsymbol{e}_\theta \frac{\cos\theta}{\sin^2\theta}\frac{\partial\phi}{\partial\varphi} - \boldsymbol{e}_\theta \frac{1}{\sin\theta}\frac{\partial^2\phi}{\partial\theta\partial\varphi} + \boldsymbol{e}_\varphi \frac{\partial^2\phi}{\partial\theta^2}\right)$$

$$= \boldsymbol{e}_r \frac{\cos\theta}{\sin^2\theta}\frac{\partial\phi}{\partial\varphi} - \boldsymbol{e}_\varphi \frac{\partial\phi}{\partial\theta} - \boldsymbol{e}_r \frac{1}{\sin\theta}\frac{\partial^2\phi}{\partial\theta\partial\varphi}$$

$$+ \boldsymbol{e}_\theta \frac{1}{\sin\theta}\frac{\partial\phi}{\partial\varphi} - \boldsymbol{e}_r \frac{\cos\theta}{\sin^2\theta}\frac{\partial\phi}{\partial\varphi} + \boldsymbol{e}_r \frac{1}{\sin\theta}\frac{\partial^2\phi}{\partial\theta\partial\varphi}$$

$$= -\boldsymbol{e}_\varphi \frac{\partial\phi}{\partial\theta} + \boldsymbol{e}_\theta \frac{1}{\sin\theta}\frac{\partial\phi}{\partial\varphi} = -\boldsymbol{L}\phi$$

(3) 上の (1) の式に，さらに $\boldsymbol{L}$ をスカラー積により作用させる．その際，上の (2) と同様に，$\boldsymbol{L}$ 中の微分演算子 $\dfrac{\partial}{\partial\theta}$，$\dfrac{\partial}{\partial\varphi}$ はスカラーと考えてスカラー積の記号 ・ の右側に移してよいこと，基本ベクトル $\boldsymbol{e}_\theta$, $\boldsymbol{e}_\varphi$ は θ, φ に依存することに注意する．これより，

$$\boldsymbol{L}\cdot(\boldsymbol{L}\phi) = (\boldsymbol{r}\times\nabla)\cdot(\boldsymbol{r}\times\nabla\phi)$$

$$= \left(-\boldsymbol{e}_\theta \frac{1}{\sin\theta}\frac{\partial}{\partial\varphi}\right)\cdot\left(-\boldsymbol{e}_\theta \frac{1}{\sin\theta}\frac{\partial\phi}{\partial\varphi} + \boldsymbol{e}_\varphi \frac{\partial\phi}{\partial\theta}\right)$$

$$+ \left(\boldsymbol{e}_\varphi \frac{\partial}{\partial\theta}\right)\cdot\left(-\boldsymbol{e}_\theta \frac{1}{\sin\theta}\frac{\partial\phi}{\partial\varphi} + \boldsymbol{e}_\varphi \frac{\partial\phi}{\partial\theta}\right)$$

$$= -\frac{1}{\sin\theta}\boldsymbol{e}_\theta \cdot \left\{-\boldsymbol{e}_\varphi \frac{\cos\theta}{\sin\theta}\frac{\partial\phi}{\partial\varphi} - \boldsymbol{e}_\theta \frac{1}{\sin\theta}\frac{\partial^2\phi}{\partial\varphi^2}\right.$$

$$\left. + (-\boldsymbol{e}_r \sin\theta - \boldsymbol{e}_\theta \cos\theta)\frac{\partial\phi}{\partial\theta} + \boldsymbol{e}_\varphi \frac{\partial^2\phi}{\partial\theta\partial\varphi}\right\}$$

$$+ \boldsymbol{e}_\varphi \cdot \left(\boldsymbol{e}_r \frac{1}{\sin\theta}\frac{\partial\phi}{\partial\varphi} + \boldsymbol{e}_\theta \frac{\cos\theta}{\sin^2\theta}\frac{\partial\phi}{\partial\varphi} - \boldsymbol{e}_\theta \frac{1}{\sin\theta}\frac{\partial^2\phi}{\partial\theta\partial\varphi} + \boldsymbol{e}_\varphi \frac{\partial^2\phi}{\partial\theta^2}\right)$$

$$= \frac{1}{\sin^2\theta}\frac{\partial^2\phi}{\partial\varphi^2} + \frac{\cos\theta}{\sin\theta}\frac{\partial\phi}{\partial\theta} + \frac{\partial^2\phi}{\partial\theta^2}$$

$$= \frac{1}{\sin\theta}\frac{\partial}{\partial\theta}\left(\sin\theta\frac{\partial\phi}{\partial\theta}\right) + \frac{1}{\sin^2\theta}\frac{\partial^2\phi}{\partial\varphi^2}$$

$$= r^2\nabla^2\phi - \frac{\partial}{\partial r}\left(r^2\frac{\partial\phi}{\partial r}\right)$$

索　引

記号・欧字

ア　行

カ　行

サ　行

タ　行

ナ　行

ハ 行

マ 行

ヤ 行

ラ 行

ワ 行

著者略歴

やま もと ゆう さく
山本有作　1966 年　東京都生まれ
　　　　　1990 年　東京大学工学部計数工学科卒業
　　　　　1992 年　東京大学大学院工学系研究科博士前期課程修了
　　　　　現 在　電気通信大学大学院情報理工学研究科教授　博士（工学）

いし はら　　たかし
石 原　卓　1967 年　岐阜県生まれ
　　　　　1989 年　名古屋大学理学部物理学科卒業
　　　　　1994 年　名古屋大学大学院工学研究科博士後期課程修了
　　　　　現 在　岡山大学大学院環境生命科学研究科教授　博士（工学）

理工系の数理　ベクトル解析

2020 年 11 月 20 日　　第 1 版 1 刷発行

検印省略

定価はカバーに表示してあります.

著作者	山本有作 石原　卓
発行者	吉野和浩
発行所	東京都千代田区四番町 8 番地 電　話　03-3262-9166～9 株式会社　裳華房
印刷所	三報社印刷株式会社
製本所	牧製本印刷株式会社

一般社団法人
自然科学書協会会員

ISBN 978-4-7853-1589-4